Linear Algebra

高専テキストシリーズ

線形代数［第2版］

上野 健爾 監修
高専の数学教材研究会 編

森北出版

監修の言葉

「宇宙という書物は数学の言葉を使って書かれている」とはガリレオ・ガリレイの言葉である．この言葉通り，物理学は微積分の言葉を使って書かれるようになった．今日では，数学は自然科学や工学の種々の分野を記述するための言葉として必要不可欠であるばかりでなく，人文・社会科学でも大切な言葉となっている．しかし，外国語の学習と同様に「数学の言葉」を学ぶことは簡単でない場合が多い．

「原論」を著し今日の数学の基本をつくったユークリッドは，王様から幾何学を学ぶ近道はないかと聞かれて「幾何学には王道はない」と答えたという伝説が残されている．しかし一方では，優れた教科書と先生に巡り会えば数学の学習が一段と進むことも多くの例が示している．

本シリーズは学習者が数学の本質を理解し，数学を多くの分野で活用するための基礎をつくることができる教科書を，それのみならず数学そのものを楽しむこともできる教科書をめざして作成されている．企画・立案から執筆まで高専で実際に教壇に立って数学を教えている先生方が一貫して行った．長年，数学の教育に携わった立場から，学習者がつまずきやすい箇所，理解に困難を覚えるところなどに特に留意して，取り扱う内容を吟味し，その配列・構成に意を配っている．さらに，図版を多く挿入して理解の手助けになるように心がけている．特筆すべきは，定義やあらかじめ与えられた条件とそこから導かれる命題との違いが明瞭になるように従来の教科書以上に注意が払われている点である．推論の筋道を明確にすることは，数学を他の分野に応用する場合にも大切なことだからである．それだけでなく，数学そのものの面白さを味わうことができるように記述に工夫がなされている．また例題をたくさん取り入れ，それに関連する演習問題を，さらに問題集を作成して，多くの問題を解くことによって本文の理解を確実にすることができるように配慮してある．このように，本シリーズは，従来の教科書とは一味も二味も違ったものになっている．

本シリーズが高専の学生のみならず，数学の学習を志す多くの人々に学びがいのある教科書となることを切に願っている．

上野　健爾

まえがき

高専のテキストシリーズ『基礎数学』,『微分積分 1』,『微分積分 2』,『線形代数』,『応用数学』,『確率統計』およびそれぞれの問題集は，発行から 10 年を経て，このたび改訂の運びとなった．本シリーズは，高専で実際に教壇に立つ経験をもつ教員によって書かれ，これを手に取る学生がその内容を理解しやすいように，教員が教室の中で使いやすいように，細部まで十分な配慮を払った．

改訂にあたっては，従来の方針のとおり，できる限り日常的に用いられる表現を使い，理解を助けるために多くの図版を配置した．また，定義や定理，公式の解説のあとには必ず例または例題をおいてその理解度を確かめるための問いをおいた．本書を読むにあたっては，実際に問いが解けるかどうか，鉛筆を動かしながら読み進めるようにしてほしい．

線形代数は，数学の骨組みを成す分野である．したがって，線形代数の理解があいまいであれば，数学を活用する上で大きな不安を残すことになる．そのことを考え，私たちはできる限りていねいに本書を書き上げた．本書に取り組むことによって，自分自身のための数学の骨組みをしっかりと築いてくれることを願っている．

改訂作業においても引き続き，京都大学名誉教授の上野健爾先生にこのシリーズ全体の監修をお引き受けいただけることになった．上野先生には「数学は考える方法を学ぶ学問である」という強い信念から，つねに私たちの進むべき方向を示唆していただいた．ここに心からの感謝を申し上げる．

最後に，本シリーズの改訂の機会を与えてくれた森北出版の森北博巳社長，私たちの無理な要求にいつも快く応えてくれた同出版社の上村紗帆さん，太田陽喬さんに，ここに，紙面を借りて深くお礼を申し上げる．

2021 年 10 月

高専テキストシリーズ 執筆者一同

本書について

1.1	この枠内のものは，数学用語の定義を表す．用語の内容をしっかりと理解し，使えるようになることが重要である．
1.1	この枠内のものは，証明によって得られた定理や公式を表す．それらは数学的に正しいと保証されたことがらであり，あらたな定理の証明や問題の解決に使うことができる．
note	補助説明，典型的な間違いに対する注意など，数学を学んでいく上で役立つ，ちょっとしたヒントである．読んで得した，となることを期待する．
COLUMN	数学は，自然法則の記述や社会の営みにおいて大きな役割を果たすことで，日常に活きている．いま学んでいることが，これから学ぶ数学や応用にどのように繋がっていくのか．各省の章末で，数学の魅力と可能性について述べる．
コーヒーブレイク	本文では取り上げることができなかった，数学に関する興味ある話題である．これらの話題を通して，数学の楽しさや有用性などを知ってもらいたい．

内容について

◆第１章「ベクトルと図形」では，方向と大きさをもつ量をベクトルとして矢印で表し，その計算や意味について学ぶ．本書では，ベクトルを用いて図形を表す際に，平面上の図形も空間の図形も同時に取り扱う．たとえば，「定まった点からの距離が一定である点の集まり」は平面上では円であるが，空間に舞台を移せば球面を表している．ベクトルを用いると，平面上の円も空間の球面も同じ方程式で扱うことができる．そのような表現がいかに便利であるかをよく味わってほしい．

◆第３節「行列」は，本書の主要なテーマの１つである連立１次方程式についての節である．そこでは，数を長方形に配列した行列とよばれるものの一般的な取り扱いと，その比較的簡単な応用である連立２元１次方程式の解法についてまとめている．そこでは，続く第 4〜5 節で学ぶ内容の基本的な考え方が示されている．説明の細部にわたってしっかりと理解するように心がけてほしい．

◆第４節で学ぶ「行列式」は，行列の特質を表す１つの数である．行列式は，行列や連立１次方程式の理論と密接に関係している．一般に，行列式はどのようにして定めるのか，行列式にはどんな意味があるのか，ということがわかりにくいようである．本書では，とくにそのことに対して十分な配慮を行った．続く第５節の連立１次方程式の理論とあわせて，行列式のもつ意味をとらえることが大切である．第５節までを読み終わったとき，「行列式の値が 0 であるとき，あるいは 0 でないとき，それぞれどのようなことが起こるのか」を明確に答えることができるようになっていてほしい．

◆第６節「線形変換」では，図形の変形について述べている．平面上の線形変換とは，簡単にいえば，正方形を平行四辺形に変形する変換である．ある方向への均質な拡大，回転，対称移動などがそれに当たる．線形変換がどのようなものであるかは行列で表現することができる．線形変換と行列の関係を知ることは，線形変換を理解する上でのキーポイントである．

◆第 7 節「正方行列の固有値と対角化」で学ぶ行列の対角化は，線形代数のもう 1 つの主要なテーマである．本書ではその応用の 1 つとして，直交行列による対称行列の対角化について述べたが，その他にも 2 次曲線の分類（付録 B3）をはじめとした多くの応用がある．

◆数学あるいは数学を用いる学問では，微分積分学と線形代数学がそれぞれの持ち場をもって，さまざまな概念を形成していく．線形代数学は，ともすれば味気なく，形式的なものだと思われがちである．しかし，それだからこそ，いろいろな数学や物理学，工学などの重要な理論的支柱としての役割を果たすことができるのである．線形代数の基本的な考え方は，すべて本書によって培うことができるだろう．計算だけに心を奪われることなく，ここに述べられたひとつひとつのことを着実に理解しながら読み進むことを心がけてほしい．

ギリシャ文字

大文字	小文字	読み	大文字	小文字	読み
A	α	アルファ	N	ν	ニュー
B	β	ベータ	Ξ	ξ	グザイ（クシィ）
$\varGamma$	γ	ガンマ	O	o	オミクロン
$\varDelta$	δ	デルタ	$\varPi$	π	パイ
E	ϵ, ε	イプシロン	P	ρ	ロー
Z	ζ	ゼータ（ツェータ）	$\varSigma$	σ	シグマ
H	η	イータ（エータ）	T	τ	タウ
$\varTheta$	θ	シータ	Υ	υ	ウプシロン
I	ι	イオタ	Φ	φ, ϕ	ファイ
K	κ	カッパ	X	χ	カイ
$\varLambda$	λ	ラムダ	$\varPsi$	ψ	プサイ（プシィ）
M	μ	ミュー	$\varOmega$	ω	オメガ

目　次

Chapter 1

ベクトルと図形

1 ベクトル

1.1 ベクトルとその演算

ベクトル　長さや質量，温度などは，それぞれ 1 つの数値で表すことができる．これに対して，たとえば，力を表すには，その作用する方向とその大きさを示す必要がある．また，速度は運動の方向と速さ（速度の大きさ），風の状態は風向（方向）と風力（大きさ）で表される．このように，方向と大きさをもつ量を考え，これを矢印で表す．

平面または空間の 2 点 A, B に対して，A から B へ，という向きが定められた線分を**有向線分** AB という．有向線分 AB は，A から B へ向かう矢印で表し，このとき，点 A を**始点**，点 B を**終点**という（図 1）．有向線分は，その位置に関係なく，方向と大きさだけを考える．すなわち，平行移動によって重ね合わせることができる有向線分をすべて等しいものとしたとき，これを**ベクトル**という．

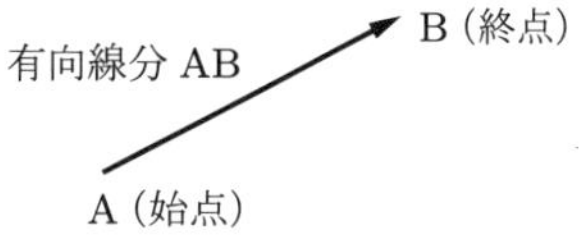

（図 1）

有向線分 AB の表すベクトルを $\overrightarrow{AB}$ とかく．図 2 の有向線分はすべて平行移動によって重ね合わせることができるから，すべて同じベクトルを表す．$\overrightarrow{AB}$ と $\overrightarrow{CD}$ が等しいことを，$\overrightarrow{AB} = \overrightarrow{CD}$ と表す．ベクトルは，始点と終点を指定しない場合には太文字 $\boldsymbol{a}$ や矢印をつけた文字 $\vec{a}$ で表す．本書では太文字 $\boldsymbol{a}$ を用いる．

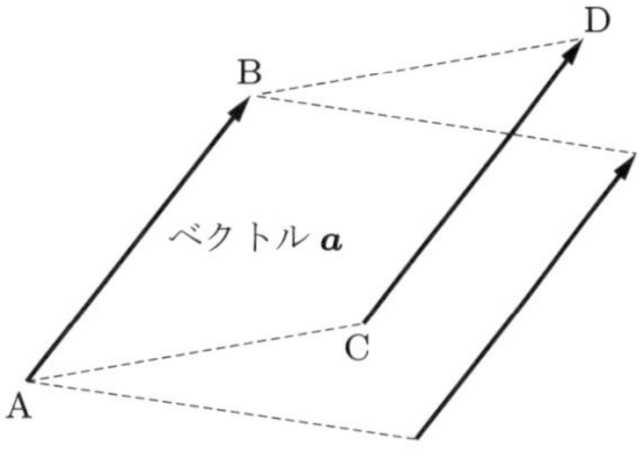

$\boldsymbol{a} = \overrightarrow{AB} = \overrightarrow{CD} = \cdots$

（図 2）

ベクトルの大きさと逆ベクトル　$\boldsymbol{a} = \overrightarrow{\mathrm{AB}}$ であるとき，線分 AB の長さを $\overrightarrow{\mathrm{AB}}$ の**大きさ**といい，$|\boldsymbol{a}|$ または $|\overrightarrow{\mathrm{AB}}|$ で表す．ベクトルの大きさは 1 つの実数であり，ベクトルではない．1 つの実数で表される量をベクトルに対して**スカラー**という．

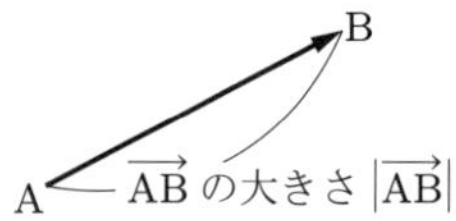

有向線分 AB の始点 A と終点 B が一致するときもベクトルと考え，これを**零ベクトル**といい，$\boldsymbol{0}$ で表す．零ベクトルの大きさは 0 とし，向きは考えない．

$\boldsymbol{a}$ と同じ大きさで，逆向きのベクトルを $\boldsymbol{a}$ の**逆ベクトル**といい，$-\boldsymbol{a}$ で表す．$\boldsymbol{a}$ と $-\boldsymbol{a}$ の大きさは同じであるから，

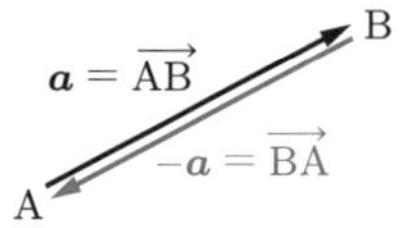

$$|\boldsymbol{a}| = |-\boldsymbol{a}|$$

である．また，$\overrightarrow{\mathrm{AB}}$ と $\overrightarrow{\mathrm{BA}}$ は同じ大きさで，逆向きであるから

$$\overrightarrow{\mathrm{BA}} = -\overrightarrow{\mathrm{AB}}$$

が成り立つ．

例 1.1　右図のように，1 辺の長さが 1 の正六角形 ABCDEF と対角線の交点 O がある．このとき，次が成り立つ．

(1)　$\overrightarrow{\mathrm{ED}} = \overrightarrow{\mathrm{OC}} = \overrightarrow{\mathrm{FO}} = \overrightarrow{\mathrm{AB}}$

(2)　$\overrightarrow{\mathrm{CA}} = \overrightarrow{\mathrm{DF}}$

(3)　$|\overrightarrow{\mathrm{BF}}| = \sqrt{3}$

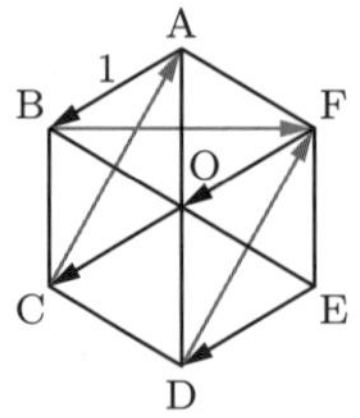

問 1.1　例 1.1 の図において，次のベクトルをすべて求めよ．

(1)　$\overrightarrow{\mathrm{AF}}$ と等しいベクトル　(2)　$\overrightarrow{\mathrm{OD}}$ の逆ベクトル　(3)　大きさが 2 のベクトル

問 1.2　右図の直方体 ABCD-EFGH において，次のベクトルをすべて求めよ．

(1)　$\overrightarrow{\mathrm{AB}}$ と等しいベクトル

(2)　$\overrightarrow{\mathrm{AE}}$ の逆ベクトル

(3)　$\overrightarrow{\mathrm{AH}}$ と大きさが等しいベクトル

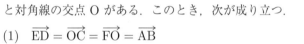

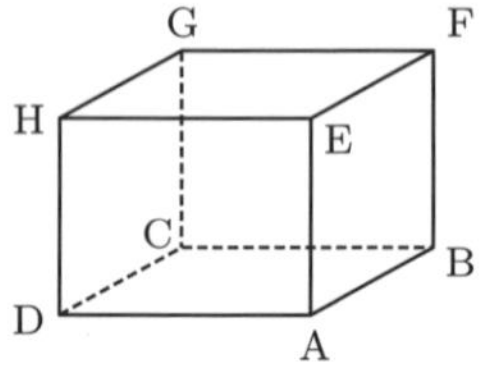

ベクトルの実数倍 実数 t とベクトル $\boldsymbol{a}$ に対して，ベクトル $t\boldsymbol{a}$ を次のように定める．

$t>0$ のとき，$\boldsymbol{a}$ と同じ向きで，大きさが $|\boldsymbol{a}|$ の t 倍であるベクトル

$t=0$ のとき，零ベクトル $\boldsymbol{0}$

$t<0$ のとき，$\boldsymbol{a}$ と逆の向きで，大きさが $|\boldsymbol{a}|$ の $|t|$ 倍であるベクトル

この $t\boldsymbol{a}$ を $\boldsymbol{a}$ の**実数倍**または**スカラー倍**という．とくに，$(-1)\boldsymbol{a}=-\boldsymbol{a}$ である．

$t\boldsymbol{a}$ の大きさは $\boldsymbol{a}$ の大きさの $|t|$ 倍であるから，任意の実数 t に対して

$$|t\boldsymbol{a}|=|t||\boldsymbol{a}|$$

が成り立つ．

例 1.2 ベクトル $\boldsymbol{a}$ とその実数倍の例を示す．$-\dfrac{1}{2}\boldsymbol{a}$ は $-\dfrac{\boldsymbol{a}}{2}$ とかいてもよい．

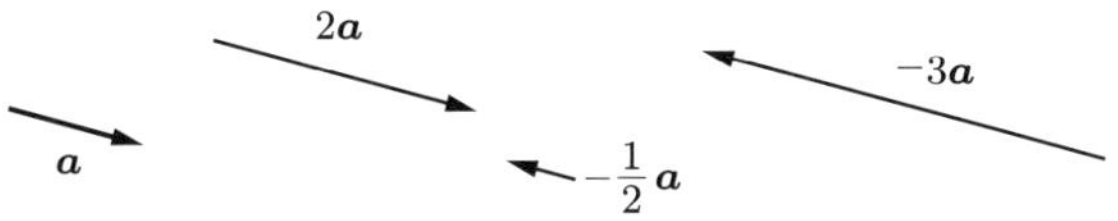

零ベクトルでない 2 つのベクトル $\boldsymbol{a}$ と $\boldsymbol{b}$ が同じ向き，または逆向きであるとき，$\boldsymbol{a}$ と $\boldsymbol{b}$ は互いに**平行**であるといい，

$$\boldsymbol{a} \mathbin{/\!/} \boldsymbol{b}$$

と表す．ベクトルの実数倍の定義から，ベクトルの平行について，次のことが成り立つ．

1.1 ベクトルの平行条件

$\boldsymbol{a}\neq\boldsymbol{0},\ \boldsymbol{b}\neq\boldsymbol{0}$ のとき

$$\boldsymbol{a} \mathbin{/\!/} \boldsymbol{b} \iff \boldsymbol{b}=t\boldsymbol{a} \text{ となる実数 } t\ (t\neq 0) \text{ が存在する}$$

大きさが 1 のベクトルを**単位ベクトル**という．零ベクトルでないベクトル $\boldsymbol{a}$ に対して，ベクトル $\dfrac{1}{|\boldsymbol{a}|}\boldsymbol{a}$ の大きさは

$$\left|\frac{1}{|\boldsymbol{a}|}\boldsymbol{a}\right| = \frac{1}{|\boldsymbol{a}|}|\boldsymbol{a}| = 1 \quad [|t\boldsymbol{a}| = |t||\boldsymbol{a}|]$$

であるから，$\dfrac{1}{|\boldsymbol{a}|}\boldsymbol{a}$ は単位ベクトルである．また，$\dfrac{1}{|\boldsymbol{a}|} > 0$ であるから，$\dfrac{1}{|\boldsymbol{a}|}\boldsymbol{a}$ は $\boldsymbol{a}$ と同じ向きである．したがって，次のことが成り立つ．

1.2　同じ向きの単位ベクトル

$\boldsymbol{a} \neq \boldsymbol{0}$ のとき，$\dfrac{1}{|\boldsymbol{a}|}\boldsymbol{a}$ は $\boldsymbol{a}$ と同じ向きの単位ベクトルである

例 1.3　ベクトル $\boldsymbol{a}$ の大きさが 3，すなわち $|\boldsymbol{a}| = 3$ であるとする．

(1)　$\boldsymbol{a}$ と同じ向きの単位ベクトルは，$\dfrac{1}{3}\boldsymbol{a}$ である．

(2)　$\boldsymbol{a}$ と平行な単位ベクトルは，$\boldsymbol{a}$ と同じ向きまたは逆向きの 2 つがあるから，$\pm\dfrac{1}{3}\boldsymbol{a}$ である．

(3)　$\boldsymbol{a}$ と逆向きで大きさが 5 のベクトルは，$-\dfrac{5}{3}\boldsymbol{a}$ である．

問 1.3　次のようなベクトルを求めよ．

(1)　$\boldsymbol{a}$ が単位ベクトルのとき，$\boldsymbol{a}$ と平行で大きさが 2 のベクトル

(2)　$|\boldsymbol{a}| = 5$ のとき，$\boldsymbol{a}$ と逆向きの単位ベクトル

(3)　$|\boldsymbol{a}| = 4$ のとき，$\boldsymbol{a}$ と同じ向きで大きさが 7 のベクトル

ベクトルの和と差　2 つのベクトル $\boldsymbol{a} = \overrightarrow{\mathrm{OA}}, \boldsymbol{b} = \overrightarrow{\mathrm{OB}}$ の和 $\boldsymbol{a} + \boldsymbol{b}$ は，$\boldsymbol{a}$ と $\boldsymbol{b}$ を 2 辺とする平行四辺形を作り，その対角線 $\overrightarrow{\mathrm{OC}}$ として定める（図 1）．また，差 $\boldsymbol{a} - \boldsymbol{b}$ は，$\boldsymbol{a} - \boldsymbol{b} = \boldsymbol{a} + (-\boldsymbol{b}) = \overrightarrow{\mathrm{OD}}$ として定める（図 2）．すなわち

$$\overrightarrow{\mathrm{OA}} + \overrightarrow{\mathrm{OB}} = \overrightarrow{\mathrm{OC}}, \quad \overrightarrow{\mathrm{OA}} - \overrightarrow{\mathrm{OB}} = \overrightarrow{\mathrm{OD}}$$

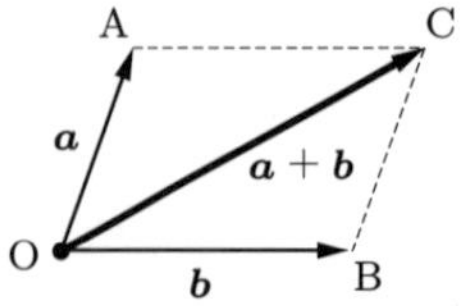

(図 1) ベクトルの和

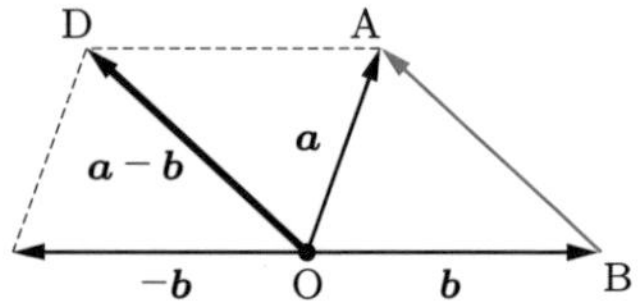

(図 2) ベクトルの差

である．

一方，ベクトルの和 $\boldsymbol{a}+\boldsymbol{b}$ は，次のように定義することもできる．$\boldsymbol{b}$ の始点が $\boldsymbol{a}$ の終点と一致するように $\boldsymbol{b}$ を平行移動し，$\boldsymbol{b}=\overrightarrow{\mathrm{AC}}$ として，

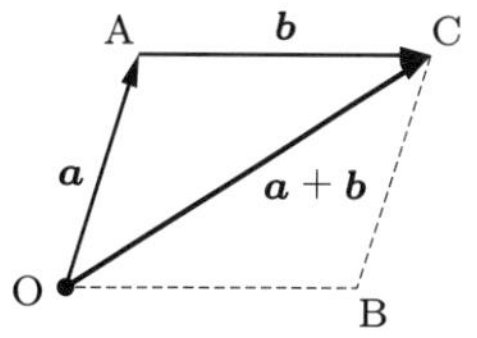

$$\boldsymbol{a}=\overrightarrow{\mathrm{OA}},\ \boldsymbol{b}=\overrightarrow{\mathrm{AC}} \quad \text{に対して} \quad \boldsymbol{a}+\boldsymbol{b}=\overrightarrow{\mathrm{OC}}$$

と定める．このように，ベクトルの和は，ベクトルをつなぐことによって得られるベクトルである．

したがって，$\overrightarrow{\mathrm{OA}}+\overrightarrow{\mathrm{AB}}=\overrightarrow{\mathrm{OB}}$ であるから，次が成り立つ．

1.3 2点を結ぶベクトル

$\boldsymbol{a}=\overrightarrow{\mathrm{OA}},\ \boldsymbol{b}=\overrightarrow{\mathrm{OB}}$ に対して，次の式が成り立つ．

$$\overrightarrow{\mathrm{AB}}=\overrightarrow{\mathrm{OB}}-\overrightarrow{\mathrm{OA}}=\boldsymbol{b}-\boldsymbol{a}$$

例 1.4　図 1 に与えられたベクトル $\boldsymbol{a},\boldsymbol{b}$ に対して，$2\boldsymbol{a},\ -\dfrac{1}{2}\boldsymbol{b},\ 2\boldsymbol{a}-\dfrac{1}{2}\boldsymbol{b}$ を順に作図すれば，図 2 のようになる．

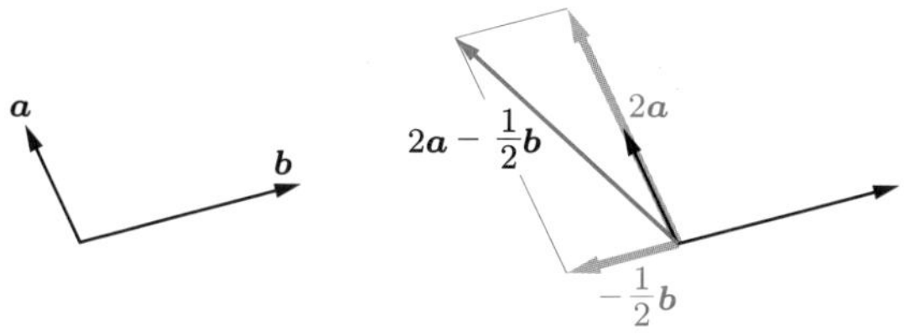

（図 1）　（図 2）

問 1.4　右図のようなベクトル $\boldsymbol{a},\boldsymbol{b}$ に対して，次のベクトルを作図せよ．

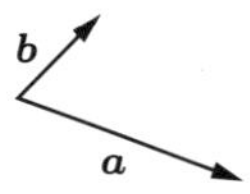

(1) $2\boldsymbol{a}$　(2) $-3\boldsymbol{b}$　(3) $\boldsymbol{a}+\boldsymbol{b}$

(4) $\boldsymbol{a}-\boldsymbol{b}$　(5) $\boldsymbol{a}+\dfrac{1}{2}\boldsymbol{b}$　(6) $2\boldsymbol{b}-\boldsymbol{a}$

問 1.5　右図の直方体 ABCD-EFGH で，$\boldsymbol{a}=\overrightarrow{\mathrm{AB}},\ \boldsymbol{b}=\overrightarrow{\mathrm{AE}},\ \boldsymbol{c}=\overrightarrow{\mathrm{AD}}$ とするとき，次のベクトルと等しいベクトルをすべて求めよ．

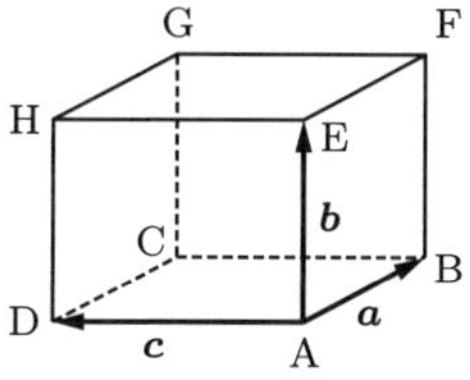

(1) $\boldsymbol{a}+\boldsymbol{b}$　(2) $\boldsymbol{c}-\boldsymbol{a}$　(3) $(\boldsymbol{a}+\boldsymbol{b})-\boldsymbol{c}$

ベクトルの演算の基本法則　2つのベクトルの和は，それらのベクトルをつなぐことによって得られる．図1のベクトル $\boldsymbol{a}, \boldsymbol{b}, \boldsymbol{c}$ を加えるとき，$(\boldsymbol{a}+\boldsymbol{b})+\boldsymbol{c}$ と $\boldsymbol{a}+(\boldsymbol{b}+\boldsymbol{c})$ は，3つのベクトル $\boldsymbol{a}, \boldsymbol{b}, \boldsymbol{c}$ をつなぎ合わせる順序が異なるだけで，同じベクトルである（図2, 3）．したがって，

$$(\boldsymbol{a}+\boldsymbol{b})+\boldsymbol{c}=\boldsymbol{a}+(\boldsymbol{b}+\boldsymbol{c})$$

が成り立つ．これは，任意のベクトル $\boldsymbol{a}, \boldsymbol{b}, \boldsymbol{c}$ について成り立つ．

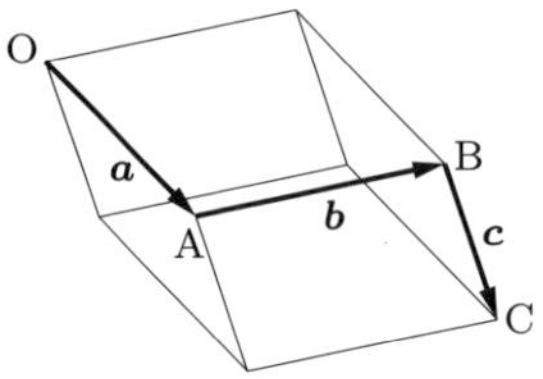

（図 1）

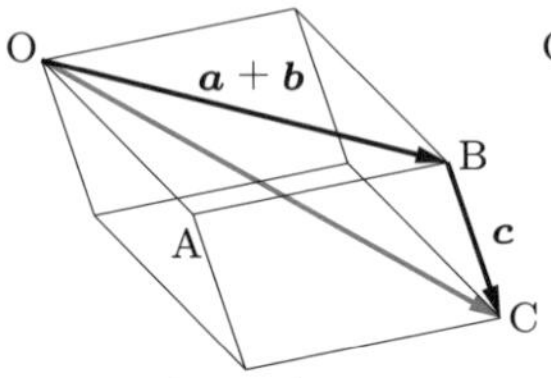

（図 2）

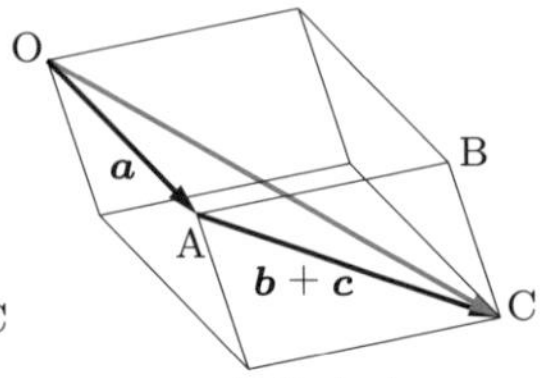

（図 3）

ベクトルの演算について，その他の法則もあわせてまとめると，次のようになる．

1.4　ベクトルの演算の基本法則

ベクトル $\boldsymbol{a}, \boldsymbol{b}, \boldsymbol{c}$ と実数 s, t について，次が成り立つ．

(1)　交換法則：$\boldsymbol{a}+\boldsymbol{b}=\boldsymbol{b}+\boldsymbol{a}$

(2)　結合法則：$(\boldsymbol{a}+\boldsymbol{b})+\boldsymbol{c}=\boldsymbol{a}+(\boldsymbol{b}+\boldsymbol{c})$,　$s(t\boldsymbol{a})=(st)\boldsymbol{a}$

(3)　分配法則：$t(\boldsymbol{a}+\boldsymbol{b})=t\boldsymbol{a}+t\boldsymbol{b}$,　$(s+t)\boldsymbol{a}=s\boldsymbol{a}+t\boldsymbol{a}$

(4)　零ベクトルの性質：$\boldsymbol{a}+\boldsymbol{0}=\boldsymbol{0}+\boldsymbol{a}=\boldsymbol{a}$,　$0\boldsymbol{a}=\boldsymbol{0}$,　$t\boldsymbol{0}=\boldsymbol{0}$

(5)　逆ベクトルの性質：$\boldsymbol{a}+(-\boldsymbol{a})=(-\boldsymbol{a})+\boldsymbol{a}=\boldsymbol{0}$

(2) のベクトルを，それぞれ単に $\boldsymbol{a}+\boldsymbol{b}+\boldsymbol{c}$, $st\boldsymbol{a}$ とかく．

例 1.5　$\boldsymbol{x}=2\boldsymbol{a}+\boldsymbol{b}$, $\boldsymbol{y}=3\boldsymbol{a}-2\boldsymbol{b}$ のとき，$2\boldsymbol{x}-3\boldsymbol{y}$ を $\boldsymbol{a}, \boldsymbol{b}$ を用いて表すと，

$$\begin{aligned}2\boldsymbol{x}-3\boldsymbol{y}&=2(2\boldsymbol{a}+\boldsymbol{b})-3(3\boldsymbol{a}-2\boldsymbol{b})\\&=4\boldsymbol{a}+2\boldsymbol{b}-9\boldsymbol{a}+6\boldsymbol{b}=-5\boldsymbol{a}+8\boldsymbol{b}\end{aligned}$$

となる．

問 1.6　$\boldsymbol{x}=2\boldsymbol{a}+\boldsymbol{b}$, $\boldsymbol{y}=3\boldsymbol{a}-2\boldsymbol{b}$ のとき，次のベクトルを $\boldsymbol{a}, \boldsymbol{b}$ を用いて表せ．

(1)　$\boldsymbol{x}+2\boldsymbol{y}$　　(2)　$-3\boldsymbol{x}+\boldsymbol{y}$　　(3)　$3(2\boldsymbol{y}-\boldsymbol{x})$

1.2 点の位置ベクトル

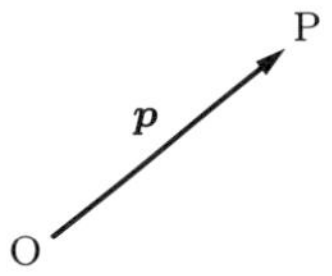

点の位置ベクトル 平面または空間に1点 O を定めると，各点 P に対してベクトル $\boldsymbol{p} = \overrightarrow{\mathrm{OP}}$ がただ1つ定まる．このベクトル $\boldsymbol{p}$ を，点 O に関する点 P の**位置ベクトル**という．以下，とくに断らない限り，位置ベクトルは点 O に関する位置ベクトルとする．

例 1.6 図のように，平行四辺形 OACB の対角線の交点を M とする．点 A, B の位置ベクトルをそれぞれ $\boldsymbol{a}, \boldsymbol{b}$ とすると，

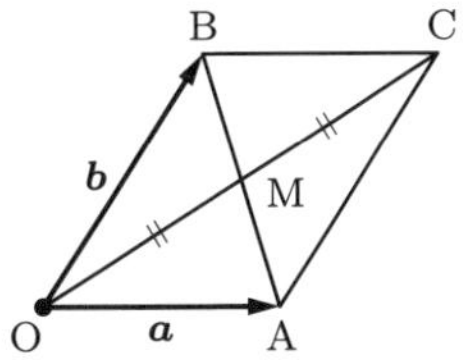

点 C の位置ベクトルは $\overrightarrow{\mathrm{OC}} = \boldsymbol{a} + \boldsymbol{b}$

点 M の位置ベクトルは $\overrightarrow{\mathrm{OM}} = \dfrac{1}{2}(\boldsymbol{a} + \boldsymbol{b})$

である．

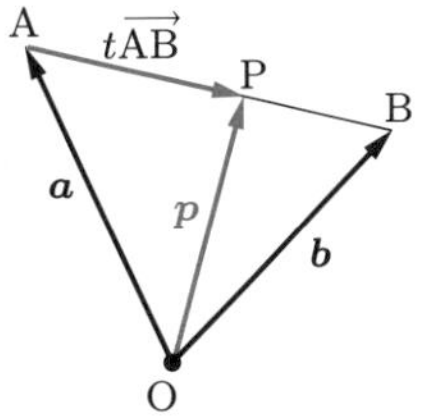

内分点の位置ベクトル 直線 AB 上の点 P で $\overrightarrow{\mathrm{AP}} = t\overrightarrow{\mathrm{AB}}$ を満たす点の位置ベクトルを $\boldsymbol{p}$ とすれば

$$\begin{aligned}\boldsymbol{p} &= \overrightarrow{\mathrm{OP}} = \overrightarrow{\mathrm{OA}} + \overrightarrow{\mathrm{AP}} = \overrightarrow{\mathrm{OA}} + t\overrightarrow{\mathrm{AB}} \\ &= \boldsymbol{a} + t(\boldsymbol{b} - \boldsymbol{a}) = (1-t)\boldsymbol{a} + t\boldsymbol{b}\end{aligned}$$

となる．点 P が線分 AB 上の点であるとき，$0 \leqq t \leqq 1$ である．とくに，P が AB を $m:n$ に内分する点であるとき，$t = \dfrac{m}{m+n}$ となるから

$$\boldsymbol{p} = (1-t)\boldsymbol{a} + t\boldsymbol{b} = \left(1 - \frac{m}{m+n}\right)\boldsymbol{a} + \frac{m}{m+n}\boldsymbol{b} = \frac{n\boldsymbol{a} + m\boldsymbol{b}}{m+n}$$

が成り立つ．

例 1.7 2点 A, B の位置ベクトルをそれぞれ $\boldsymbol{a}, \boldsymbol{b}$ とする．線分 AB の中点 M は AB を $1:1$ に内分する点であるから，その位置ベクトル $\boldsymbol{m}$ は，

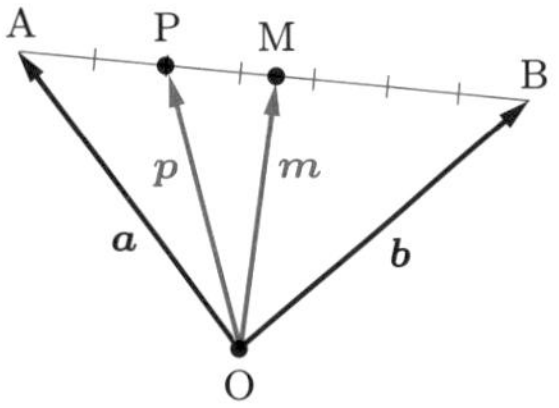

$$\boldsymbol{m} = \frac{\boldsymbol{a} + \boldsymbol{b}}{2}$$

となる．また，線分 AB を $2:5$ に内分する点 P の位置ベクトルを $\boldsymbol{p}$ とするとき，

$$\boldsymbol{p} = \frac{5\boldsymbol{a} + 2\boldsymbol{b}}{2+5} = \frac{5\boldsymbol{a} + 2\boldsymbol{b}}{7}$$

となる.

問 1.7　2 点 A, B の位置ベクトルをそれぞれ $\boldsymbol{a}, \boldsymbol{b}$ とするとき，線分 AB を次のように内分する点の位置ベクトルを $\boldsymbol{a}, \boldsymbol{b}$ を用いて表せ.

(1)　1 : 1　　(2)　3 : 1　　(3)　2 : 7

ベクトルの分解　与えられたベクトルを，方向が指定された 2 つの平行でないベクトルの和として表すことができる.

例題 1.1　ベクトルの分解

1 つの平面上において，図のベクトル $\boldsymbol{a}$ を，直線 ℓ_1, ℓ_2 と平行なベクトル $\boldsymbol{a}_1, \boldsymbol{a}_2$ の和として表したい. $\boldsymbol{a}_1, \boldsymbol{a}_2$ を作図せよ.

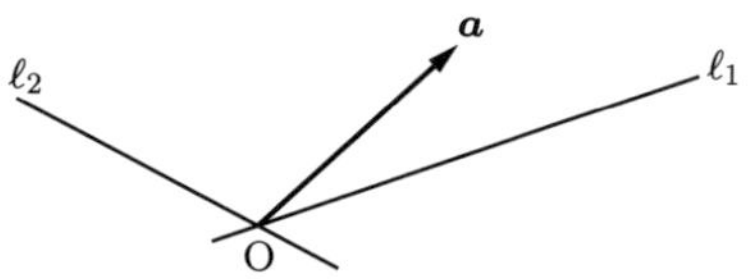

解　$\boldsymbol{a}$ の終点を通り，ℓ_1, ℓ_2 に平行な直線 ℓ_1', ℓ_2' を引く. ℓ_2' と ℓ_1 の交点を P，ℓ_1' と ℓ_2 の交点を Q とする. このとき，$\boldsymbol{a}_1 = \overrightarrow{\mathrm{OP}}, \boldsymbol{a}_2 = \overrightarrow{\mathrm{OQ}}$ とすれば，$\boldsymbol{a} = \boldsymbol{a}_1 + \boldsymbol{a}_2$ が成り立つ.

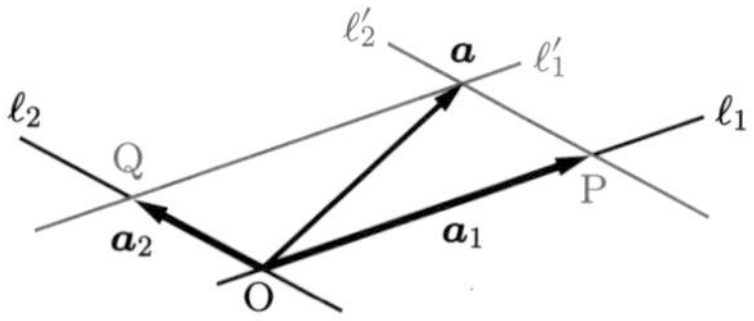

例題 1.1 の $\boldsymbol{a}_1, \boldsymbol{a}_2$ は一意的に定まることに注意する. このように，ベクトル $\boldsymbol{a}$ を ℓ_1, ℓ_2 と平行なベクトルの和として表すことを，$\boldsymbol{a}$ の ℓ_1, ℓ_2 方向への**分解**という.

note　ベクトルの分解は，たとえば，次のような力学の問題を考える場合に必要になる.

(1)　斜面上の物体に加わる重力 $\boldsymbol{F}$ を，斜面を滑り落ちようとする力 $\boldsymbol{F}_1$ と斜面を垂直に押す力 $\boldsymbol{F}_2$ に分解する場合（図 1）

(2)　天井から 2 本の糸によってつり下げられたおもりを支える力 $\boldsymbol{F}$ を，それぞれの糸の張力 $\boldsymbol{F}_1, \boldsymbol{F}_2$ に分解する場合（図 2）

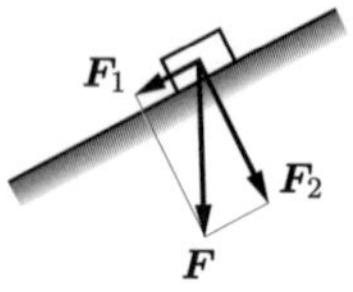

（図 1）

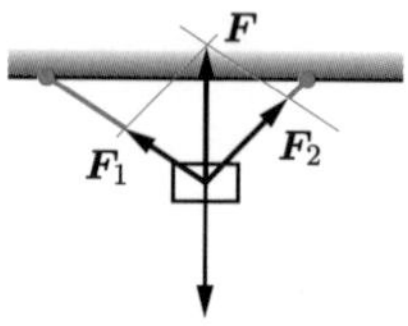

（図 2）

問 1.8 次の図のベクトル $\boldsymbol{a}$ を，直線 ℓ_1, ℓ_2 方向のベクトル $\boldsymbol{a}_1, \boldsymbol{a}_2$ に分解し，$\boldsymbol{a}_1, \boldsymbol{a}_2$ を作図せよ．

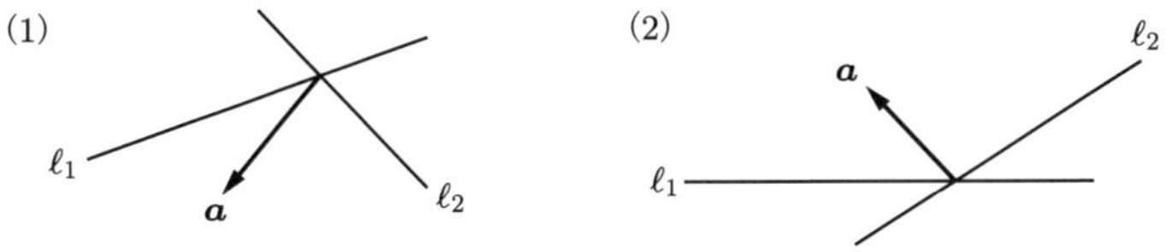

1.3 座標と距離

座標平面上の 2 点間の距離

座標軸が定められた平面を**座標平面**といい，点 A の座標が (a_1, a_2) であることを $\mathrm{A}(a_1, a_2)$ と表す．座標平面上の 2 点間の距離は，次のようになる．

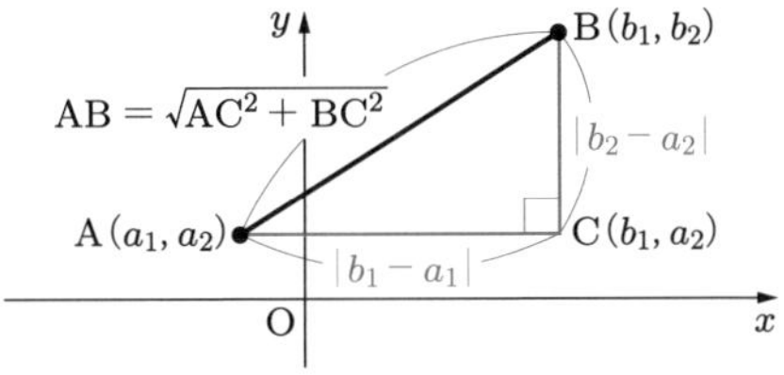

1.5 座標平面上の 2 点間の距離

2 点 $\mathrm{A}(a_1, a_2)$, $\mathrm{B}(b_1, b_2)$ 間の距離は，

$$\mathrm{AB} = \sqrt{(b_1 - a_1)^2 + (b_2 - a_2)^2}$$

である．とくに，原点 O と点 $\mathrm{A}(a_1, a_2)$ との距離は，次の式で表される．

$$\mathrm{OA} = \sqrt{{a_1}^2 + {a_2}^2}$$

例 1.8 $\mathrm{A}(-1, 2)$, $\mathrm{B}(3, -4)$ に対して，2 点間の距離 AB, OA は次のようになる．

$$\mathrm{AB} = \sqrt{\{3 - (-1)\}^2 + (-4 - 2)^2} = 2\sqrt{13}, \quad \mathrm{OA} = \sqrt{(-1)^2 + 2^2} = \sqrt{5}$$

問 1.9 $\mathrm{A}(-3, 4)$, $\mathrm{B}(-1, 2)$, $\mathrm{C}(-3, -7)$ に対して，次の 2 点間の距離を求めよ．

(1) AB　(2) AC　(3) OA

座標空間　平面と同じように，空間に座標を定める．空間に 1 点 O をとり，これを**原点**という．原点 O において，互いに直交する 3 本の数直線をとる．これらの直線をそれぞれ x 軸，y 軸，z 軸といい，それらをまとめて空間の**座標軸**という．また，x 軸と y 軸，y 軸と z 軸，z 軸と x 軸を含む平面を，それぞれ **xy 平面**，**yz 平面**，**zx 平面**という．

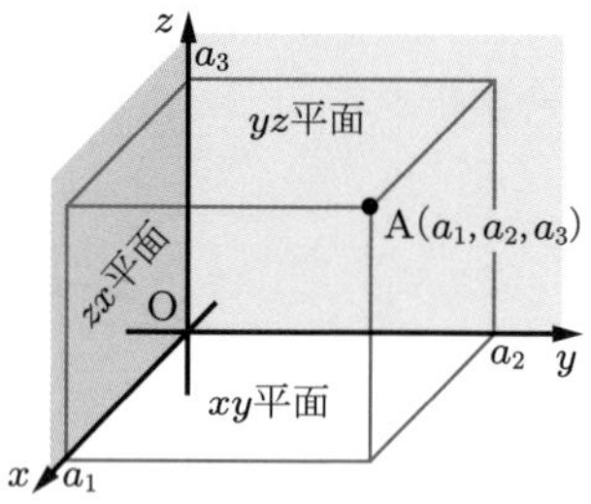

空間内の任意の点 A に対して，A を通り，yz 平面，zx 平面，xy 平面に平行な平面が x 軸，y 軸，z 軸と交わる点を，それぞれ a_1, a_2, a_3 とするとき，(a_1, a_2, a_3) を点 A の**座標**という．a_1, a_2, a_3 をそれぞれ点 A の **x 座標**，**y 座標**，**z 座標**といい，点 A の座標が (a_1, a_2, a_3) であることを $A(a_1, a_2, a_3)$ と表す．また，原点 O の座標は $(0, 0, 0)$ である．座標軸が定められた空間を**座標空間**という．

note　x 軸，y 軸，z 軸をそれぞれ右手の親指，人差し指，中指に対応させるような座標軸のとり方を**右手系**という．通常は右手系の座標軸を考える．

例 1.9　点 $A(a, b, c)$ を通って xy 平面に平行な平面が z 軸と交わる点は $B(0, 0, c)$，点 A を通って xy 平面に垂直な直線が xy 平面と交わる点は $C(a, b, 0)$ である．

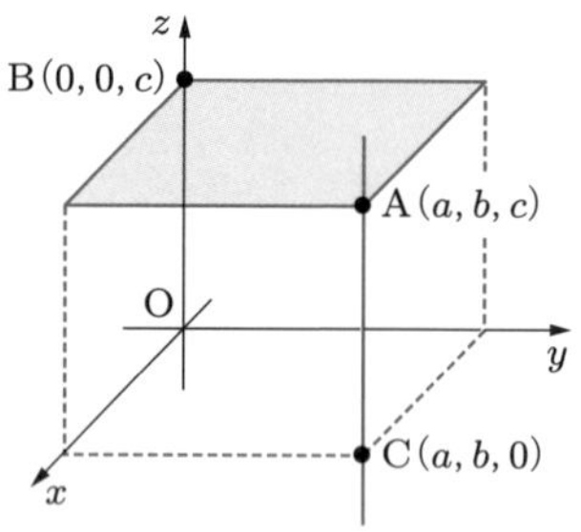

問 1.10　$A(-3, 5, -1)$ に対して，次の点の座標を求めよ．

(1)　点 A を通り，yz 平面に平行な平面が x 軸と交わる点 B

(2)　点 A を通り，zx 平面に垂直な直線が zx 平面と交わる点 C

座標空間の 2 点間の距離

座標空間の 2 点 A, B 間の距離 AB を求める．

$A(a_1, a_2, a_3)$, $B(b_1, b_2, b_3)$ とするとき，図のように点 A, B を結ぶ線分を対角線とする直方体 ACDE-FGBH を作る．

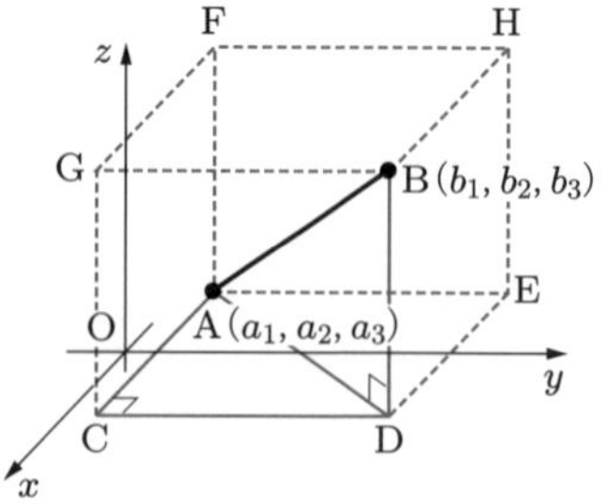

$AC = |b_1 - a_1|$, $CD = |b_2 - a_2|$, $DB = |b_3 - a_3|$ であり，$\angle BDA$ は直角であるから，三平方の定理によって

$$\begin{aligned}\mathrm{AB}^2 &= \mathrm{AD}^2 + \mathrm{DB}^2 \\ &= \mathrm{AC}^2 + \mathrm{CD}^2 + \mathrm{DB}^2 = (b_1 - a_1)^2 + (b_2 - a_2)^2 + (b_3 - a_3)^2\end{aligned}$$

が成り立つ．$\mathrm{AB} > 0$ であるから，次の式が得られる．

$$\mathrm{AB} = \sqrt{(b_1 - a_1)^2 + (b_2 - a_2)^2 + (b_3 - a_3)^2}$$

1.6 座標空間の 2 点間の距離

2 点 $\mathrm{A}(a_1, a_2, a_3)$, $\mathrm{B}(b_1, b_2, b_3)$ 間の距離は，

$$\mathrm{AB} = \sqrt{(b_1 - a_1)^2 + (b_2 - a_2)^2 + (b_3 - a_3)^2}$$

である．とくに，原点 O と点 $\mathrm{A}(a_1, a_2, a_3)$ との距離は，次の式で表される．

$$\mathrm{OA} = \sqrt{{a_1}^2 + {a_2}^2 + {a_3}^2}$$

例 1.10　2 点 $\mathrm{A}(1, -3, 4)$, $\mathrm{B}(2, -1, -2)$ に対して，2 点間の距離 AB, OA は次のようになる．

$$\mathrm{AB} = \sqrt{(2-1)^2 + \{-1-(-3)\}^2 + (-2-4)^2} = \sqrt{41}$$

$$\mathrm{OA} = \sqrt{1^2 + (-3)^2 + 4^2} = \sqrt{26}$$

問 1.11　$\mathrm{A}(3, 1, -4)$, $\mathrm{B}(2, -2, 0)$, $\mathrm{C}(2, 3, 4)$ に対して，次の 2 点間の距離を求めよ．
(1) AB　(2) BC　(3) OC

1.4 ベクトルの成分表示と大きさ

平面ベクトルの成分表示　座標平面のベクトルを**平面ベクトル**または**2 次元ベクトル**という．座標平面においては，原点を O とし，位置ベクトルはつねに原点を始点とするものとする．座標平面の x 軸，y 軸の正の向きと同じ向きの単位ベクトルをそれぞれ $\boldsymbol{e}_1$, $\boldsymbol{e}_2$ で表し，これらを**基本ベクトル**という．

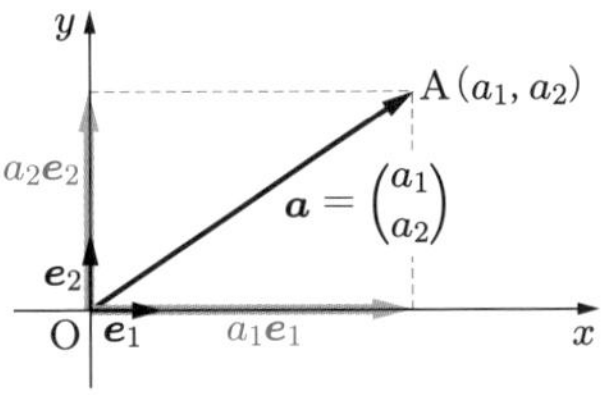

点 $\mathrm{A}(a_1, a_2)$ の位置ベクトルを $\boldsymbol{a}$ とするとき，$\boldsymbol{a}$ は基本ベクトルを用いて

$$\boldsymbol{a} = a_1\boldsymbol{e}_1 + a_2\boldsymbol{e}_2$$

と表すことができる．このとき，ベクトル $\boldsymbol{a}$ を，点 A の座標 (a_1, a_2) と区別して

$$\boldsymbol{a} = \begin{pmatrix} a_1 \\ a_2 \end{pmatrix}$$

と表し，これを $\boldsymbol{a}$ の**成分表示**という．a_1, a_2 をそれぞれ $\boldsymbol{a}$ の $\boldsymbol{x}$ **成分**，$\boldsymbol{y}$ **成分**という．

$\boldsymbol{e}_1$, $\boldsymbol{e}_2$ はそれぞれ点 $(1, 0)$, $(0, 1)$ の位置ベクトルであり，それらの成分表示は，

$$\boldsymbol{e}_1 = \begin{pmatrix} 1 \\ 0 \end{pmatrix}, \quad \boldsymbol{e}_2 = \begin{pmatrix} 0 \\ 1 \end{pmatrix}$$

となる．$\boldsymbol{0} = 0\boldsymbol{e}_1 + 0\boldsymbol{e}_2$ であるから，零ベクトル $\boldsymbol{0}$ の成分表示は，

$$\boldsymbol{0} = \begin{pmatrix} 0 \\ 0 \end{pmatrix}$$

である．

例 1.11　右図のベクトル $\boldsymbol{a}$ は，点 $\mathrm{A}(2, 3)$ の位置ベクトルに等しいから，$\boldsymbol{a}$ の成分表示は $\boldsymbol{a} = \begin{pmatrix} 2 \\ 3 \end{pmatrix}$ である．

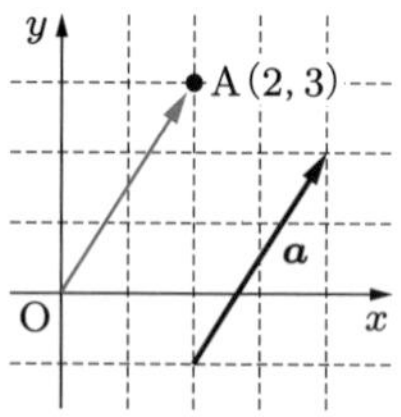

問1.12　下図において，各ベクトルの成分表示を求めよ．ただし，1 目盛は 1 とする．

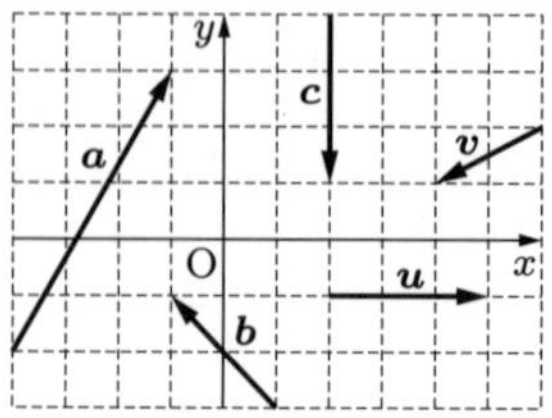

ベクトルの成分表示と演算　2 つのベクトル $\boldsymbol{a} = \begin{pmatrix} a_1 \\ a_2 \end{pmatrix}$, $\boldsymbol{b} = \begin{pmatrix} b_1 \\ b_2 \end{pmatrix}$ について，

$$\boldsymbol{a} = \boldsymbol{b} \iff a_1 = b_1,\ a_2 = b_2$$

となる．また，ベクトルの和・差について，

$$\begin{aligned} \begin{pmatrix} a_1 \\ a_2 \end{pmatrix} \pm \begin{pmatrix} b_1 \\ b_2 \end{pmatrix} &= (a_1\boldsymbol{e}_1 + a_2\boldsymbol{e}_2) \pm (b_1\boldsymbol{e}_1 + b_2\boldsymbol{e}_2) \\ &= (a_1 \pm b_1)\boldsymbol{e}_1 + (a_2 \pm b_2)\boldsymbol{e}_2 \\ &= \begin{pmatrix} a_1 \pm b_1 \\ a_2 \pm b_2 \end{pmatrix} \quad \text{（複号同順）} \end{aligned}$$

となる．実数倍も同様に計算することによって，次のことが成り立つ．

1.7　平面ベクトルの和・差，実数倍の成分表示

t を実数とするとき，次が成り立つ．ただし，複号同順とする．

(1) $\begin{pmatrix} a_1 \\ a_2 \end{pmatrix} \pm \begin{pmatrix} b_1 \\ b_2 \end{pmatrix} = \begin{pmatrix} a_1 \pm b_1 \\ a_2 \pm b_2 \end{pmatrix}$　　(2) $t\begin{pmatrix} a_1 \\ a_2 \end{pmatrix} = \begin{pmatrix} ta_1 \\ ta_2 \end{pmatrix}$

$\mathrm{A}(a_1, a_2)$, $\mathrm{B}(b_1, b_2)$ であるとき，$\overrightarrow{\mathrm{AB}}$ の成分表示は次のようになる．

$$\overrightarrow{\mathrm{AB}} = \overrightarrow{\mathrm{OB}} - \overrightarrow{\mathrm{OA}} = \begin{pmatrix} b_1 \\ b_2 \end{pmatrix} - \begin{pmatrix} a_1 \\ a_2 \end{pmatrix} = \begin{pmatrix} b_1 - a_1 \\ b_2 - a_2 \end{pmatrix}$$

例 1.12　$\boldsymbol{a} = \begin{pmatrix} 1 \\ -2 \end{pmatrix}$, $\boldsymbol{b} = \begin{pmatrix} -2 \\ 3 \end{pmatrix}$ であるとき，ベクトル $2\boldsymbol{a} + 3\boldsymbol{b}$ の成分表示は，次のようになる．

$$2\boldsymbol{a} + 3\boldsymbol{b} = 2\begin{pmatrix} 1 \\ -2 \end{pmatrix} + 3\begin{pmatrix} -2 \\ 3 \end{pmatrix} = \begin{pmatrix} 2 \\ -4 \end{pmatrix} + \begin{pmatrix} -6 \\ 9 \end{pmatrix} = \begin{pmatrix} -4 \\ 5 \end{pmatrix}$$

問 1.13　$\boldsymbol{a} = \begin{pmatrix} -2 \\ 2 \end{pmatrix}$, $\boldsymbol{b} = \begin{pmatrix} 3 \\ -1 \end{pmatrix}$ であるとき，次のベクトルの成分表示を求めよ．

(1) $\boldsymbol{a} + \boldsymbol{b}$　　(2) $\boldsymbol{a} - \boldsymbol{b}$　　(3) $2\boldsymbol{b} - 3\boldsymbol{a}$

空間ベクトルの成分表示　座標空間のベクトルを**空間ベクトル**または**3 次元ベクトル**という．座標空間においては，原点を O とし，位置ベクトルはつねに原点を始点とするものとする．座標空間の x 軸，y 軸，z 軸の正の向きと同じ向きをもつ単位ベクトルをそれぞれ $\boldsymbol{e}_1, \boldsymbol{e}_2, \boldsymbol{e}_3$ で表し，これらを空間の**基本ベクトル**という．点 $\mathrm{A}(a_1, a_2, a_3)$ の位置ベクトルを $\boldsymbol{a}$ とするとき，$\boldsymbol{a}$ は基本ベクトルを用いて

$$\boldsymbol{a} = a_1\boldsymbol{e}_1 + a_2\boldsymbol{e}_2 + a_3\boldsymbol{e}_3$$

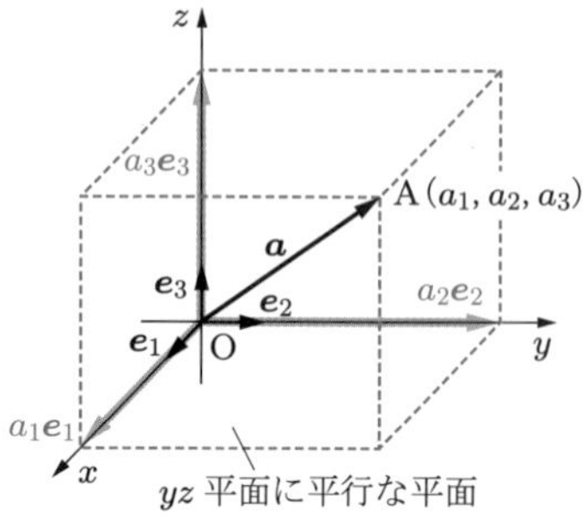

と表すことができる．このとき，ベクトル $\boldsymbol{a}$ を点 A の座標 (a_1, a_2, a_3) と区別して

$$\boldsymbol{a} = \begin{pmatrix} a_1 \\ a_2 \\ a_3 \end{pmatrix}$$

と表し，これを $\boldsymbol{a}$ の**成分表示**という．a_1, a_2, a_3 をそれぞれ $\boldsymbol{a}$ の **x 成分**，**y 成分**，**z 成分**という．

$\boldsymbol{e}_1, \boldsymbol{e}_2, \boldsymbol{e}_3$ はそれぞれ点 $(1,0,0)$, $(0,1,0)$, $(0,0,1)$ の位置ベクトルであり，それらの成分表示は，

$$\boldsymbol{e}_1 = \begin{pmatrix} 1 \\ 0 \\ 0 \end{pmatrix}, \quad \boldsymbol{e}_2 = \begin{pmatrix} 0 \\ 1 \\ 0 \end{pmatrix}, \quad \boldsymbol{e}_3 = \begin{pmatrix} 0 \\ 0 \\ 1 \end{pmatrix}$$

となる．また，零ベクトル $\mathbf{0}$ の成分表示は

$$\mathbf{0} = \begin{pmatrix} 0 \\ 0 \\ 0 \end{pmatrix}$$

である．

2 つのベクトル $\boldsymbol{a} = \begin{pmatrix} a_1 \\ a_2 \\ a_3 \end{pmatrix}, \boldsymbol{b} = \begin{pmatrix} b_1 \\ b_2 \\ b_3 \end{pmatrix}$ について，

$$\boldsymbol{a} = \boldsymbol{b} \iff a_1 = b_1,\ a_2 = b_2,\ a_3 = b_3$$

となる．

さらに，平面の場合と同じように，空間ベクトルについて，次のことが成り立つ．

1.8 空間ベクトルの和・差，実数倍の成分表示

t を実数とするとき，次が成り立つ．ただし，複号同順とする．

(1) $\begin{pmatrix} a_1 \\ a_2 \\ a_3 \end{pmatrix} \pm \begin{pmatrix} b_1 \\ b_2 \\ b_3 \end{pmatrix} = \begin{pmatrix} a_1 \pm b_1 \\ a_2 \pm b_2 \\ a_3 \pm b_3 \end{pmatrix}$　　(2) $t\begin{pmatrix} a_1 \\ a_2 \\ a_3 \end{pmatrix} = \begin{pmatrix} ta_1 \\ ta_2 \\ ta_3 \end{pmatrix}$

$\mathrm{A}(a_1, a_2, a_3)$, $\mathrm{B}(b_1, b_2, b_3)$ であるとき，$\overrightarrow{\mathrm{AB}}$ の成分表示は次のようになる．

$$\overrightarrow{\mathrm{AB}} = \overrightarrow{\mathrm{OB}} - \overrightarrow{\mathrm{OA}} = \begin{pmatrix} b_1 \\ b_2 \\ b_3 \end{pmatrix} - \begin{pmatrix} a_1 \\ a_2 \\ a_3 \end{pmatrix} = \begin{pmatrix} b_1 - a_1 \\ b_2 - a_2 \\ b_3 - a_3 \end{pmatrix}$$

例 1.13 (1) 2 点 $\mathrm{A}(1, 3, -4)$, $\mathrm{B}(-3, 2, 1)$ に対して，ベクトル $\overrightarrow{\mathrm{AB}}$ の成分表示は

$$\overrightarrow{\mathrm{AB}} = \overrightarrow{\mathrm{OB}} - \overrightarrow{\mathrm{OA}} = \begin{pmatrix} -3-1 \\ 2-3 \\ 1-(-4) \end{pmatrix} = \begin{pmatrix} -4 \\ -1 \\ 5 \end{pmatrix}$$

である．

(2) $\boldsymbol{a} = \begin{pmatrix} 3 \\ 2 \\ -1 \end{pmatrix}$, $\boldsymbol{b} = \begin{pmatrix} 2 \\ 0 \\ -4 \end{pmatrix}$ のとき，

$$2\boldsymbol{a} - 3\boldsymbol{b} = 2\begin{pmatrix} 3 \\ 2 \\ -1 \end{pmatrix} - 3\begin{pmatrix} 2 \\ 0 \\ -4 \end{pmatrix} = \begin{pmatrix} 6 \\ 4 \\ -2 \end{pmatrix} - \begin{pmatrix} 6 \\ 0 \\ -12 \end{pmatrix} = \begin{pmatrix} 0 \\ 4 \\ 10 \end{pmatrix}$$

である．

問 1.14 次の点 A, B について，$\overrightarrow{\mathrm{AB}}$ の成分表示を求めよ．

(1) $\mathrm{A}(0, 2, 1)$, $\mathrm{B}(-1, 3, -5)$　　(2) $\mathrm{A}(4, 1, -2)$, $\mathrm{B}(3, -2, 0)$

問 1.15　$\boldsymbol{a} = \begin{pmatrix} 1 \\ 2 \\ 3 \end{pmatrix}$, $\boldsymbol{b} = \begin{pmatrix} 4 \\ -3 \\ -1 \end{pmatrix}$ のとき，次のベクトルの成分表示を求めよ．

(1)　$\boldsymbol{a} - \boldsymbol{b}$　　(2)　$-2\boldsymbol{b}$　　(3)　$-2\boldsymbol{a} + 3\boldsymbol{b}$

ベクトルの大きさ　ベクトル $\boldsymbol{a} = \overrightarrow{\mathrm{OA}}$ の大きさ $|\boldsymbol{a}|$ は線分 OA の長さであるから，次のことが成り立つ．

1.9　ベクトルの大きさ

(1)　$\boldsymbol{a} = \begin{pmatrix} a_1 \\ a_2 \end{pmatrix}$ のとき　$|\boldsymbol{a}| = \sqrt{{a_1}^2 + {a_2}^2}$

(2)　$\boldsymbol{a} = \begin{pmatrix} a_1 \\ a_2 \\ a_3 \end{pmatrix}$ のとき　$|\boldsymbol{a}| = \sqrt{{a_1}^2 + {a_2}^2 + {a_3}^2}$

例 1.14　(1)　$\boldsymbol{a} = \begin{pmatrix} 3 \\ -2 \end{pmatrix}$ の大きさは，$|\boldsymbol{a}| = \sqrt{3^2 + (-2)^2} = \sqrt{13}$ である．

(2)　$\boldsymbol{a} = \begin{pmatrix} 2 \\ 3 \\ -1 \end{pmatrix}$ の大きさは，$|\boldsymbol{a}| = \sqrt{2^2 + 3^2 + (-1)^2} = \sqrt{14}$ である．

例題 1.2　ベクトルの大きさ

次の問いに答えよ．

(1)　$\boldsymbol{a} = \begin{pmatrix} 1 \\ -2 \end{pmatrix}$, $\boldsymbol{b} = \begin{pmatrix} -2 \\ 3 \end{pmatrix}$ のとき，$|2\boldsymbol{a} + 3\boldsymbol{b}|$ を求めよ．

(2)　点 $\mathrm{P}(3, 4, -1)$, $\mathrm{Q}(-2, 6, 1)$ のとき，$\left|\overrightarrow{\mathrm{PQ}}\right|$ を求めよ．

解　(1)　$2\boldsymbol{a} + 3\boldsymbol{b} = 2\begin{pmatrix} 1 \\ -2 \end{pmatrix} + 3\begin{pmatrix} -2 \\ 3 \end{pmatrix} = \begin{pmatrix} -4 \\ 5 \end{pmatrix}$ となるから，

$$|2\boldsymbol{a} + 3\boldsymbol{b}| = \sqrt{(-4)^2 + 5^2} = \sqrt{41}$$

である．

(2) $\overrightarrow{\mathrm{PQ}} = \overrightarrow{\mathrm{OQ}} - \overrightarrow{\mathrm{OP}} = \begin{pmatrix} -2 \\ 6 \\ 1 \end{pmatrix} - \begin{pmatrix} 3 \\ 4 \\ -1 \end{pmatrix} = \begin{pmatrix} -5 \\ 2 \\ 2 \end{pmatrix}$ となるから，

$$\left|\overrightarrow{\mathrm{PQ}}\right| = \sqrt{(-5)^2 + 2^2 + 2^2} = \sqrt{33}$$

である．

問 1.16　$\boldsymbol{a} = \begin{pmatrix} -2 \\ 2 \end{pmatrix}$, $\boldsymbol{b} = \begin{pmatrix} 3 \\ -1 \end{pmatrix}$ であるとき，次のベクトルの大きさを求めよ．

(1) $\boldsymbol{a} + \boldsymbol{b}$　　(2) $\boldsymbol{a} - \boldsymbol{b}$　　(3) $2\boldsymbol{b} - 3\boldsymbol{a}$

問 1.17　$\mathrm{P}(2, -2, 1)$, $\mathrm{Q}(-4, 1, -3)$ であるとき，次のベクトルの大きさを求めよ．

(1) $\overrightarrow{\mathrm{OP}}$　　(2) $\overrightarrow{\mathrm{OQ}}$　　(3) $\overrightarrow{\mathrm{PQ}}$

ベクトルの平行条件　2 つのベクトル $\boldsymbol{a}$, $\boldsymbol{b}$ ($\boldsymbol{a} \neq \boldsymbol{0}$, $\boldsymbol{b} \neq \boldsymbol{0}$) が互いに平行であるための必要十分条件は，適当な実数 t を用いて

$$\boldsymbol{b} = t\boldsymbol{a} \quad (t \neq 0)$$

と表せることである［→定理 1.1］．

例題 1.3　ベクトルの平行条件

ベクトル $\boldsymbol{a} = \begin{pmatrix} 3 \\ -2 \end{pmatrix}$, $\boldsymbol{b} = \begin{pmatrix} 2 \\ k \end{pmatrix}$ が互いに平行であるような実数 k の値を求めよ．

解　与えられた条件から，適当な実数 t に対して

$$\begin{pmatrix} 2 \\ k \end{pmatrix} = t \begin{pmatrix} 3 \\ -2 \end{pmatrix} \quad \text{すなわち} \quad \begin{cases} 2 = 3t \\ k = -2t \end{cases}$$

が成り立つ．したがって，$t = \dfrac{2}{3}$ となる．よって，k の値は $k = -\dfrac{4}{3}$ である．

問 1.18　次のベクトル $\boldsymbol{a}, \boldsymbol{b}$ が互いに平行であるとき，実数 k, k_1, k_2 の値を求めよ．

(1)　$\boldsymbol{a} = \begin{pmatrix} 3 \\ 1 \end{pmatrix}$, $\boldsymbol{b} = \begin{pmatrix} k \\ 2 \end{pmatrix}$　　(2)　$\boldsymbol{a} = \begin{pmatrix} k+4 \\ k \end{pmatrix}$, $\boldsymbol{b} = \begin{pmatrix} k \\ 2 \end{pmatrix}$

(3)　$\boldsymbol{a} = \begin{pmatrix} 1 \\ -2 \\ k_1 \end{pmatrix}$, $\boldsymbol{b} = \begin{pmatrix} -3 \\ k_2 \\ -4 \end{pmatrix}$

1.5　方向ベクトルと直線

直線のベクトル方程式　座標平面または座標空間に，点 A とベクトル $\boldsymbol{v}$ $(\boldsymbol{v} \neq \boldsymbol{0})$ が与えられているとする．このとき，点 A を通り，ベクトル $\boldsymbol{v}$ に平行な直線 ℓ がただ 1 つ定まる．直線 ℓ 上の任意の点を P とすれば，$\overrightarrow{\mathrm{AP}} \parallel \boldsymbol{v}$ であるから，$\overrightarrow{\mathrm{AP}} = t\boldsymbol{v}$（$t$ は実数）と表すことができる．点 A, P の位置ベクトルをそれぞれ $\boldsymbol{a}, \boldsymbol{p}$ とすれば，$\overrightarrow{\mathrm{OP}} = \overrightarrow{\mathrm{OA}} + \overrightarrow{\mathrm{AP}}$ であるから，

$$\boldsymbol{p} = \boldsymbol{a} + t\boldsymbol{v} \qquad \cdots\cdots ①$$

が成り立つ．

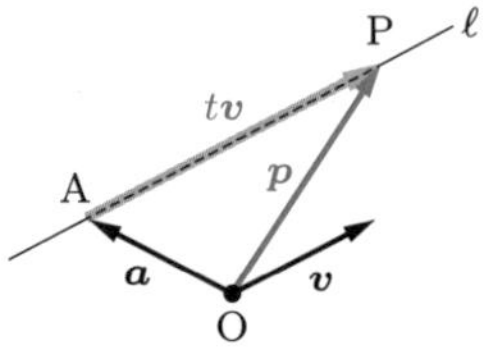

逆に，任意の実数 t に対して，①を満たすベクトル $\boldsymbol{p}$ を位置ベクトルとする点 P は，直線 ℓ 上にある．この実数 t を**媒介変数**という．また，直線 ℓ に平行なベクトル $\boldsymbol{v}$ を直線 ℓ の**方向ベクトル**という．

一般に，ある図形上の任意の点 P の位置ベクトル $\boldsymbol{p}$ が満たす方程式を，図形の**ベクトル方程式**という．①は，点 A を通り，方向ベクトルが $\boldsymbol{v}$ である直線のベクトル方程式である．

1.10 方向ベクトルによる直線のベクトル方程式

点 A を通り，方向ベクトルが $\boldsymbol{v}$ $(\boldsymbol{v} \neq \boldsymbol{0})$ である直線のベクトル方程式は，

$$\boldsymbol{p} = \boldsymbol{a} + t\,\boldsymbol{v}$$

である．ここで，$\boldsymbol{a}$ は点 A の位置ベクトル，t は媒介変数である．

直線の 3 つの表し方　座標平面において，点 $\mathrm{P}(x, y)$, $\mathrm{A}(a_1, a_2)$ の位置ベクトルをそれぞれ $\boldsymbol{p}, \boldsymbol{a}$ とする．点 A を通り，方向ベクトルが $\boldsymbol{v} = \begin{pmatrix} v_1 \\ v_2 \end{pmatrix}$ である直線 ℓ のベクトル方程式 $\boldsymbol{p} = \boldsymbol{a} + t\boldsymbol{v}$ の成分表示は，

$$\begin{pmatrix} x \\ y \end{pmatrix} = \begin{pmatrix} a_1 \\ a_2 \end{pmatrix} + t \begin{pmatrix} v_1 \\ v_2 \end{pmatrix} \qquad \cdots\cdots ①$$

となる．両辺の成分を比較すると，x, y は

$$\begin{cases} x = a_1 + tv_1 \\ y = a_2 + tv_2 \end{cases} \qquad \cdots\cdots ②$$

と表すことができる．これを，t を媒介変数とする直線 ℓ の**媒介変数表示**という．

$v_1 \neq 0, v_2 \neq 0$ のとき，t を消去すると，直線 ℓ の方程式は

$$\frac{x - a_1}{v_1} = \frac{y - a_2}{v_2} \quad \text{すなわち} \quad y - a_2 = \frac{v_2}{v_1}(x - a_1) \qquad \cdots\cdots ③$$

となる．これは，点 A (a_1, a_2) を通り傾きが $\dfrac{v_2}{v_1}$ の直線の方程式である．

このように，直線を表すには，上記の①〜③ の表し方がある．

例 1.15　点 $\mathrm{A}(5, -3)$ を通り，方向ベクトルが $\boldsymbol{v} = \begin{pmatrix} 2 \\ -1 \end{pmatrix}$ である直線 ℓ のベクトル方程式の成分表示は，

$$\begin{pmatrix} x \\ y \end{pmatrix} = \begin{pmatrix} 5 \\ -3 \end{pmatrix} + t \begin{pmatrix} 2 \\ -1 \end{pmatrix}$$

である．したがって，ℓ の媒介変数表示は

$$\begin{cases} x = 5 + 2t \\ y = -3 - t \end{cases}$$

となる．これから t を消去すると，直線 ℓ の方程式は

$$\frac{x-5}{2}=\frac{y+3}{-1}$$

となる．

座標空間の場合も同じようにして，直線のベクトル方程式，媒介変数表示，媒介変数を消去した方程式を求めることができる．以下，直線の媒介変数表示から媒介変数を消去した式を，単に直線の方程式という．

例題 1.4　直線の表し方

点 $\mathrm{A}(-1,2,1)$ を通り，$\boldsymbol{v}=\begin{pmatrix}2\\-1\\-3\end{pmatrix}$ を方向ベクトルとする直線 ℓ を，次の方法によって表せ．

(1)　ベクトル方程式　　(2)　媒介変数表示　　(3)　方程式

解　t を媒介変数とする．

(1)　直線 ℓ のベクトル方程式は，

$$\boldsymbol{p}=\boldsymbol{a}+t\boldsymbol{v}\quad \text{よって}\quad \begin{pmatrix}x\\y\\z\end{pmatrix}=\begin{pmatrix}-1\\2\\1\end{pmatrix}+t\begin{pmatrix}2\\-1\\-3\end{pmatrix}$$

となる．

(2)　両辺の成分を比較すれば，媒介変数表示

$$\begin{cases} x = -1+2t \\ y = 2-t \\ z = 1-3t \end{cases}$$

が得られる．

(3)　媒介変数表示から媒介変数 t を消去すれば，直線の方程式

$$\frac{x+1}{2}=\frac{y-2}{-1}=\frac{z-1}{-3}$$

が得られる．

問 1.19 次の点 A を通り，$\boldsymbol{v}$ を方向ベクトルとする直線について，そのベクトル方程式，媒介変数表示，方程式を求めよ．

(1) $A(1,-3)$, $\boldsymbol{v}=\begin{pmatrix}4\\2\end{pmatrix}$　　(2) $A(0,2,-1)$, $\boldsymbol{v}=\begin{pmatrix}2\\4\\3\end{pmatrix}$

例題 1.5 2 点を通る直線

次の 2 点を通る直線 ℓ の方程式を求めよ．

(1) $A(2,-3,1)$, $B(4,0,3)$　　(2) $A(2,1,4)$, $B(2,3,-1)$

解 (1) 求める直線はベクトル $\overrightarrow{AB}$ に平行であるから，その方向ベクトル $\boldsymbol{v}$ を

$$\boldsymbol{v}=\overrightarrow{AB}=\overrightarrow{OB}-\overrightarrow{OA}=\begin{pmatrix}4\\0\\3\end{pmatrix}-\begin{pmatrix}2\\-3\\1\end{pmatrix}=\begin{pmatrix}2\\3\\2\end{pmatrix}$$

とすることができる．したがって，直線 ℓ のベクトル方程式および媒介変数表示は，

$$\begin{pmatrix}x\\y\\z\end{pmatrix}=\begin{pmatrix}2\\-3\\1\end{pmatrix}+t\begin{pmatrix}2\\3\\2\end{pmatrix}\quad \text{よって}\quad \begin{cases}x=2+2t\\y=-3+3t\\z=1+2t\end{cases}$$

となる．これらの式から t を消去すれば，次が得られる．

$$\frac{x-2}{2}=\frac{y+3}{3}=\frac{z-1}{2}$$

(2) 方向ベクトル $\boldsymbol{v}$ を

$$\boldsymbol{v}=\overrightarrow{AB}=\overrightarrow{OB}-\overrightarrow{OA}=\begin{pmatrix}0\\2\\-5\end{pmatrix}$$

とすることができるから，直線 ℓ のベクトル方程式および媒介変数表示は，

$$\begin{pmatrix}x\\y\\z\end{pmatrix}=\begin{pmatrix}2\\1\\4\end{pmatrix}+t\begin{pmatrix}0\\2\\-5\end{pmatrix}\quad \text{よって}\quad \begin{cases}x=2\\y=1+2t\\z=4-5t\end{cases}$$

となる．第 1 式は t を含まないから，第 2 式と第 3 式から t を消去すれば，

$$x=2,\quad \frac{y-1}{2}=\frac{z-4}{-5}$$

が得られる．

note　例題 1.5(2) の直線 ℓ は，直線 ℓ が yz 平面と平行な平面 $x=2$ 上の直線であることを示す．すなわち，直線 ℓ は yz 平面と平行である．

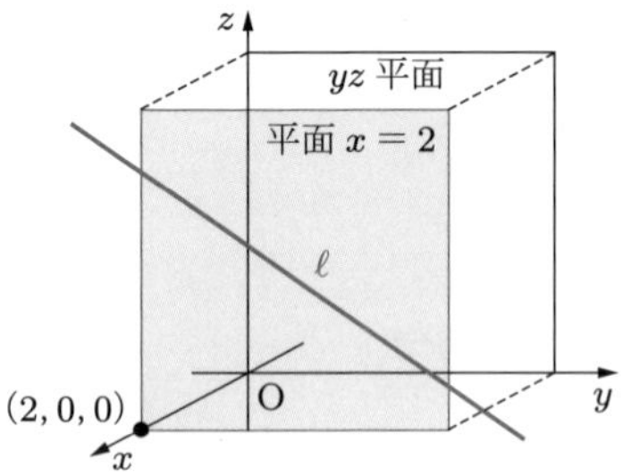

問 1.20　次の 2 点を通る直線の方程式を求めよ．

(1)　A$(-2,5)$，B$(3,1)$　　(2)　A$(3,0)$，B$(0,8)$

(3)　A$(2,4,-3)$，B$(3,1,-1)$　　(4)　A$(-1,3,2)$，B$(1,3,5)$

コーヒーブレイク

ベクトル　この章では平面や空間のベクトルに限定して考えているが，付録 A で触れているように，一般には和・差や実数倍の演算を考えることができるものをベクトルとよんでいる．たとえば，次のようなものもベクトルとして扱うことができる．

(1) 2 次以下の多項式

（和・差）　$(ax^2+bx+c)\pm(a'x^2+b'x+c')=(a+a')x^2+(b\pm b')x+(c\pm c')$

（実数倍）　$t(ax^2+bx+c)=(ta)x^2+(tb)x+(tc)$

(2) 収束する数列

（和・差）　$\{a_1,a_2,a_3,\ldots\}\pm\{b_1,b_2,b_3,\ldots\}=\{a_1\pm b_1,a_2\pm b_2,a_3\pm b_3,\ldots\}$

（実数倍）　$t\{a_1,a_2,a_3,\ldots\}=\{ta_1,ta_2,ta_3,\ldots\}$

この時点ではまだ未学習なので他の例を示すことができないが，上記の例にとどまらず，非常に多くのものをベクトルとして扱うことができる．本書でこれから学ぶことは，そのようなものに対しても成り立つ一般性があり，極めて応用範囲の広い理論である．

練習問題 1

[1]　図のような 1 辺の長さ 1 の正六角形 ABCDEF において，$\overrightarrow{\mathrm{AB}} = \boldsymbol{a}$, $\overrightarrow{\mathrm{AF}} = \boldsymbol{b}$ とするとき，次のベクトルを $\boldsymbol{a}$, $\boldsymbol{b}$ で表せ．また，それぞれのベクトルの大きさを求めよ．

(1)　$\overrightarrow{\mathrm{BF}}$　　(2)　$\overrightarrow{\mathrm{AD}}$　　(3)　$\overrightarrow{\mathrm{BC}}$

(4)　$\overrightarrow{\mathrm{AE}}$　　(5)　$\overrightarrow{\mathrm{FC}}$　　(6)　$\overrightarrow{\mathrm{DF}}$

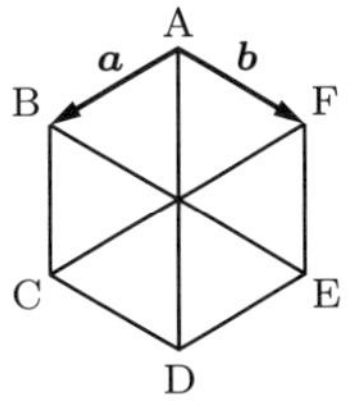

[2]　次の等式を満たす $\boldsymbol{x}$ を $\boldsymbol{a}$, $\boldsymbol{b}$ を用いて表せ．

(1)　$4\boldsymbol{x} - 2\boldsymbol{a} = 2\boldsymbol{x} - 6\boldsymbol{b}$　　(2)　$\boldsymbol{a} + 3(2\boldsymbol{b} - \boldsymbol{x}) + 2(\boldsymbol{x} - 2\boldsymbol{b} + \boldsymbol{a}) = \boldsymbol{0}$

[3]　3 点 $\mathrm{A}(2, -4, 1)$, $\mathrm{B}(4, -3, -2)$, $\mathrm{C}(1, 0, 3)$ について，次の問いに答えよ．

(1)　$\overrightarrow{\mathrm{AB}}$ を求めよ．　　(2)　$\overrightarrow{\mathrm{AC}}$ を求めよ．

(3)　四角形 ABCD が平行四辺形となるような点 D の座標を求めよ．

[4]　次の条件を満たす直線の方程式を求めよ．

(1)　方向ベクトルが $\boldsymbol{v} = \begin{pmatrix} -1 \\ 2 \\ -2 \end{pmatrix}$ で，点 $(1, 1, -2)$ を通る直線

(2)　2 点 $(-2, 3, 1)$, $(2, 11, -2)$ を通る直線

[5]　3 点 $(1, -3, 2)$, $(-2, y, 8)$, $(x, 0, -2)$ が同一直線上にあるような x, y の値を求めよ．

[6]　△OAB について，$\overrightarrow{\mathrm{OA}} = \boldsymbol{a}$, $\overrightarrow{\mathrm{OB}} = \boldsymbol{b}$ とおく．辺 OA，辺 OB，辺 AB の中点をそれぞれ L, M, N とし，直線 AM と直線 BL の交点を G とする．点 G を △OAB の**重心**という．次の問いに答えよ．ただし，s, t は実数である．

(1)　$\mathrm{AG} = s\mathrm{AM}$ として，$\overrightarrow{\mathrm{OG}}$ を $\boldsymbol{a}$, $\boldsymbol{b}$, s を用いて表せ．

(2)　$\mathrm{BG} = t\mathrm{BL}$ として，$\overrightarrow{\mathrm{OG}}$ を $\boldsymbol{a}$, $\boldsymbol{b}$, t を用いて表せ．

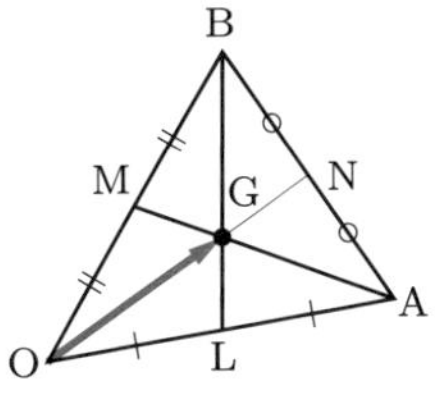

(3)　(1), (2) で求めた $\boldsymbol{a}$, $\boldsymbol{b}$ の係数は一致する．このことを用いて，s, t の値を求めよ．

(4)　点 G は直線 ON 上にあり，$\mathrm{OG} : \mathrm{GN} = 2 : 1$ が成り立つことを示せ．

[7]　図のように，A, B, C の 3 人がロープを引き合い，3 人の力はつりあっている．C の引く力を $\boldsymbol{F}$ とするとき，次の問いに答えよ．

(1)　A, B の引く力 $\boldsymbol{F}_{\mathrm{A}}$, $\boldsymbol{F}_{\mathrm{B}}$ を図示せよ．

(2)　$\alpha = 60^\circ$, $\beta = 30^\circ$ とする．$\boldsymbol{F}$ の引く力の大きさが 100 N であるとき，A, B それぞれが引く力の大きさ F_{A}, F_{B} を求めよ．ここで，N は力の単位ニュートンである．

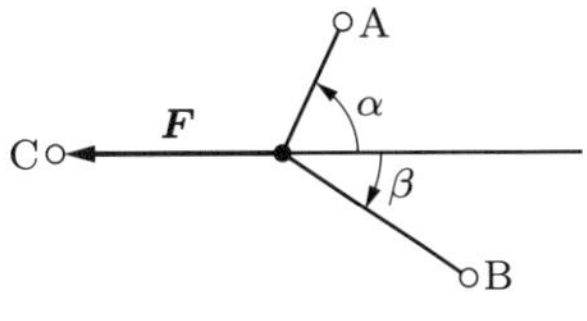

2 ベクトルと図形

2.1 ベクトルの内積

ベクトルの内積　2 つのベクトル $\boldsymbol{a} = \overrightarrow{\mathrm{OA}}$, $\boldsymbol{b} = \overrightarrow{\mathrm{OB}}$ $(\boldsymbol{a} \neq \boldsymbol{0}, \boldsymbol{b} \neq \boldsymbol{0})$ に対して,

$$\theta = \angle \mathrm{AOB} \quad (0 \leqq \theta \leqq \pi)$$

を $\boldsymbol{a}$ と $\boldsymbol{b}$ の**なす角**という．このとき,

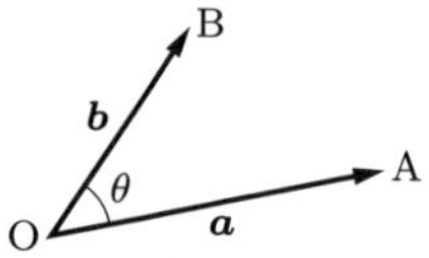

$$|\boldsymbol{a}||\boldsymbol{b}|\cos\theta$$

を $\boldsymbol{a}$ と $\boldsymbol{b}$ の**内積**といい，$\boldsymbol{a} \cdot \boldsymbol{b}$ で表す．$\boldsymbol{a} = \boldsymbol{0}$ または $\boldsymbol{b} = \boldsymbol{0}$ のときは $\boldsymbol{a} \cdot \boldsymbol{b} = 0$ とし，$\boldsymbol{a}, \boldsymbol{b}$ のなす角は任意とする．

2.1　ベクトルの内積

ベクトル $\boldsymbol{a}, \boldsymbol{b}$ のなす角を θ $(0 \leqq \theta \leqq \pi)$ とするとき，ベクトル $\boldsymbol{a}$ と $\boldsymbol{b}$ の内積 $\boldsymbol{a} \cdot \boldsymbol{b}$ を，次のように定める．

$$\boldsymbol{a} \cdot \boldsymbol{b} = |\boldsymbol{a}||\boldsymbol{b}|\cos\theta$$

例 2.1　$|\boldsymbol{a}| = 5$, $|\boldsymbol{b}| = 4$, $\boldsymbol{a}$ と $\boldsymbol{b}$ のなす角を θ とするとき，次が成り立つ．

(1)　$\theta = \dfrac{\pi}{4}$ のとき　$\boldsymbol{a} \cdot \boldsymbol{b} = |\boldsymbol{a}||\boldsymbol{b}|\cos\theta = 5 \cdot 4 \cdot \dfrac{\sqrt{2}}{2} = 10\sqrt{2}$

(2)　$\theta = \dfrac{2\pi}{3}$ のとき　$\boldsymbol{a} \cdot \boldsymbol{b} = |\boldsymbol{a}||\boldsymbol{b}|\cos\dfrac{2\pi}{3} = 5 \cdot 4 \cdot \left(-\dfrac{1}{2}\right) = -10$

例 2.1 の (1), (2) の場合を図示すると，次のようになる．(1) のとき $|\boldsymbol{b}|\cos\theta = 2\sqrt{2}$, (2) のとき $|\boldsymbol{b}|\cos\theta = -2$ であるから，内積は，図の青字で示した「向きをもった長さ」の積である．負の値は，$\boldsymbol{a}$ と逆向きであることを表す．

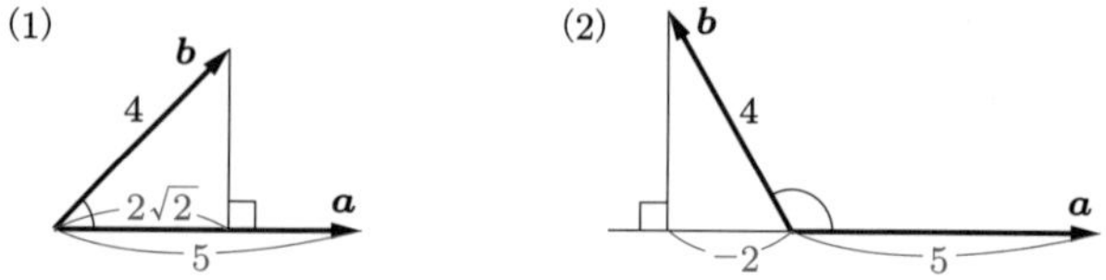

問2.1 $\boldsymbol{a}, \boldsymbol{b}$ が次の条件を満たすとき，内積 $\boldsymbol{a}\cdot\boldsymbol{b}$ を求めよ．ただし，θ は $\boldsymbol{a}$ と $\boldsymbol{b}$ のなす角とする．

(1) $|\boldsymbol{a}| = 5,\ |\boldsymbol{b}| = 6,\ \theta = \dfrac{\pi}{6}$ (2) $|\boldsymbol{a}| = 8,\ |\boldsymbol{b}| = 2,\ \theta = \dfrac{3\pi}{4}$

問2.2 右図の点 O, A, B について，次の内積を求めよ．ただし，1 目盛りは 1 とする．

(1) $\overrightarrow{\mathrm{OA}}\cdot\overrightarrow{\mathrm{OB}}$ (2) $\overrightarrow{\mathrm{AB}}\cdot\overrightarrow{\mathrm{OA}}$

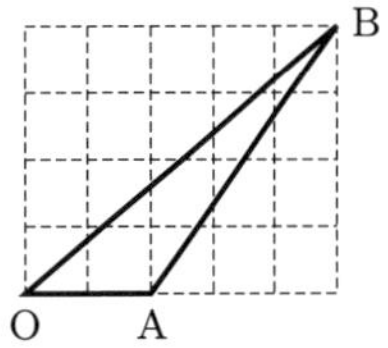

note　$|\boldsymbol{a}| = 1$ のとき，内積 $\boldsymbol{a}\cdot\boldsymbol{b}$ は次のように考えることができる．ℓ を O を通り $\boldsymbol{a}$ と平行な直線，$\boldsymbol{b} = \overrightarrow{\mathrm{OB}}$ とし，$\boldsymbol{a}$ と $\boldsymbol{b}$ のなす角を θ とする．点 B から ℓ に下ろした垂線と ℓ との交点を H とする．このとき内積は $\boldsymbol{a}\cdot\boldsymbol{b} = |\boldsymbol{b}|\cos\theta$ となり，角 θ の大きさによって，次のようになる．

(i) $0 \leqq \theta < \dfrac{\pi}{2}$ のとき　$\boldsymbol{a}\cdot\boldsymbol{b} = \left|\overrightarrow{\mathrm{OH}}\right| = \mathrm{OH} > 0$

(ii) $\theta = \dfrac{\pi}{2}$ のとき　$\boldsymbol{a}\cdot\boldsymbol{b} = \left|\overrightarrow{\mathrm{OH}}\right| = 0$

(iii) $\dfrac{\pi}{2} < \theta \leqq \pi$ のとき　$\boldsymbol{a}\cdot\boldsymbol{b} = -\left|\overrightarrow{\mathrm{OH}}\right| = -\mathrm{OH} < 0$

ベクトル $\overrightarrow{\mathrm{OH}}$ を，$\boldsymbol{b}$ の $\boldsymbol{a}$ 方向への**正射影ベクトル**という．

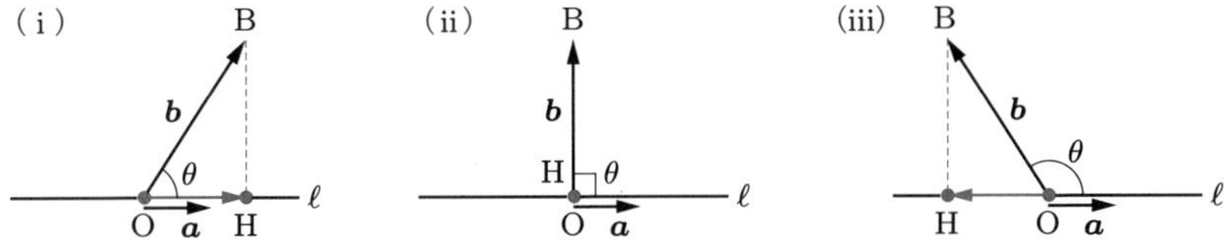

成分による内積の計算

成分表示されたベクトルの内積を考える．2 つのベクトル $\boldsymbol{a} = \overrightarrow{\mathrm{OA}}, \boldsymbol{b} = \overrightarrow{\mathrm{OB}}$ のなす角を θ とし，△OAB に余弦定理を用いると，

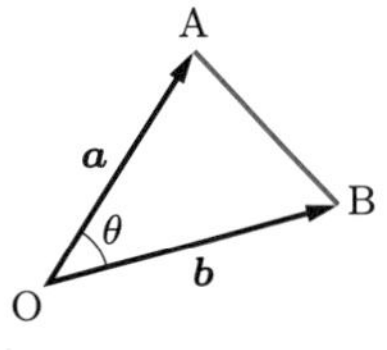

$$\mathrm{AB}^2 = \mathrm{OA}^2 + \mathrm{OB}^2 - 2\,\mathrm{OA}\cdot\mathrm{OB}\cos\theta$$

となる．内積の定義 $\boldsymbol{a}\cdot\boldsymbol{b} = |\boldsymbol{a}||\boldsymbol{b}|\cos\theta = \mathrm{OA}\cdot\mathrm{OB}\cos\theta$ から，

$$\mathrm{AB}^2 = \mathrm{OA}^2 + \mathrm{OB}^2 - 2\boldsymbol{a}\cdot\boldsymbol{b}$$

となり，

$$\boldsymbol{a}\cdot\boldsymbol{b} = \frac{1}{2}\left(\mathrm{OA}^2 + \mathrm{OB}^2 - \mathrm{AB}^2\right) \qquad \cdots\cdots ①$$

が成り立つ．したがって，座標平面では，ベクトル $\boldsymbol{a}=\begin{pmatrix} a_1 \\ a_2 \end{pmatrix}$, $\boldsymbol{b}=\begin{pmatrix} b_1 \\ b_2 \end{pmatrix}$ の内積は，

$$\begin{aligned} \boldsymbol{a}\cdot\boldsymbol{b} &= \frac{1}{2}\left(\mathrm{OA}^2+\mathrm{OB}^2-\mathrm{AB}^2\right) \\ &= \frac{1}{2}\left[({a_1}^2+{a_2}^2)+({b_1}^2+{b_2}^2)-\left\{(b_1-a_1)^2+(b_2-a_2)^2\right\}\right] \\ &= a_1b_1+a_2b_2 \end{aligned}$$

となる．この関係は，$\boldsymbol{a}$ または $\boldsymbol{b}$ が零ベクトルの場合でも成り立つ．座標空間の場合も，①を成分でかき直すことにより，次の (2) が得られる．

2.2　成分による内積の表示

ベクトル $\boldsymbol{a}$, $\boldsymbol{b}$ の内積 $\boldsymbol{a}\cdot\boldsymbol{b}$ は，次のようになる．

(1)　$\boldsymbol{a}=\begin{pmatrix} a_1 \\ a_2 \end{pmatrix}$, $\boldsymbol{b}=\begin{pmatrix} b_1 \\ b_2 \end{pmatrix}$ のとき，　$\boldsymbol{a}\cdot\boldsymbol{b}=a_1b_1+a_2b_2$

(2)　$\boldsymbol{a}=\begin{pmatrix} a_1 \\ a_2 \\ a_3 \end{pmatrix}$, $\boldsymbol{b}=\begin{pmatrix} b_1 \\ b_2 \\ b_3 \end{pmatrix}$ のとき，　$\boldsymbol{a}\cdot\boldsymbol{b}=a_1b_1+a_2b_2+a_3b_3$

問2.3　定理 **2.2** (2) を証明せよ．

例 2.2

(1)　$\boldsymbol{a}=\begin{pmatrix} 1 \\ 2 \end{pmatrix}$, $\boldsymbol{b}=\begin{pmatrix} 3 \\ -4 \end{pmatrix}$ のとき，$\boldsymbol{a}\cdot\boldsymbol{b}=1\cdot 3+2\cdot(-4)=-5$ である．

(2)　$\boldsymbol{a}=\begin{pmatrix} 1 \\ 2 \\ 3 \end{pmatrix}$, $\boldsymbol{b}=\begin{pmatrix} 3 \\ 4 \\ 5 \end{pmatrix}$ のとき，$\boldsymbol{a}\cdot\boldsymbol{b}=1\cdot 3+2\cdot 4+3\cdot 5=26$ である．

問2.4　次のベクトル $\boldsymbol{a}$, $\boldsymbol{b}$ の内積 $\boldsymbol{a}\cdot\boldsymbol{b}$ を求めよ．

(1) $\boldsymbol{a}=\begin{pmatrix} 3 \\ 2 \end{pmatrix}$, $\boldsymbol{b}=\begin{pmatrix} -4 \\ 5 \end{pmatrix}$　(2) $\boldsymbol{a}=\begin{pmatrix} 1 \\ 5 \\ 2 \end{pmatrix}$, $\boldsymbol{b}=\begin{pmatrix} 3 \\ -1 \\ 1 \end{pmatrix}$　(3) $\boldsymbol{a}=\begin{pmatrix} -1 \\ 4 \\ 3 \end{pmatrix}$, $\boldsymbol{b}=\begin{pmatrix} 6 \\ 2 \\ -1 \end{pmatrix}$

ベクトルのなす角 2つのベクトル $\boldsymbol{a}, \boldsymbol{b}$ の成分が与えられたとき，内積を利用すると $\boldsymbol{a}, \boldsymbol{b}$ のなす角を求めることができる．

2.3 ベクトルのなす角

$\boldsymbol{a} \neq \boldsymbol{0}, \boldsymbol{b} \neq \boldsymbol{0}$ のとき，$\boldsymbol{a}, \boldsymbol{b}$ のなす角を θ とすれば，次の式が成り立つ．

$$\cos\theta = \frac{\boldsymbol{a}\cdot\boldsymbol{b}}{|\boldsymbol{a}||\boldsymbol{b}|} \quad (0 \leqq \theta \leqq \pi)$$

例題 2.1 ベクトルのなす角

ベクトル $\boldsymbol{a} = \begin{pmatrix} 1 \\ 2 \\ 1 \end{pmatrix}, \boldsymbol{b} = \begin{pmatrix} -1 \\ 1 \\ 2 \end{pmatrix}$ のなす角 θ を求めよ．

解 $|\boldsymbol{a}| = \sqrt{1^2 + 2^2 + 1^2} = \sqrt{6}, |\boldsymbol{b}| = \sqrt{(-1)^2 + 1^2 + 2^2} = \sqrt{6}$ であり，

$$\boldsymbol{a}\cdot\boldsymbol{b} = 1\cdot(-1) + 2\cdot 1 + 1\cdot 2 = 3$$

となる．したがって，

$$\cos\theta = \frac{\boldsymbol{a}\cdot\boldsymbol{b}}{|\boldsymbol{a}||\boldsymbol{b}|} = \frac{3}{\sqrt{6}\sqrt{6}} = \frac{1}{2}$$

である．$0 \leqq \theta \leqq \pi$ であるから，$\theta = \dfrac{\pi}{3}$ である．

問2.5 次のベクトル $\boldsymbol{a}, \boldsymbol{b}$ のなす角を求めよ．

(1) $\boldsymbol{a} = \begin{pmatrix} 1 \\ \sqrt{3} \end{pmatrix}, \ \boldsymbol{b} = \begin{pmatrix} 3 \\ \sqrt{3} \end{pmatrix}$ (2) $\boldsymbol{a} = \begin{pmatrix} 2 \\ 3 \end{pmatrix}, \ \boldsymbol{b} = \begin{pmatrix} -6 \\ 4 \end{pmatrix}$

(3) $\boldsymbol{a} = \begin{pmatrix} 2 \\ -3 \\ 1 \end{pmatrix}, \ \boldsymbol{b} = \begin{pmatrix} -5 \\ 4 \\ 1 \end{pmatrix}$ (4) $\boldsymbol{a} = \begin{pmatrix} -1 \\ 2 \\ 2 \end{pmatrix}, \ \boldsymbol{b} = \begin{pmatrix} 1 \\ 0 \\ -1 \end{pmatrix}$

ベクトル $\boldsymbol{a}$ と $\boldsymbol{b}$ を同じ始点をもつ有向線分で表したとき，$\boldsymbol{a}, \boldsymbol{b}$ を2辺とする平行四辺形を，$\boldsymbol{a}, \boldsymbol{b}$ が作る平行四辺形という．

例題 2.2　平行四辺形の面積

次の問いに答えよ．

(1)　$\boldsymbol{a}, \boldsymbol{b}$ が作る平行四辺形の面積を S とすると，次の式が成り立つことを証明せよ．

$$S^2 = |\boldsymbol{a}|^2|\boldsymbol{b}|^2 - (\boldsymbol{a}\cdot\boldsymbol{b})^2$$

(2)　$\boldsymbol{a} = \begin{pmatrix} 1 \\ -1 \\ -3 \end{pmatrix}, \boldsymbol{b} = \begin{pmatrix} 5 \\ 2 \\ -1 \end{pmatrix}$ が作る平行四辺形の面積 S を求めよ．

解　(1)　$\boldsymbol{a}$ と $\boldsymbol{b}$ のなす角を θ とすると，$S = |\boldsymbol{a}||\boldsymbol{b}|\sin\theta$ である．したがって，

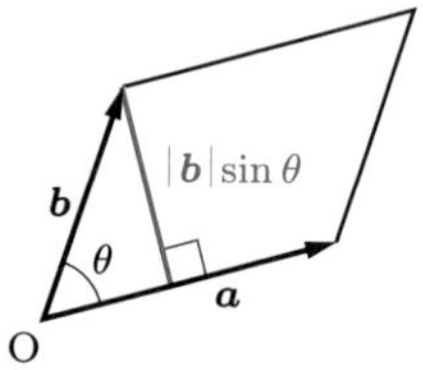

$$\begin{aligned} S^2 &= |\boldsymbol{a}|^2|\boldsymbol{b}|^2\sin^2\theta \\ &= |\boldsymbol{a}|^2|\boldsymbol{b}|^2(1-\cos^2\theta) \\ &= |\boldsymbol{a}|^2|\boldsymbol{b}|^2 - (|\boldsymbol{a}||\boldsymbol{b}|\cos\theta)^2 = |\boldsymbol{a}|^2|\boldsymbol{b}|^2 - (\boldsymbol{a}\cdot\boldsymbol{b})^2 \end{aligned}$$

が成り立つ．

(2)　$|\boldsymbol{a}|^2 = 11, |\boldsymbol{b}|^2 = 30, \boldsymbol{a}\cdot\boldsymbol{b} = 6$ であるから，

$$S^2 = 11\cdot 30 - 6^2 = 294$$

となる．したがって，$S = 7\sqrt{6}$ である．

問2.6　次のベクトル $\boldsymbol{a}, \boldsymbol{b}$ が作る平行四辺形の面積を求めよ．

(1)　$\boldsymbol{a} = \begin{pmatrix} 1 \\ -4 \end{pmatrix}, \boldsymbol{b} = \begin{pmatrix} 3 \\ 2 \end{pmatrix}$　　(2)　$\boldsymbol{a} = \begin{pmatrix} 1 \\ 2 \\ 3 \end{pmatrix}, \boldsymbol{b} = \begin{pmatrix} -2 \\ 1 \\ 0 \end{pmatrix}$

ベクトルの内積の性質

内積は次の性質をもつ．

2.4　内積の性質

ベクトル $\boldsymbol{a}, \boldsymbol{b}, \boldsymbol{c}$ と実数 t について，次のことが成り立つ．

(1)　ベクトルの大きさ：$\boldsymbol{a}\cdot\boldsymbol{a} = |\boldsymbol{a}|^2$　とくに　$|\boldsymbol{a}| = 0 \iff \boldsymbol{a}\cdot\boldsymbol{a} = 0$

(2)　交換法則：$\boldsymbol{a}\cdot\boldsymbol{b} = \boldsymbol{b}\cdot\boldsymbol{a}$

(3)　分配法則：$\boldsymbol{a}\cdot(\boldsymbol{b}+\boldsymbol{c}) = \boldsymbol{a}\cdot\boldsymbol{b}+\boldsymbol{a}\cdot\boldsymbol{c}$,　$(\boldsymbol{a}+\boldsymbol{b})\cdot\boldsymbol{c} = \boldsymbol{a}\cdot\boldsymbol{c}+\boldsymbol{b}\cdot\boldsymbol{c}$

(4)　結合法則：$(t\,\boldsymbol{a})\cdot\boldsymbol{b} = \boldsymbol{a}\cdot(t\,\boldsymbol{b}) = t\,(\boldsymbol{a}\cdot\boldsymbol{b})$

証明　平面ベクトルの場合に分配法則 $\boldsymbol{a}\cdot(\boldsymbol{b}+\boldsymbol{c})=\boldsymbol{a}\cdot\boldsymbol{b}+\boldsymbol{a}\cdot\boldsymbol{c}$ が成り立つことを証明する．$\boldsymbol{a}=\begin{pmatrix}a_1\\a_2\end{pmatrix}$, $\boldsymbol{b}=\begin{pmatrix}b_1\\b_2\end{pmatrix}$, $\boldsymbol{c}=\begin{pmatrix}c_1\\c_2\end{pmatrix}$ とするとき，

$$\begin{aligned}\boldsymbol{a}\cdot(\boldsymbol{b}+\boldsymbol{c})&=a_1(b_1+c_1)+a_2(b_2+c_2)\\&=(a_1b_1+a_2b_2)+(a_1c_1+a_2c_2)=\boldsymbol{a}\cdot\boldsymbol{b}+\boldsymbol{a}\cdot\boldsymbol{c}\end{aligned}$$

となる．したがって，分配法則 $\boldsymbol{a}\cdot(\boldsymbol{b}+\boldsymbol{c})=\boldsymbol{a}\cdot\boldsymbol{b}+\boldsymbol{a}\cdot\boldsymbol{c}$ が成り立つ．　証明終

同様にして，他の性質も証明することができる．

例題 2.3　内積となす角

$|\boldsymbol{a}|=3$, $|\boldsymbol{b}|=2$, $|\boldsymbol{a}-\boldsymbol{b}|=\sqrt{19}$ のとき，次の値を求めよ．

(1)　$\boldsymbol{a}\cdot\boldsymbol{b}$　　(2)　$\boldsymbol{a}$ と $\boldsymbol{b}$ のなす角 θ

解　(1)　$|\boldsymbol{a}-\boldsymbol{b}|^2$ を展開すると，

$$\begin{aligned}|\boldsymbol{a}-\boldsymbol{b}|^2&=(\boldsymbol{a}-\boldsymbol{b})\cdot(\boldsymbol{a}-\boldsymbol{b})\\&=\boldsymbol{a}\cdot\boldsymbol{a}-\boldsymbol{a}\cdot\boldsymbol{b}-\boldsymbol{b}\cdot\boldsymbol{a}+\boldsymbol{b}\cdot\boldsymbol{b}\\&=|\boldsymbol{a}|^2-2\boldsymbol{a}\cdot\boldsymbol{b}+|\boldsymbol{b}|^2\end{aligned}$$

となる．したがって，内積 $\boldsymbol{a}\cdot\boldsymbol{b}$ は次のようになる．

$$\begin{aligned}\boldsymbol{a}\cdot\boldsymbol{b}&=\frac{1}{2}\left(|\boldsymbol{a}|^2+|\boldsymbol{b}|^2-|\boldsymbol{a}-\boldsymbol{b}|^2\right)\\&=\frac{1}{2}(3^2+2^2-\sqrt{19}^2)=-3\end{aligned}$$

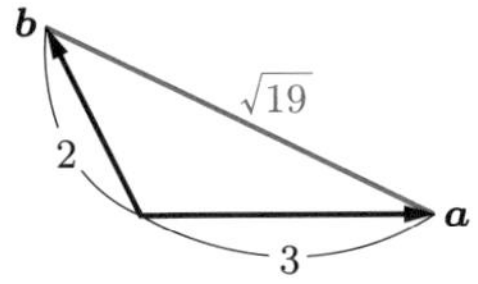

(2)　(1) の結果を用いると，次が得られる．

$$\cos\theta=\frac{\boldsymbol{a}\cdot\boldsymbol{b}}{|\boldsymbol{a}||\boldsymbol{b}|}=\frac{-3}{3\cdot 2}=-\frac{1}{2}\quad よって\quad \theta=\frac{2\pi}{3}\quad [0\leqq\theta\leqq\pi]$$

問 2.7　$|\boldsymbol{a}|=3$, $|\boldsymbol{b}|=4$, $|\boldsymbol{a}+\boldsymbol{b}|=\sqrt{37}$ のとき，次の値を求めよ．

(1)　$\boldsymbol{a}\cdot\boldsymbol{b}$　　(2)　$\boldsymbol{a}$ と $\boldsymbol{b}$ のなす角 θ

さらに，次の不等式が成り立つ．

2.5　内積に関する不等式

任意のベクトル $\boldsymbol{a}, \boldsymbol{b}$ について，次の不等式が成り立つ．

$$|\boldsymbol{a}\cdot\boldsymbol{b}| \leqq |\boldsymbol{a}||\boldsymbol{b}|$$

等号は，$\boldsymbol{a} /\!/ \boldsymbol{b}$, $\boldsymbol{a}=\boldsymbol{0}$ または $\boldsymbol{b}=\boldsymbol{0}$ のときに成り立つ．

証明　$\boldsymbol{0}$ でない 2 つのベクトル $\boldsymbol{a}, \boldsymbol{b}$ のなす角を θ とすると，$|\cos\theta| \leqq 1$ であるから，

$$|\boldsymbol{a}\cdot\boldsymbol{b}| = \big||\boldsymbol{a}||\boldsymbol{b}|\cos\theta\big| = |\boldsymbol{a}||\boldsymbol{b}||\cos\theta| \leqq |\boldsymbol{a}||\boldsymbol{b}|$$

が成り立つ．ここで，等号が成り立つのは，$\cos\theta = \pm 1$ すなわち $\theta = 0$ または $\theta = \pi$ のときであり，このとき $\boldsymbol{a} /\!/ \boldsymbol{b}$ となる．$\boldsymbol{a}=\boldsymbol{0}$ または $\boldsymbol{b}=\boldsymbol{0}$ のときも等号が成り立つ．

証明終

ベクトルの垂直条件　$\boldsymbol{a} \neq \boldsymbol{0}, \boldsymbol{b} \neq \boldsymbol{0}$ のとき，2 つのベクトル $\boldsymbol{a}, \boldsymbol{b}$ のなす角を θ とする．$\boldsymbol{a}\cdot\boldsymbol{b} = |\boldsymbol{a}||\boldsymbol{b}|\cos\theta$ であるから，$\cos\theta$ の符号は内積 $\boldsymbol{a}\cdot\boldsymbol{b}$ の符号によって決まる．すなわち，内積の符号と角 θ の大きさについて，次の関係が成り立つ．

(i)　$\cos\theta > 0 \iff \boldsymbol{a}\cdot\boldsymbol{b} > 0 \iff 0 \leqq \theta < \dfrac{\pi}{2}$

(ii)　$\cos\theta = 0 \iff \boldsymbol{a}\cdot\boldsymbol{b} = 0 \iff \theta = \dfrac{\pi}{2}$

(iii)　$\cos\theta < 0 \iff \boldsymbol{a}\cdot\boldsymbol{b} < 0 \iff \dfrac{\pi}{2} < \theta \leqq \pi$

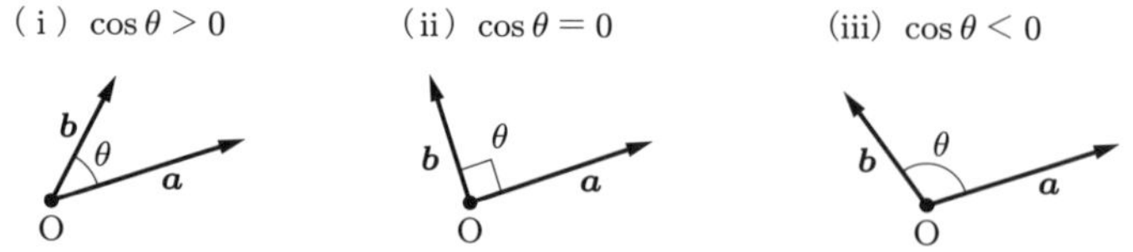

$\theta = \dfrac{\pi}{2}$ のとき，ベクトル $\boldsymbol{a}, \boldsymbol{b}$ は互いに**垂直**であるまたは**直交**するといい，$\boldsymbol{a} \perp \boldsymbol{b}$ と表す．

2.6　ベクトルの垂直条件

$\boldsymbol{a} \neq \boldsymbol{0}, \boldsymbol{b} \neq \boldsymbol{0}$ のとき，次が成り立つ．

$$\boldsymbol{a}\cdot\boldsymbol{b} = 0 \iff \boldsymbol{a} \perp \boldsymbol{b}$$

例 2.3 $\boldsymbol{a} = \begin{pmatrix} 5 \\ 2 \end{pmatrix}, \boldsymbol{b} = \begin{pmatrix} -2 \\ 5 \end{pmatrix}$ とすれば，

$$\boldsymbol{a} \cdot \boldsymbol{b} = 5 \cdot (-2) + 2 \cdot 5 = 0$$

である．したがって，$\boldsymbol{a} \perp \boldsymbol{b}$ である．

例題 2.4 ベクトルの垂直条件

ベクトル $\boldsymbol{a} = \begin{pmatrix} 2 \\ 5 \\ -1 \end{pmatrix}, \boldsymbol{b} = \begin{pmatrix} k+1 \\ 1 \\ 3 \end{pmatrix}$ が互いに垂直となる実数 k の値を求めよ．

解 $\boldsymbol{a} \cdot \boldsymbol{b} = 0$ となればよい．したがって，次が成り立つ．

$$2(k+1) + 5 \cdot 1 + (-1) \cdot 3 = 0 \quad \text{よって} \quad k = -2$$

問2.8 次のベクトル $\boldsymbol{a}, \boldsymbol{b}$ が互いに垂直となるような実数 k の値を求めよ．

(1) $\boldsymbol{a} = \begin{pmatrix} 3 \\ 4 \\ -2 \end{pmatrix}, \ \boldsymbol{b} = \begin{pmatrix} 2 \\ k \\ 5 \end{pmatrix}$ (2) $\boldsymbol{a} = \begin{pmatrix} 2 \\ 0 \\ 1-k \end{pmatrix}, \ \boldsymbol{b} = \begin{pmatrix} 3 \\ -1 \\ -2 \end{pmatrix}$

例題 2.5 垂直な単位ベクトル

ベクトル $\boldsymbol{a} = \begin{pmatrix} \sqrt{3} \\ -1 \end{pmatrix}$ に垂直な単位ベクトル $\boldsymbol{u}$ を求めよ．

解 $\boldsymbol{u} = \begin{pmatrix} x \\ y \end{pmatrix}$ とおく．$\boldsymbol{a} \perp \boldsymbol{u}$ であるから，

$$\boldsymbol{a} \cdot \boldsymbol{u} = \sqrt{3}x - y = 0 \quad \text{よって} \quad y = \sqrt{3}x \qquad \cdots\cdots ①$$

が成り立つ．また，$\boldsymbol{u}$ は単位ベクトルであるから，

$$x^2 + y^2 = 1 \qquad \cdots\cdots ②$$

が成り立つ．① を ② に代入すると，

$$x^2 + 3x^2 = 1 \quad よって \quad x = \pm\frac{1}{2}$$

となる．このとき，$y = \sqrt{3}x = \pm\dfrac{\sqrt{3}}{2}$（複号同順）となるから，求める単位ベクトル $\boldsymbol{u}$ は次のようになる．

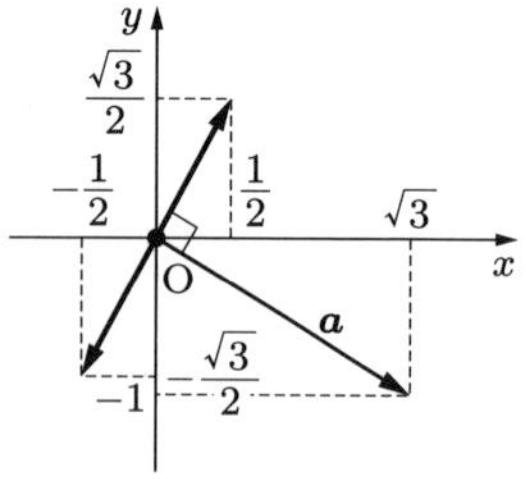

$$\boldsymbol{u} = \pm\begin{pmatrix} \dfrac{1}{2} \\ \dfrac{\sqrt{3}}{2} \end{pmatrix}$$

問2.9　ベクトル $\boldsymbol{a} = \begin{pmatrix} 3 \\ 4 \end{pmatrix}$ に垂直な単位ベクトルを求めよ．

2.2 法線ベクトルと直線・平面の方程式

法線ベクトルと図形　点 $\mathrm{P_0}$ とベクトル $\boldsymbol{n}$ が与えられたとき，$\mathrm{P_0}$ を通り，直線 $\mathrm{P_0P}$ が $\boldsymbol{n}$ と垂直になるような点 P 全体が作る図形を F とする．

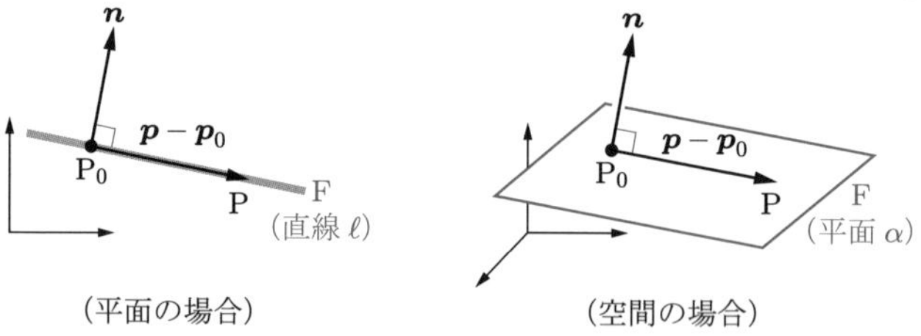

平面においては，図形 F は点 $\mathrm{P_0}$ を通り，$\boldsymbol{n}$ に垂直な直線 ℓ である．このとき，$\boldsymbol{n}$ を ℓ の**法線ベクトル**という．ℓ 上の点 P は $\overrightarrow{\mathrm{P_0P}} \perp \boldsymbol{n}$ を満たすから，$\boldsymbol{n} \cdot \overrightarrow{\mathrm{P_0P}} = 0$ が成り立つ．したがって，点 $\mathrm{P_0}$ の位置ベクトルを $\boldsymbol{p}_0$，点 P の位置ベクトルを $\boldsymbol{p}$ とすると，

$$\boldsymbol{n} \cdot (\boldsymbol{p} - \boldsymbol{p}_0) = 0$$

が成り立つ．これが直線 ℓ のベクトル方程式である．

また，空間においては，図形 F は点 $\mathrm{P_0}$ を通り，$\boldsymbol{n}$ に垂直な平面 α である．このとき，$\boldsymbol{n}$ を α の**法線ベクトル**という．α 上の点 P について，$\boldsymbol{n} \cdot \overrightarrow{\mathrm{P_0P}} = 0$ が成り立つ．したがって，点 $\mathrm{P_0}$ の位置ベクトル $\boldsymbol{p}_0$ と点 P の位置ベクトル $\boldsymbol{p}$ は，

$$\boldsymbol{n} \cdot (\boldsymbol{p} - \boldsymbol{p}_0) = 0$$

を満たす．これが平面 α のベクトル方程式である．

このように，座標平面と座標空間のいずれの場合も，点 P_0 を通り $\boldsymbol{n}$ に垂直な点が作る図形は同じ形のベクトル方程式で表すことができる．

2.7 法線ベクトルと図形

位置ベクトルを $\boldsymbol{p}_0$ とする点 P_0 とベクトル $\boldsymbol{n}$ $(\boldsymbol{n} \neq \boldsymbol{0})$ が与えられたとき，ベクトル方程式

$$\boldsymbol{n} \cdot (\boldsymbol{p} - \boldsymbol{p}_0) = 0$$

は，次の図形を表す．

(1) 平面においては，点 P_0 を通り，$\boldsymbol{n}$ に垂直な直線

(2) 空間においては，点 P_0 を通り，$\boldsymbol{n}$ に垂直な平面

座標平面における直線の方程式　座標平面において，点 $\mathrm{P}_0(x_0, y_0)$ を通り，$\boldsymbol{n} = \begin{pmatrix} a \\ b \end{pmatrix}$ に垂直な直線のベクトル方程式 $\boldsymbol{n} \cdot (\boldsymbol{p} - \boldsymbol{p}_0) = 0$ は，成分を用いて表すと次のようになる．

$$a(x - x_0) + b(y - y_0) = 0$$

ここで，$-(ax_0 + by_0) = c$ とおくと，この直線の方程式は

$$ax + by + c = 0$$

とかき直すことができる．これを**直線の方程式の一般形**という．

例 2.4　点 $\mathrm{P}_0(3, 1)$ を通り，$\boldsymbol{n} = \begin{pmatrix} 5 \\ 2 \end{pmatrix}$ に垂直な直線の方程式は，

$$5(x - 3) + 2(y - 1) = 0 \quad \text{よって} \quad 5x + 2y - 17 = 0$$

である．

問2.10　次の点 P_0 を通り，$\boldsymbol{n}$ に垂直な直線の方程式を求めよ．

(1) $\mathrm{P}_0(3, -2)$,　$\boldsymbol{n} = \begin{pmatrix} 4 \\ 1 \end{pmatrix}$　　(2) $\mathrm{P}_0(4, 1)$,　$\boldsymbol{n} = \begin{pmatrix} -3 \\ 2 \end{pmatrix}$

座標空間における平面の方程式　座標空間において，点 $\mathrm{P}_0(x_0, y_0, z_0)$ を通り，$\boldsymbol{n} = \begin{pmatrix} a \\ b \\ c \end{pmatrix}$ に垂直な平面のベクトル方程式 $\boldsymbol{n} \cdot (\boldsymbol{p} - \boldsymbol{p}_0) = 0$ は，成分を用いて表すと次のようになる．

$$a(x - x_0) + b(y - y_0) + c(z - z_0) = 0$$

ここで，$-(ax_0 + by_0 + cz_0) = d$ とおくと，この平面の方程式は

$$ax + by + cz + d = 0$$

とかき直すことができる．これを**平面の方程式の一般形**という．

平面の方程式が一般形 $ax + by + cz + d = 0$ で与えられると，$\begin{pmatrix} a \\ b \\ c \end{pmatrix}$ はこの平面の法線ベクトルになっている．

例 2.5　点 $\mathrm{P}_0(3, 1, 2)$ を通り，$\boldsymbol{n} = \begin{pmatrix} 5 \\ -1 \\ 4 \end{pmatrix}$ に垂直な平面の方程式は，

$$5(x - 3) - (y - 1) + 4(z - 2) = 0 \quad よって \quad 5x - y + 4z - 22 = 0$$

である．

問2.11　次の点 P_0 を通り，$\boldsymbol{n}$ に垂直な平面の方程式を求めよ．

(1)　$\mathrm{P}_0(1, 2, 3)$，$\boldsymbol{n} = \begin{pmatrix} -4 \\ 3 \\ 1 \end{pmatrix}$　　(2)　$\mathrm{P}_0(0, 4, -2)$，$\boldsymbol{n} = \begin{pmatrix} 3 \\ -1 \\ 0 \end{pmatrix}$

例題 2.6　直線と平面の交点

点 $\mathrm{A}(1, -2, 7)$ から平面 $\alpha : 2x + 3y - z - 3 = 0$ に下ろした垂線 ℓ と，平面 α との交点の座標を求めよ．

解　ベクトル $\boldsymbol{n} = \begin{pmatrix} 2 \\ 3 \\ -1 \end{pmatrix}$ は平面 $2x + 3y - z - 3 = 0$ に垂直である．したがって，$\boldsymbol{n}$

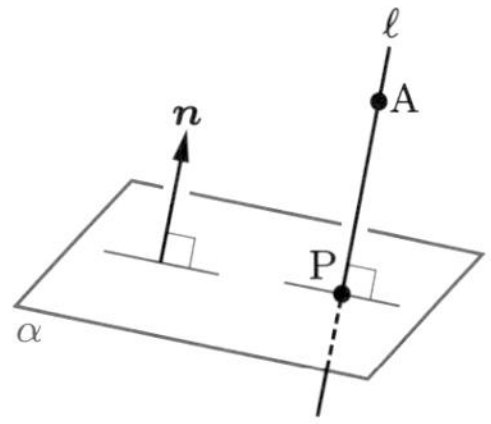

は点 A から平面 α に下ろした垂線 ℓ と平行であるから，ℓ は，点 A を通り $\boldsymbol{n}$ を方向ベクトルとする直線である．よって，直線 ℓ の媒介変数表示は

$$\begin{cases} x = 1 + 2t \\ y = -2 + 3t \\ z = 7 - t \end{cases} \quad \cdots\cdots ①$$

となる．求める交点 P は直線 ℓ と平面 α の共有点であるから，P の座標 (x, y, z) は直線 ℓ の方程式 ① と平面 α の方程式

$$2x + 3y - z - 3 = 0 \quad \cdots\cdots ②$$

を同時に満たす．① を ②に代入すると，

$$2(1 + 2t) + 3(-2 + 3t) - (7 - t) - 3 = 0 \quad \text{よって} \quad t = 1$$

となる．これを ① に代入することによって，交点の座標 $(3, 1, 6)$ が得られる．

問2.12 点 $\mathrm{A}(-1, 4, 0)$ から平面 $\alpha : x - 3y + 2z - 1 = 0$ に下ろした垂線 ℓ と，α との交点の座標を求めよ．

点と直線，点と平面との距離 座標空間の点 A と平面 α に対して，点 A を通り平面 α に垂直な直線と，平面 α との交点を H とする．このとき，線分 HA の長さ h を点 A と平面 α との**距離**という．

平面 α の方程式を $ax + by + cz + d = 0$ とし，$\mathrm{A}(x_0, y_0, z_0)$, $\mathrm{H}(x_1, y_1, z_1)$ であるとき，距離 $h = \mathrm{HA} = \left|\overrightarrow{\mathrm{HA}}\right|$ を求める．

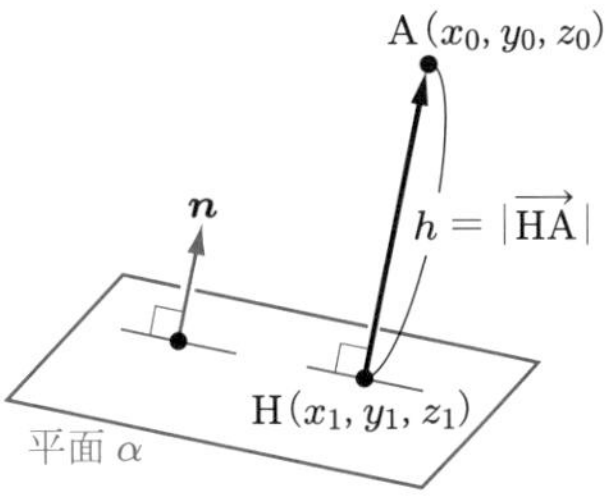

平面 α の法線ベクトル $\boldsymbol{n} = \begin{pmatrix} a \\ b \\ c \end{pmatrix}$ と $\overrightarrow{\mathrm{HA}}$ は平行である．したがって，定理 **2.5** から，$\left|\boldsymbol{n} \cdot \overrightarrow{\mathrm{HA}}\right| = |\boldsymbol{n}|\left|\overrightarrow{\mathrm{HA}}\right|$ が成り立つ．$|\boldsymbol{n}| \neq 0$ であるから，求める距離 h は，

$$h = \left|\overrightarrow{\mathrm{HA}}\right| = \frac{|\boldsymbol{n}|\left|\overrightarrow{\mathrm{HA}}\right|}{|\boldsymbol{n}|} = \frac{\left|\boldsymbol{n} \cdot \overrightarrow{\mathrm{HA}}\right|}{|\boldsymbol{n}|}$$

である．ここで，点 $\mathrm{H}(x_1, y_1, z_1)$ は平面 α 上の

点であるから，$ax_1 + by_1 + cz_1 + d = 0$ を満たすことに注意すると，

$$\begin{aligned}\boldsymbol{n} \cdot \overrightarrow{\mathrm{HA}} &= a(x_0 - x_1) + b(y_0 - y_1) + c(z_0 - z_1)\\ &= ax_0 + by_0 + cz_0 - (ax_1 + by_1 + cz_1)\\ &= ax_0 + by_0 + cz_0 + d\end{aligned}$$

となる．$|\boldsymbol{n}| = \sqrt{a^2 + b^2 + c^2}$ であるから，次が得られる．

$$h = \frac{\left|\boldsymbol{n} \cdot \overrightarrow{\mathrm{HA}}\right|}{|\boldsymbol{n}|} = \frac{|ax_0 + by_0 + cz_0 + d|}{\sqrt{a^2 + b^2 + c^2}}$$

座標平面における点と直線との距離も，同じようにして求めることができる．よって，次の公式が成り立つ．

2.8　点と直線，点と平面との距離

(1)　点 $\mathrm{A}(x_0, y_0)$ と直線 $\ell : ax + by + c = 0$ との距離 h は，次のようになる．

$$h = \frac{|ax_0 + by_0 + c|}{\sqrt{a^2 + b^2}}$$

(2)　点 $\mathrm{A}(x_0, y_0, z_0)$ と平面 $\alpha : ax + by + cz + d = 0$ との距離 h は，次のようになる．

$$h = \frac{|ax_0 + by_0 + cz_0 + d|}{\sqrt{a^2 + b^2 + c^2}}$$

例 2.6　(1)　点 $(-1, 2)$ と直線 $3x - 4y + 5 = 0$ との距離 h は，次のようになる．

$$h = \frac{|3 \cdot (-1) - 4 \cdot 2 + 5|}{\sqrt{3^2 + (-4)^2}} = \frac{|-6|}{\sqrt{25}} = \frac{6}{5}$$

(2)　点 $(4, -5, 0)$ と平面 $x + 2y - 3z - 1 = 0$ との距離 h は，次のようになる．

$$h = \frac{|1 \cdot 4 + 2 \cdot (-5) - 3 \cdot 0 - 1|}{\sqrt{1^2 + 2^2 + (-3)^2}} = \frac{|-7|}{\sqrt{14}} = \frac{7}{\sqrt{14}} = \frac{\sqrt{14}}{2}$$

問2.13　次の距離を求めよ．

(1)　点 $(2, -4)$ と直線 $2x - y - 3 = 0$ との距離

(2)　原点 O と平面 $6x - 2y + 3z - 5 = 0$ との距離

(3)　点 $(4, -2, -3)$ と平面 $3x + 2y - 6z = 5$ との距離

直線と平面の位置関係　空間の 2 直線の平行，直線と平面の垂直，2 平面の平行条件について考える．

$\boldsymbol{v}, \boldsymbol{v}'$ をそれぞれ直線 ℓ, ℓ' の方向ベクトルとし，$\boldsymbol{n}, \boldsymbol{n}'$ をそれぞれ平面 α, α' の法線ベクトルとする．このとき，図形の位置関係を次のように表すことができる．

(i)　2 直線 ℓ, ℓ' が**平行**であるのは $\boldsymbol{v} \mathbin{/\mkern-5mu/} \boldsymbol{v}'$ のときである．これを $\ell \mathbin{/\mkern-5mu/} \ell'$ と表す．

(ii)　直線 ℓ と平面 α が**垂直**であるのは $\boldsymbol{v} \mathbin{/\mkern-5mu/} \boldsymbol{n}$ のときである．このとき ℓ と α は**直交**するといい，$\ell \perp \alpha$ と表す．

(iii)　2 平面 α, α' が**平行**であるのは $\boldsymbol{n} \mathbin{/\mkern-5mu/} \boldsymbol{n}'$ のときである．これを $\alpha \mathbin{/\mkern-5mu/} \alpha'$ と表す．

ただし，2 直線 ℓ と ℓ' が一致するときや α と α' が一致するときも，平行であるとする．

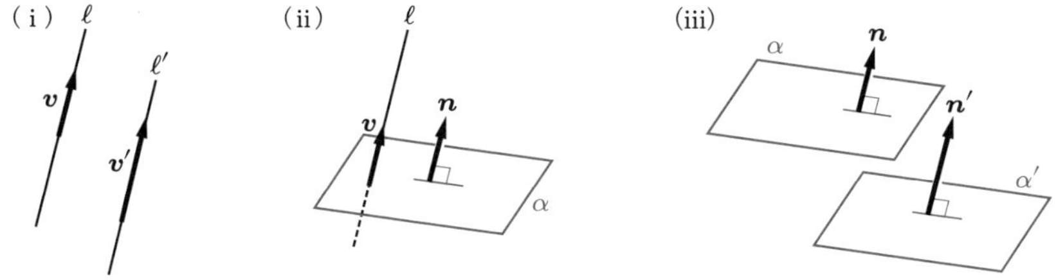

例 2.7　(1)　2 直線 $\dfrac{x-1}{2} = \dfrac{y-2}{-3} = \dfrac{z-3}{4}$ と $\dfrac{x}{-2} = \dfrac{y}{3} = \dfrac{z}{-4}$ は方向ベクトルが平行であるから，平行である．

(2)　直線 ℓ : $\dfrac{x-1}{2} = \dfrac{y-2}{-3} = \dfrac{z-3}{4}$ の方向ベクトルと平面 α : $4x - 6y + 8z = 10$ の法線ベクトルが平行であるから，ℓ と α は垂直である．

例題 2.7 平行な平面の方程式

点 $(2,-3,5)$ を通り，平面 $\alpha : x+2y-4z+3=0$ に平行な平面の方程式を求めよ．

解 平面 α に平行な平面の法線ベクトルとして，α の法線ベクトルの1つ $\begin{pmatrix} 1 \\ 2 \\ -4 \end{pmatrix}$ を選ぶことができる．点 $(2,-3,5)$ を通るから，求める方程式は

$$(x-2)+2(y+3)-4(z-5)=0 \quad \text{すなわち} \quad x+2y-4z+24=0$$

となる．

問2.14 次の直線または平面の方程式を求めよ．

(1) 点 $(2,1,-2)$ を通り，直線 $\dfrac{x}{2}=\dfrac{y}{5}=\dfrac{z}{3}$ に平行な直線

(2) 点 $(3,-2,0)$ を通り，平面 $4x+2y-z=7$ に垂直な直線

(3) 点 $(-1,0,3)$ を通り，平面 $2x-3y+z-5=0$ に平行な平面

2.3 円と球面の方程式

円と球面の方程式 点Cと正の数 r が与えられたとき，点Cからの距離が r である点Pが作る図形Fを考える．次の図から，図形Fは，平面においては点Cを中心とする半径 r の円，空間においては点Cを中心とする半径 r の球面である．

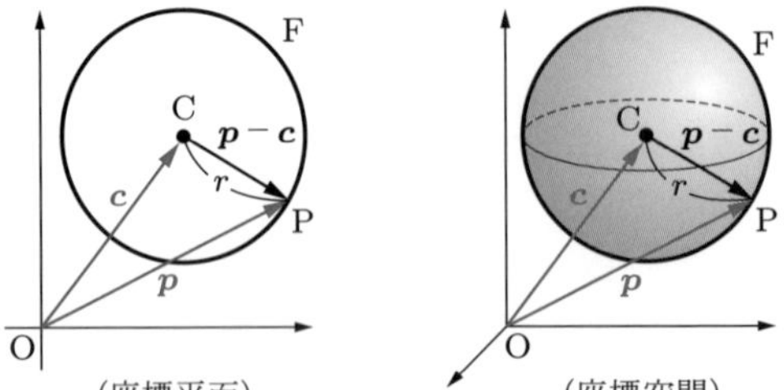

(座標平面)　　(座標空間)

点Cの位置ベクトルを $\boldsymbol{c}$ とすれば，条件から，

$$|\boldsymbol{p}-\boldsymbol{c}|=r$$

となる．これが円と球面のベクトル方程式である．

2.9 円と球面の方程式

位置ベクトルを $\boldsymbol{c}$ とする点 C と正の数 r が与えられたとき，ベクトル方程式

$$|\boldsymbol{p}-\boldsymbol{c}|=r \quad \text{または} \quad (\boldsymbol{p}-\boldsymbol{c})\cdot(\boldsymbol{p}-\boldsymbol{c})=r^2$$

は，次の図形を表す．

(1) 平面においては，点 C を中心とする半径 r の円

(2) 空間においては，点 C を中心とする半径 r の球面

座標平面上の点 C(a,b) を中心とする半径 r の円の方程式は，成分を用いて表すと次のようになる．

$$(x-a)^2+(y-b)^2=r^2$$

これを展開して，$-2a=A$，$-2b=B$，$a^2+b^2-r^2=C$ とおくと，円の方程式は

$$x^2+y^2+Ax+By+C=0$$

とかき直すことができる．これを**円の方程式の一般形**という．

例 2.8　点 C$(2,1)$ を中心とする半径 3 の円の方程式は，$(x-2)^2+(y-1)^2=9$ である．

問 2.15　次の点 C を中心とする半径 r の円の方程式を求めよ．

(1) C$(-1,2)$，$r=3$　　(2) C$(3,-4)$，$r=5$

座標空間の点 C(a,b,c) を中心とする半径 r の球面の方程式は，成分を用いて表すと次のようになる．

$$(x-a)^2+(y-b)^2+(z-c)^2=r^2$$

これを展開して，$2a=A$, $2b=B$, $2c=C$, $a^2+b^2+c^2-r^2=D$ とおくと，球面の方程式は

$$x^2+y^2+z^2+Ax+By+Cz+D=0$$

とかき直すことができる．これを**球面の方程式の一般形**という．

例 2.9　点 $(1,2,-3)$ を中心とする半径 4 の球面の方程式は，

$$(x-1)^2+(y-2)^2+(z+3)^2=16$$

である．

問2.16　次の球面の方程式を求めよ．

(1)　点 $(3,-1,4)$ を中心とする半径 5 の球面

(2)　原点 O を中心とする半径 3 の球面

いろいろな円と球面

例題 2.8　球面の方程式

点 $\mathrm{C}(1,2,3)$ を中心として，点 $\mathrm{A}(-1,3,0)$ を通る球面の方程式を求めよ．

解　線分 AC の長さは

$$\mathrm{AC} = \sqrt{\{1-(-1)\}^2 + (2-3)^2 + (3-0)^2} = \sqrt{14}$$

である．求める球面の中心は点 C，半径は $\sqrt{14}$ であるから，その方程式は

$$(x-1)^2 + (y-2)^2 + (z-3)^2 = 14$$

である．

問2.17　次の方程式を求めよ．

(1)　点 $(5,-1)$ を中心とし，点 $(2,2)$ を通る円

(2)　点 $(-2,4,0)$ を中心とし，点 $(1,2,-1)$ を通る球面

例 2.10　方程式 $x^2+y^2+z^2-4x+6y-2=0$ は，

$$(x-2)^2 - 4 + (y+3)^2 - 9 + z^2 - 2 = 0$$

$$(x-2)^2 + (y+3)^2 + z^2 = 15$$

と変形できる．したがって，与えられた方程式は，$(2,-3,0)$ を中心とする半径 $\sqrt{15}$ の球面を表す．

問2.18　次の方程式はどんな図形を表すか．ただし，(1) は平面図形，(2) と (3) は空間図形である．

(1)　$x^2+y^2-8x+7=0$　　(2)　$x^2+y^2+z^2+2x-4z+1=0$

(3)　$x^2+y^2+z^2-6x+2y-2z=0$

コーヒーブレイク

内積とは仕事である ここでは，多くの人たちが抱えている疑問「内積とは何か？」に対する 1 つの回答「内積とは仕事である」について説明したい．

物体 P に大きさ F の力がはたらいて距離 s だけ移動するとき，その力が移動に対してなした仕事 W は，力の向きに応じて下図のように定められる．

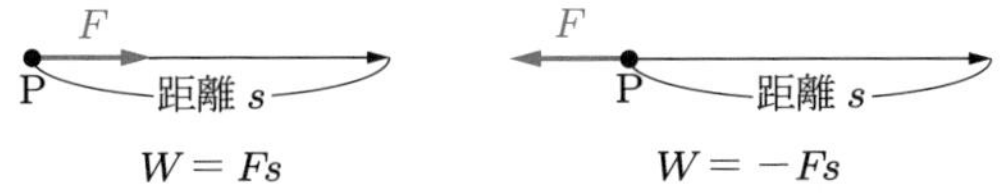

つまり，物体に加わる力は，その向きによって，運動を応援したり邪魔をしたりするわけである．応援するときはその力は正の仕事をするといい，邪魔するときは負の仕事をするという．

次の図は，物体 P が点 A, B, C の順で移動していて，その間，一定の力 $\boldsymbol{F}$ が加わり続けているものとする．自動車が走り続けている間に向きと強さが一定の風が吹き続けている状態を想像してほしい．

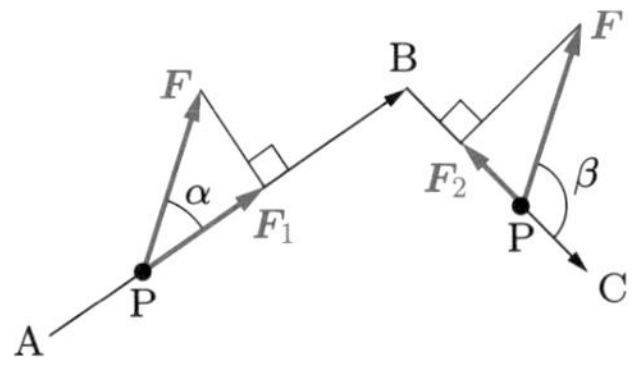

移動に対して仕事をするのは，力 $\boldsymbol{F}$ の運動方向への正射影ベクトルで，これは「正味の力」とよばれる．物体が AB 間を移動しているときには正味の力は $\boldsymbol{F}_1$，BC 間を移動しているときには正味の力は $\boldsymbol{F}_2$ である．したがって，A から B への移動，B から C への移動に対して力 $\boldsymbol{F}$ のなす仕事は，それぞれ

$$W_{\mathrm{AB}} = |\boldsymbol{F}_1|\,\mathrm{AB} = |\boldsymbol{F}|\cos\alpha\cdot\mathrm{AB} = \boldsymbol{F}\cdot\overrightarrow{\mathrm{AB}} > 0$$

$$W_{\mathrm{BC}} = -|\boldsymbol{F}_2|\,\mathrm{BC} = |\boldsymbol{F}|\cos\beta\cdot\mathrm{BC} = \boldsymbol{F}\cdot\overrightarrow{\mathrm{BC}} < 0$$

となって，力を表すベクトルと移動を表すベクトルとの内積になるというわけである．

加わる力が移動方向に垂直であるとき，この力が行う仕事は 0 である．これは，「2 つの垂直なベクトルの内積は 0 である」ということに対応している．

練習問題 2

[1] $\boldsymbol{a}=\begin{pmatrix}-2\\2\\1\end{pmatrix}$, $\boldsymbol{b}=\begin{pmatrix}1\\-3\\0\end{pmatrix}$ とするとき，次の値を求めよ．ただし，θ は $\boldsymbol{a}, \boldsymbol{b}$ のなす角 $(0 \leqq \theta \leqq \pi)$ である．

(1) $|\boldsymbol{a}|$　(2) $|\boldsymbol{b}|$　(3) $\boldsymbol{a}\cdot\boldsymbol{b}$　(4) $\cos\theta$

[2] $\boldsymbol{a}=\begin{pmatrix}6\\x\end{pmatrix}$, $\boldsymbol{b}=\begin{pmatrix}-2\\3\end{pmatrix}$ のとき，次の条件を満たす x の値を求めよ．

(1) $\boldsymbol{a} /\!/ \boldsymbol{b}$　(2) $\boldsymbol{a} \perp \boldsymbol{b}$

[3] $\boldsymbol{a}=\begin{pmatrix}3\\2\\-4\end{pmatrix}$, $\boldsymbol{b}=\begin{pmatrix}4x\\-6\\2y+1\end{pmatrix}$, $\boldsymbol{c}=\begin{pmatrix}z+1\\2-z\\3\end{pmatrix}$ について，次の問いに答えよ．

(1) $\boldsymbol{a} /\!/ \boldsymbol{b}$ となるような x, y の値を求めよ．

(2) $\boldsymbol{a} \perp \boldsymbol{c}$ となるような z の値を求めよ．

[4] 座標平面における，次の条件を満たす直線の方程式を求めよ．

(1) 点 $(3,-4)$ を通り，$\boldsymbol{n}=\begin{pmatrix}2\\-1\end{pmatrix}$ に垂直な直線

(2) 媒介変数表示で表された直線 $\begin{cases}x = 3t\\ y = 1-t\end{cases}$ に垂直で，点 $(1,2)$ を通る直線

[5] 座標空間における，次の図形の方程式を求めよ．

(1) 点 $(4,-2,3)$ を通り，直線 $\dfrac{x+1}{3}=\dfrac{y-1}{4}=\dfrac{z}{5}$ に平行な直線

(2) 点 $(4,-2,3)$ を通り，直線 $\dfrac{x+1}{2}=y-1=\dfrac{z}{-4}$ に垂直な平面

(3) 点 $(1,3,2)$ を通り，平面 $x+6y+3z-2=0$ に平行な平面

[6] 次の円または球面の方程式を求めよ．

(1) 2 点 $(1,-2)$, $(7,2)$ を結ぶ線分を直径とする円

(2) 2 点 $(3,-2,1)$, $(1,4,-5)$ を結ぶ線分を直径とする球面

[7] 媒介変数表示で表された直線 ℓ : $\begin{cases}x = -2+2t\\ y = 5-t\\ z = -2t\end{cases}$ について，ℓ 上の点と原点 O との距離を d とする．次の問いに答えよ．

(1) 距離 d を t を用いて表せ．

(2) 距離 d が最小となる t とそのときの距離を求めよ．

COLUMN
日常に活きている数学

内積とコーシー・シュワルツの不等式

第 2 節では 2 つのベクトル $\boldsymbol{a} = \begin{pmatrix} a_1 \\ a_2 \\ a_3 \end{pmatrix}, \boldsymbol{b} = \begin{pmatrix} b_1 \\ b_2 \\ b_3 \end{pmatrix}$ の内積を幾何学的に定義し，

$$\boldsymbol{a} \cdot \boldsymbol{b} = a_1 b_1 + a_2 b_2 + a_3 b_3 \qquad \cdots\cdots①$$

と書くことができることを学んだ．逆に，①を内積の定義にすると，n 次元列ベクトルに対しても内積を定義することができる［→ 7.3 節］．

任意の実数 t と任意のベクトル $\boldsymbol{a}, \boldsymbol{b}$ に対して，

$$(\boldsymbol{a} + t\boldsymbol{b}) \cdot (\boldsymbol{a} + t\boldsymbol{b}) \geqq 0 \qquad \cdots\cdots②$$

が成り立つ．等号が成立するのは，$\boldsymbol{a} \neq 0$ であれば

$$\boldsymbol{a} + t\boldsymbol{b} = 0$$

のとき，すなわち $\boldsymbol{a}$ が $\boldsymbol{b}$ の実数倍になるとき（$\boldsymbol{a}, \boldsymbol{b}$ が線形従属［→ 5.5 節］になるとき）である．

②を展開すると，

$$|\boldsymbol{b}|^2 t^2 + 2\boldsymbol{a} \cdot \boldsymbol{b}\, t + |\boldsymbol{a}|^2 \geqq 0 \qquad \cdots\cdots③$$

がすべての t に対して成り立つ．これは，左辺 $= 0$ とした t に関する 2 次方程式の判別式が 0 以下であること，すなわち

$$\frac{D}{4} = (\boldsymbol{a} \cdot \boldsymbol{b})^2 - (|\boldsymbol{a}||\boldsymbol{b}|)^2 \leqq 0$$

であることを意味する．これより

$$|\boldsymbol{a}|^2 |\boldsymbol{b}|^2 \geqq (\boldsymbol{a} \cdot \boldsymbol{b})^2$$

が得られる．成分を使って書けば

$$(a_1^2 + a_2^2 + a_3^2)(b_1^2 + b_2^2 + b_3^2) \geqq (a_1 b_1 + a_2 b_2 + a_3 b_3)^2 \qquad \cdots\cdots④$$

が成り立つ．さらに，$\boldsymbol{a}$ が $\boldsymbol{b}$ の実数倍でなければ，すべての t に対して③で真の不等号が成立して $D/4 < 0$ となるので，④でも真の不等号が成立する．

n 次元列ベクトルを考えると，まったく同じ証明で

$$(a_1^2 + a_2^2 + \cdots + a_n^2)(b_1^2 + b_2^2 + \cdots + b_n^2) \geqq (a_1 b_1 + a_2 b_2 + \cdots + a_n b_n)^2$$

が成り立つことがわかる．

これらの不等式は**コーシー・シュワルツの不等式**とよばれ，解析の分野で重要なはたらきをする．

Chapter

2 行列と行列式

3 行列

3.1 行列

行列と列ベクトル，行ベクトル　数を長方形に並べて（　）でくくったものを**行列**といい，個々の数をその行列の**成分**という．成分の横の並びを**行**といい，上から順に第 1 行，第 2 行，…という．また，成分の縦の並びを**列**といい，左から順に第 1 列，第 2 列，…という．行の数が m，列の数が n である行列を $\boldsymbol{m \times n}$ **型行列**または $\boldsymbol{m}$ **行** $\boldsymbol{n}$ **列型行列**，という．行列は A, B などの大文字で表す．

例 3.1　次の行列は，それぞれ 3×4 型，3×1 型，1×4 型行列である．

$$A = \begin{pmatrix} 3 & 4 & -1 & 5 \\ 2 & 5 & 7 & -1 \\ -3 & 0 & -2 & 1 \end{pmatrix}, \quad B = \begin{pmatrix} -1 \\ 7 \\ -2 \end{pmatrix}, \quad C = \begin{pmatrix} 2 & 5 & 7 & -1 \end{pmatrix}$$

$m \times 1$ 型行列は 1 つの列からなる行列であり，これを $\boldsymbol{m}$ **次元列ベクトル**という．また，$1 \times n$ 型行列は 1 つの行からなる行列であり，これを $\boldsymbol{n}$ **次元行ベクトル**という．例 3.1 の行列 B は 3 次元列ベクトル，行列 C は 4 次元行ベクトルである．以後，とくに断らない限り，ベクトルは列ベクトルとして表す．

$m \times n$ 型行列 A の第 i 行を A の**第** $\boldsymbol{i}$ **行ベクトル**，第 j 列を A の**第** $\boldsymbol{j}$ **列ベクトル**という．例 3.1 の B は A の第 3 列ベクトル，C は A の第 2 行ベクトルである．

例 3.2　例 3.1 の行列 A の第 i 列ベクトルを $\boldsymbol{a}_i$ $(i = 1, 2, 3, 4)$ と表すと，

$$\boldsymbol{a}_1 = \begin{pmatrix} 3 \\ 2 \\ -3 \end{pmatrix}, \quad \boldsymbol{a}_2 = \begin{pmatrix} 4 \\ 5 \\ 0 \end{pmatrix}, \quad \boldsymbol{a}_3 = \begin{pmatrix} -1 \\ 7 \\ -2 \end{pmatrix}, \quad \boldsymbol{a}_4 = \begin{pmatrix} 5 \\ -1 \\ 1 \end{pmatrix}$$

である．

これを用いて，行列 A を次のように表すこともある．

$$A = \begin{pmatrix} \boldsymbol{a}_1 & \boldsymbol{a}_2 & \boldsymbol{a}_3 & \boldsymbol{a}_4 \end{pmatrix}$$

行列の第 i 行，第 j 列にある成分をその行列の $\boldsymbol{(i,j)}$ **成分** という．$m \times n$ 型行列 A の (i,j) 成分を a_{ij} とすると，行列 A は，

$$A = \begin{pmatrix} a_{11} & a_{12} & \cdots & a_{1n} \\ a_{21} & a_{22} & \cdots & a_{2n} \\ \vdots & \vdots & \ddots & \vdots \\ a_{m1} & a_{m2} & \cdots & a_{mn} \end{pmatrix}$$

と表される．これを簡単に $A = (a_{ij})$ と表すこともある．とくに，行と列の数が等しい行列を**正方行列**という．$n \times n$ 型行列を $\boldsymbol{n}$ **次正方行列**または $\boldsymbol{n}$ **次行列**といい，n を**次数**という．たとえば，

$$\begin{pmatrix} 9 & 8 \\ 7 & 6 \end{pmatrix}, \quad \begin{pmatrix} 1 & -2 & 3 \\ -4 & 3 & 2 \\ 3 & 4 & -5 \end{pmatrix}$$

は，それぞれ 2 次，3 次正方行列である．1 次正方行列 (a_{11}) は，(　) をつけないで単に a_{11} とかく．

例 3.3　行列 $A = \begin{pmatrix} 1 & 2 & -5 \\ 3 & -1 & 7 \\ 1 & 0 & 4 \end{pmatrix}$ の $(2,3)$ 成分は 7，$(3,2)$ 成分は 0 である．

問3.1　行列

$$A = \begin{pmatrix} 5 & -3 & 2 & -1 \\ -7 & 0 & 4 & 2 \\ 2 & 6 & -2 & 1 \\ 1 & -2 & 3 & 0 \end{pmatrix}, \quad B = \begin{pmatrix} 1 & 2 & -2 \\ 3 & -4 & 0 \end{pmatrix}, \quad C = \begin{pmatrix} 1 \\ -5 \\ 6 \\ 2 \end{pmatrix}$$

について，次を求めよ．

(1)　A, B, C の型　　(2)　A の第 2 行ベクトルと第 3 列ベクトル

(3)　A の $(2,1)$ 成分　　(4)　B の $(1,3)$ 成分

3.2 行列の和・差，実数倍

行列の和・差，実数倍　2 つの行列 A, B が同じ型で，対応する成分がすべて等しいとき，A と B は等しいといい，$A=B$ とかく．

2 つの行列の和・差および行列の実数倍を，次のように定める．

3.1　行列の和・差，実数倍

同じ型の行列 $A=(a_{ij}),\ B=(b_{ij})$，および実数 t について，次のように定める．

(1)　$A \pm B = (a_{ij} \pm b_{ij})$　（複号同順）　　(2)　$tA = (ta_{ij})$

行列 A, B の型が異なるとき，和 $A+B$，差 $A-B$ はともに定めない．

例 3.4　$A=\begin{pmatrix} 1 & -2 & 0 \\ 6 & 5 & -3 \end{pmatrix},\ B=\begin{pmatrix} 0 & 1 & 8 \\ -4 & 7 & -1 \end{pmatrix}$ のとき，

$$A+B=\begin{pmatrix} 1+0 & -2+1 & 0+8 \\ 6-4 & 5+7 & -3-1 \end{pmatrix}=\begin{pmatrix} 1 & -1 & 8 \\ 2 & 12 & -4 \end{pmatrix}$$

$$A-B=\begin{pmatrix} 1-0 & -2-1 & 0-8 \\ 6+4 & 5-7 & -3+1 \end{pmatrix}=\begin{pmatrix} 1 & -3 & -8 \\ 10 & -2 & -2 \end{pmatrix}$$

$$3A=\begin{pmatrix} 3\cdot 1 & 3\cdot(-2) & 3\cdot 0 \\ 3\cdot 6 & 3\cdot 5 & 3\cdot(-3) \end{pmatrix}=\begin{pmatrix} 3 & -6 & 0 \\ 18 & 15 & -9 \end{pmatrix}$$

となる．

問 3.2　次を計算せよ．

(1)　$\begin{pmatrix} 3 & 8 \\ -8 & -5 \end{pmatrix}+\begin{pmatrix} 1 & -7 \\ 3 & 1 \end{pmatrix}$　　(2)　$\begin{pmatrix} -4 & 5 & 4 \\ 7 & 6 & 9 \end{pmatrix}-\begin{pmatrix} 6 & -2 & 1 \\ 0 & 5 & 4 \end{pmatrix}$

(3)　$-2\begin{pmatrix} 3 & 0 \\ -1 & 2 \end{pmatrix}$　　(4)　$4\begin{pmatrix} 2 & 3 \\ 0 & 1 \\ -3 & 5 \end{pmatrix}-3\begin{pmatrix} 1 & 0 \\ 6 & -3 \\ -4 & 2 \end{pmatrix}$

行列の演算の基本法則　成分がすべて 0 の行列を**零行列**といい，O で表す．

例 3.5　$\begin{pmatrix} 0 & 0 \\ 0 & 0 \end{pmatrix}$ は 2 次の零行列であり，$\begin{pmatrix} 0 & 0 \\ 0 & 0 \\ 0 & 0 \end{pmatrix}$ は 3×2 型の零行列である．

行列の和と実数倍について，次の性質が成り立つ．

3.2　行列の演算の基本法則

A, B, C, O は同じ型の行列，O は零行列，s，t は実数とする．

(1)　交換法則：$A + B = B + A$

(2)　結合法則：$(A + B) + C = A + (B + C), \quad s(tA) = (st)A$

(3)　分配法則：$(s + t)A = sA + tA, \quad t(A + B) = tA + tB$

(4)　零行列の性質：$O + A = A + O = A, \quad 0A = O, \quad tO = O$

(2) の行列をそれぞれ，単に $A + B + C$, stA とかく．

例 3.6　$A = \begin{pmatrix} 1 & 3 \\ 2 & 5 \end{pmatrix}$, $B = \begin{pmatrix} 2 & -1 \\ -3 & 1 \end{pmatrix}$ のとき，

$$\begin{aligned} 3(A + B) - 2(A - B) &= 3A + 3B - 2A + 2B \\ &= A + 5B \\ &= \begin{pmatrix} 1 & 3 \\ 2 & 5 \end{pmatrix} + \begin{pmatrix} 10 & -5 \\ -15 & 5 \end{pmatrix} = \begin{pmatrix} 11 & -2 \\ -13 & 10 \end{pmatrix} \end{aligned}$$

となる．

問3.3　$A = \begin{pmatrix} 1 & 0 \\ 5 & 2 \end{pmatrix}$, $B = \begin{pmatrix} 0 & -1 \\ 4 & 2 \end{pmatrix}$ のとき，行列 $2(A - 4B) + 3(A + 2B)$ を求めよ．

3.3 行列の積

行列の積　行列 A の列の数と行列 B の行の数とが等しいとき，A と B の**積** AB を，次のように定める．

$A = (a_{ij})$ が $m \times k$ 型行列，$B = (b_{ij})$ が $k \times n$ 型行列のとき，積 AB は $m \times n$ 型で，その (i, j) 成分は，A の第 i 行ベクトルと B の第 j 列ベクトルの成分の積の和 $\sum_{p=1}^{k} a_{ip} b_{pj}$ である．すなわち，

$$\overbrace{\begin{pmatrix} a_{11} & a_{12} & \cdots & a_{1k} \\ \cdots & \cdots & \cdots & \cdots \\ a_{i1} & a_{i2} & \cdots & a_{ik} \\ \cdots & \cdots & \cdots & \cdots \\ a_{m1} & a_{m2} & \cdots & a_{mk} \end{pmatrix}}^{k} \begin{pmatrix} b_{11} & \vdots & b_{1j} & \vdots & b_{1n} \\ b_{21} & \vdots & b_{2j} & \vdots & b_{2n} \\ \vdots & \vdots & \vdots & \vdots & \vdots \\ b_{k1} & \vdots & b_{kj} & \vdots & b_{kn} \end{pmatrix} \Big\updownarrow k = \begin{pmatrix} & \overset{\text{第 } j \text{ 列}}{\vdots} & \\ \cdots & \sum_{p=1}^{k} a_{ip} b_{pj} & \cdots \\ & \vdots & \end{pmatrix} \text{第 } i \text{ 行}$$

である．たとえば，3×3 型行列と 3×2 型行列の積は，具体的には次のようになる．

$$\begin{pmatrix} a_{11} & a_{12} & a_{13} \\ a_{21} & a_{22} & a_{23} \\ a_{31} & a_{32} & a_{33} \end{pmatrix} \begin{pmatrix} b_{11} & b_{12} \\ b_{21} & b_{22} \\ b_{31} & b_{32} \end{pmatrix}$$
$$= \begin{pmatrix} a_{11}b_{11} + a_{12}b_{21} + a_{13}b_{31} & a_{11}b_{12} + a_{12}b_{22} + a_{13}b_{32} \\ a_{21}b_{11} + a_{22}b_{21} + a_{23}b_{31} & a_{21}b_{12} + a_{22}b_{22} + a_{23}b_{32} \\ a_{31}b_{11} + a_{32}b_{21} + a_{33}b_{31} & a_{31}b_{12} + a_{32}b_{22} + a_{33}b_{32} \end{pmatrix}$$

積 AB の (i, j) 成分は，A の第 i 行と B の第 j 列によって計算されている．A の列の数と B の行の数が等しくなければ，積 AB は定めない．以後，積はそれが定義できる型の場合だけを考える．

note　A, B の型と，積 AB の型の関係は，次のように図式化できる．

$$(m \times k\,型)\ (k \times n\,型)\ =\ (m \times n\,型)$$

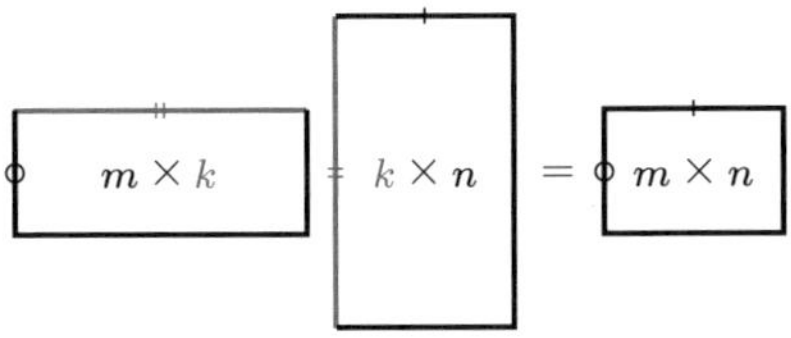

例 3.7

(1) $$\begin{pmatrix} 1 & 2 & 3 \end{pmatrix} \begin{pmatrix} 2 \\ -1 \\ 4 \end{pmatrix} = 1 \cdot 2 + 2 \cdot (-1) + 3 \cdot 4 = 12$$

(2) $$\begin{pmatrix} 1 & 2 & 3 \\ 5 & 6 & 7 \end{pmatrix} \begin{pmatrix} 2 \\ -1 \\ 4 \end{pmatrix} = \begin{pmatrix} 1 \cdot 2 + 2 \cdot (-1) + 3 \cdot 4 \\ 5 \cdot 2 + 6 \cdot (-1) + 7 \cdot 4 \end{pmatrix} = \begin{pmatrix} 12 \\ 32 \end{pmatrix}$$

(3) $$\begin{pmatrix} 2 & 1 \\ 3 & -2 \end{pmatrix} \begin{pmatrix} 1 & 2 \\ -2 & -3 \end{pmatrix} = \begin{pmatrix} 2 \cdot 1 + 1 \cdot (-2) & 2 \cdot 2 + 1 \cdot (-3) \\ 3 \cdot 1 + (-2) \cdot (-2) & 3 \cdot 2 + (-2) \cdot (-3) \end{pmatrix}$$
$$= \begin{pmatrix} 0 & 1 \\ 7 & 12 \end{pmatrix}$$

問 3.4　次の行列の積を計算せよ．

(1) $\begin{pmatrix} 2 & -4 & 3 \end{pmatrix} \begin{pmatrix} 1 \\ -1 \\ -2 \end{pmatrix}$　(2) $\begin{pmatrix} 2 & -4 & 3 \\ 1 & 2 & -3 \\ 5 & 1 & 0 \end{pmatrix} \begin{pmatrix} 1 \\ -1 \\ -2 \end{pmatrix}$

(3) $\begin{pmatrix} 2 & -4 & 3 \\ 1 & 2 & -3 \end{pmatrix} \begin{pmatrix} 1 & -3 \\ -1 & -2 \\ -2 & 0 \end{pmatrix}$　(4) $\begin{pmatrix} 2 & -4 & 3 \end{pmatrix} \begin{pmatrix} 1 & -3 & 2 \\ -1 & -2 & 1 \\ -2 & 0 & 5 \end{pmatrix}$

(5) $\begin{pmatrix} 2 & -4 & 3 \\ 1 & 2 & -3 \end{pmatrix} \begin{pmatrix} 1 & -3 & 2 \\ -1 & -2 & 1 \\ -2 & 0 & 5 \end{pmatrix}$　(6) $\begin{pmatrix} 2 & -4 & 3 \\ 1 & 2 & -3 \\ 5 & 1 & 0 \end{pmatrix} \begin{pmatrix} 1 & -3 & 2 \\ -1 & -2 & 1 \\ -2 & 0 & 5 \end{pmatrix}$

次の例からわかるように，行列 A, B の積 AB, BA が定義できる場合でも，交換法則 $AB = BA$ は一般には成り立たない．

例 3.8　$A=\begin{pmatrix}2 & 1\\ 3 & -2\end{pmatrix}$, $B=\begin{pmatrix}1 & 2\\ -2 & -3\end{pmatrix}$ とするとき,

$$AB=\begin{pmatrix}2 & 1\\ 3 & -2\end{pmatrix}\begin{pmatrix}1 & 2\\ -2 & -3\end{pmatrix}=\begin{pmatrix}0 & 1\\ 7 & 12\end{pmatrix},$$

$$BA=\begin{pmatrix}1 & 2\\ -2 & -3\end{pmatrix}\begin{pmatrix}2 & 1\\ 3 & -2\end{pmatrix}=\begin{pmatrix}8 & -3\\ -13 & 4\end{pmatrix}$$

であるから，$AB \neq BA$ である.

第 i 成分が 1 で，その他の成分が 0 であるベクトル $\boldsymbol{e}_i$ を**基本ベクトル**という.

$$\boldsymbol{e}_1=\begin{pmatrix}1\\0\\ \vdots\\0\end{pmatrix},\quad \boldsymbol{e}_2=\begin{pmatrix}0\\1\\ \vdots\\0\end{pmatrix},\quad \ldots,\quad \boldsymbol{e}_n=\begin{pmatrix}0\\0\\ \vdots\\1\end{pmatrix}$$

が基本ベクトルである．正方行列 $A=(\boldsymbol{a}_1\ \boldsymbol{a}_2\ \cdots\ \boldsymbol{a}_n)$ と基本ベクトル $\boldsymbol{e}_i$ の積は，A の第 i 列ベクトルである．すなわち，次が成り立つ.

$$A\boldsymbol{e}_i=\begin{pmatrix}\boldsymbol{a}_1 & \boldsymbol{a}_2 & \cdots & \boldsymbol{a}_n\end{pmatrix}\boldsymbol{e}_i=\boldsymbol{a}_i$$

例 3.9

$$A\boldsymbol{e}_1=\begin{pmatrix}a_1 & b_1 & c_1\\ a_2 & b_2 & c_2\\ a_3 & b_3 & c_3\end{pmatrix}\begin{pmatrix}1\\0\\0\end{pmatrix}=\begin{pmatrix}a_1\\a_2\\a_3\end{pmatrix}=\boldsymbol{a}_1$$

対角行列と単位行列

n 次正方行列

$$A=\begin{pmatrix}a_{11} & a_{12} & \cdots & a_{1n}\\ a_{21} & a_{22} & \cdots & a_{2n}\\ \vdots & \vdots & \ddots & \vdots\\ a_{n1} & a_{n2} & \cdots & a_{nn}\end{pmatrix}$$

の成分のうち，左上から右下への対角線上に並んでいる成分

$$a_{11},\ a_{22},\ \ldots,\ a_{nn}$$

を行列 A の**対角成分**という．対角成分以外の成分がすべて 0 である行列を**対角行列**という．n 次正方行列で，対角成分がすべて 1 である対角行列を n 次**単位行列**といい，E_n で表す．次数を明示する必要がないときは，単に E とかく．

例 3.10 (1) $A = \begin{pmatrix} 2 & 4 \\ 1 & -3 \end{pmatrix}$ の対角成分は 2, −3 である．

(2) $\begin{pmatrix} a & 0 & 0 \\ 0 & b & 0 \\ 0 & 0 & c \end{pmatrix}$ は，対角成分を a, b, c とする 3 次対角行列である．

(3) 2 次単位行列は $E_2 = \begin{pmatrix} 1 & 0 \\ 0 & 1 \end{pmatrix}$, 3 次単位行列は $E_3 = \begin{pmatrix} 1 & 0 & 0 \\ 0 & 1 & 0 \\ 0 & 0 & 1 \end{pmatrix}$ である．

E を単位行列とすると，E と積が定義できる任意の行列 A, B に対して，

$$AE = A, \quad EB = B$$

が成り立つ．

例 3.11 $E = \begin{pmatrix} 1 & 0 \\ 0 & 1 \end{pmatrix}$, $A = \begin{pmatrix} a_{11} & a_{12} & a_{13} \\ a_{21} & a_{22} & a_{23} \end{pmatrix}$ とするとき，

$$\begin{aligned} EA &= \begin{pmatrix} 1 & 0 \\ 0 & 1 \end{pmatrix} \begin{pmatrix} a_{11} & a_{12} & a_{13} \\ a_{21} & a_{22} & a_{23} \end{pmatrix} \\ &= \begin{pmatrix} 1 \cdot a_{11} + 0 \cdot a_{21} & 1 \cdot a_{12} + 0 \cdot a_{22} & 1 \cdot a_{13} + 0 \cdot a_{23} \\ 0 \cdot a_{11} + 1 \cdot a_{21} & 0 \cdot a_{12} + 1 \cdot a_{22} & 0 \cdot a_{13} + 1 \cdot a_{23} \end{pmatrix} \\ &= \begin{pmatrix} a_{11} & a_{12} & a_{13} \\ a_{21} & a_{22} & a_{23} \end{pmatrix} = A \end{aligned}$$

となる．

行列の積の性質 行列の積について結合法則 $(AB)C = A(BC)$ が成り立つかどうか，次の例で調べる．

例 3.12　$A = \begin{pmatrix} 1 & 2 \\ 3 & 4 \end{pmatrix}, B = \begin{pmatrix} 3 & 1 \\ -5 & 2 \end{pmatrix}, C = \begin{pmatrix} -1 & 2 \\ 2 & 3 \end{pmatrix}$ とするとき，

$$(AB)C = \left\{ \begin{pmatrix} 1 & 2 \\ 3 & 4 \end{pmatrix} \begin{pmatrix} 3 & 1 \\ -5 & 2 \end{pmatrix} \right\} \begin{pmatrix} -1 & 2 \\ 2 & 3 \end{pmatrix}$$

$$= \begin{pmatrix} -7 & 5 \\ -11 & 11 \end{pmatrix} \begin{pmatrix} -1 & 2 \\ 2 & 3 \end{pmatrix} = \begin{pmatrix} 17 & 1 \\ 33 & 11 \end{pmatrix}$$

$$A(BC) = \begin{pmatrix} 1 & 2 \\ 3 & 4 \end{pmatrix} \left\{ \begin{pmatrix} 3 & 1 \\ -5 & 2 \end{pmatrix} \begin{pmatrix} -1 & 2 \\ 2 & 3 \end{pmatrix} \right\}$$

$$= \begin{pmatrix} 1 & 2 \\ 3 & 4 \end{pmatrix} \begin{pmatrix} -1 & 9 \\ 9 & -4 \end{pmatrix} = \begin{pmatrix} 17 & 1 \\ 33 & 11 \end{pmatrix}$$

となり，$(AB)C = A(BC)$ が成り立っている．

正方行列の場合に限らず，積が定義できる行列では $(AB)C = A(BC)$ が成り立つことを示すことができる．

一般に，行列の積について，次の性質が成り立つ．

3.3　行列の積の性質

A, B, C を行列，E を単位行列，O を零行列，t を実数とする．行列の積が定義される場合，次の性質が成り立つ．

(1)　結合法則：$(tA)B = A(tB) = t(AB)$

(2)　結合法則：$(AB)C = A(BC)$

(3)　分配法則：$(A+B)C = AC + BC, \quad A(B+C) = AB + AC$

(4)　単位行列の性質：$AE = A, \quad EA = A$

(5)　零行列の性質：　$AO = O, \quad OA = O$

(1) の行列を単に tAB，(2) の行列を単に ABC とかく．

問3.5　$A = \begin{pmatrix} 2 & -1 \\ 3 & 1 \end{pmatrix}, B = \begin{pmatrix} 3 & 2 \\ -2 & -4 \end{pmatrix}, C = \begin{pmatrix} 1 & 0 \\ 2 & -3 \end{pmatrix}$ のとき，次を計算せよ．

(1)　$2AB - AC$　　(2)　$2BA - CA$　　(3)　ABC

正方行列の累乗　正方行列 A の k 個の積を A^k で表す．$A^1 = A$, $A^2 = AA$, $A^3 = AAA$ である．とくに，$A^0 = E$ と定める．

例 3.13

$$\begin{pmatrix} 2 & 1 \\ -7 & -3 \end{pmatrix}^2 = \begin{pmatrix} 2 & 1 \\ -7 & -3 \end{pmatrix}\begin{pmatrix} 2 & 1 \\ -7 & -3 \end{pmatrix} = \begin{pmatrix} -3 & -1 \\ 7 & 2 \end{pmatrix}$$

$$\begin{pmatrix} 2 & 1 \\ -7 & -3 \end{pmatrix}^3 = \begin{pmatrix} 2 & 1 \\ -7 & -3 \end{pmatrix}^2\begin{pmatrix} 2 & 1 \\ -7 & -3 \end{pmatrix} = \begin{pmatrix} -3 & -1 \\ 7 & 2 \end{pmatrix}\begin{pmatrix} 2 & 1 \\ -7 & -3 \end{pmatrix} = \begin{pmatrix} 1 & 0 \\ 0 & 1 \end{pmatrix}$$

問3.6　次の行列 A について，A^3 を求めよ．

(1)　$A = \begin{pmatrix} -3 & 0 \\ 0 & 2 \end{pmatrix}$　　(2)　$A = \begin{pmatrix} 2 & 1 \\ 0 & 4 \end{pmatrix}$　　(3)　$A = \begin{pmatrix} -2 & 3 \\ -1 & 3 \end{pmatrix}$

転置行列　$m \times n$ 型行列 $A = (a_{ij})$ に対して，(i, j) 成分が a_{ji} である $n \times m$ 型行列を A の**転置行列**といい，${}^tA$ で表す．

note　A の転置行列 ${}^tA$ は，A の行と列を入れ換えた行列のことである．A の転置行列は ${}^tA$ の他，A^T などと表す場合もある．

例 3.14　$A = \begin{pmatrix} 1 & 2 & 3 \\ 4 & 5 & 6 \end{pmatrix}$, $B = \begin{pmatrix} 1 & 2 \\ 3 & 4 \end{pmatrix}$, $\boldsymbol{p} = \begin{pmatrix} 1 \\ 3 \\ -2 \end{pmatrix}$ のとき，

$${}^tA = \begin{pmatrix} 1 & 4 \\ 2 & 5 \\ 3 & 6 \end{pmatrix}, \quad {}^tB = \begin{pmatrix} 1 & 3 \\ 2 & 4 \end{pmatrix}, \quad {}^t\boldsymbol{p} = \begin{pmatrix} 1 & 3 & -2 \end{pmatrix}$$

である．

問3.7　次の行列の転置行列を求めよ．

(1)　$\begin{pmatrix} 2 & -3 & 1 \\ 5 & -2 & 4 \end{pmatrix}$　　(2)　$\begin{pmatrix} 3 & 2 \\ -2 & 1 \\ 4 & 3 \end{pmatrix}$　　(3)　$\begin{pmatrix} 5 \\ 2 \\ -2 \\ 4 \end{pmatrix}$

転置行列について，次のことが成り立つ．

3.4　転置行列の性質

実数 s と行列 A, B について，次の式が成り立つ．

(1)　${}^t({}^tA) = A$　　(2)　${}^t(sA) = s\,{}^tA$

(3)　${}^t(A+B) = {}^tA + {}^tB$　　(4)　${}^t(AB) = {}^tB\,{}^tA$

証明　(4) だけを示す．${}^t(AB)$ と ${}^tB\,{}^tA$ の (i,j) 成分を比較する．A の列の数，B の行の数をともに n とするとき，これらの成分は，それぞれ

$$
\begin{aligned}
{}^t(AB) \text{ の } (i,j) \text{ 成分} &= AB \text{ の } (j,i) \text{ 成分} \\
&= A \text{ の第 } j \text{ 行と } B \text{ の第 } i \text{ 列の積} \\
&= \begin{pmatrix} a_{j1} & a_{j2} & \cdots & a_{jn} \end{pmatrix} \begin{pmatrix} b_{1i} \\ b_{2i} \\ \vdots \\ b_{ni} \end{pmatrix} = \sum_{k=1}^{n} a_{jk} b_{ki}
\end{aligned}
$$

$$
\begin{aligned}
{}^tB\,{}^tA \text{ の } (i,j) \text{ 成分} &= {}^tB \text{ の第 } i \text{ 行と } {}^tA \text{ の第 } j \text{ 列の積} \\
&= {}^t(B \text{ の第 } i \text{ 列}) \text{ と } {}^t(A \text{ の第 } j \text{ 行}) \text{ の積} \\
&= \begin{pmatrix} b_{1i} & b_{2i} & \cdots & b_{ni} \end{pmatrix} \begin{pmatrix} a_{j1} \\ a_{j2} \\ \vdots \\ a_{jn} \end{pmatrix} \\
&= \sum_{k=1}^{n} b_{ki} a_{jk} = \sum_{k=1}^{n} a_{jk} b_{ki}
\end{aligned}
$$

となり，両者は一致する．したがって，${}^t(AB) = {}^tB\,{}^tA$ が成り立つ．　証明終

問3.8　$A = \begin{pmatrix} 5 & 3 \\ 3 & -2 \end{pmatrix}$, $B = \begin{pmatrix} 2 & -3 \\ 4 & 2 \end{pmatrix}$, $\boldsymbol{b} = \begin{pmatrix} 4 \\ 7 \end{pmatrix}$, $\boldsymbol{p} = \begin{pmatrix} x \\ y \end{pmatrix}$ のとき，次の行列を求めよ．

(1)　${}^t(AB)$　　(2)　${}^tA\,{}^tB$　　(3)　${}^t\boldsymbol{b}\boldsymbol{p}$　　(4)　${}^t\boldsymbol{p}A\boldsymbol{p}$

3.4 正則な行列とその逆行列

逆行列 E を単位行列とする．正方行列 A に対して

$$AX = XA = E$$

となる正方行列 X が存在するとき，A は**正則**である，または**正則行列**であるといい，この行列 X を A の**逆行列**という．A の逆行列を A^{-1} で表し，これを「A インバース」と読む．定義から

$$AA^{-1} = A^{-1}A = E$$

が成り立つ．$EE = E$ であるから，単位行列 E は正則で，その逆行列は E 自身である．また，任意の行列 X に対して，$OX = XO = O \neq E$ であるから，零行列は正則ではない．

例 3.15 $A = \begin{pmatrix} 2 & 5 \\ 1 & 3 \end{pmatrix}$ とするとき，

$$\begin{pmatrix} 2 & 5 \\ 1 & 3 \end{pmatrix}\begin{pmatrix} 3 & -5 \\ -1 & 2 \end{pmatrix} = \begin{pmatrix} 1 & 0 \\ 0 & 1 \end{pmatrix}, \quad \begin{pmatrix} 3 & -5 \\ -1 & 2 \end{pmatrix}\begin{pmatrix} 2 & 5 \\ 1 & 3 \end{pmatrix} = \begin{pmatrix} 1 & 0 \\ 0 & 1 \end{pmatrix}$$

が成り立つ．したがって，A は正則で，$A^{-1} = \begin{pmatrix} 3 & -5 \\ -1 & 2 \end{pmatrix}$ である．

2 次正方行列の逆行列 2 次正方行列 A の逆行列を求める．

$A = \begin{pmatrix} a & b \\ c & d \end{pmatrix}$ に対して，行列 $X = \begin{pmatrix} x & y \\ z & w \end{pmatrix}$ が $AX = E$ を満たしているとすれば，

$$\begin{pmatrix} ax + bz & ay + bw \\ cx + dz & cy + dw \end{pmatrix} = \begin{pmatrix} 1 & 0 \\ 0 & 1 \end{pmatrix}$$

が成り立つ．各成分を比較すると，

$$\begin{cases} ax + bz = 1 & \cdots\cdots ① \\ cx + dz = 0 & \cdots\cdots ② \end{cases}, \quad \begin{cases} ay + bw = 0 & \cdots\cdots ③ \\ cy + dw = 1 & \cdots\cdots ④ \end{cases}$$

が得られる．① $\times\, d -$ ② $\times\, b$ および ② $\times\, a -$ ① $\times\, c$ を計算し，③, ④についても同様の計算をすると，

$$\begin{cases} (ad-bc)x = d \\ (ad-bc)z = -c \end{cases}, \quad \begin{cases} (ad-bc)y = -b \\ (ad-bc)w = a \end{cases} \qquad \cdots\cdots ⑤$$

となる.

(i)　$ad-bc=0$ のとき，⑤ から $a=b=c=d=0$ となるが，このとき ① は成り立たない．よって，$AX=E$ となる X は存在しない．すなわち，A は正則ではない．

(ii)　$ad-bc \neq 0$ のとき，⑤ から

$$x = \frac{d}{ad-bc}, \quad y = -\frac{b}{ad-bc}, \quad z = -\frac{c}{ad-bc}, \quad w = \frac{a}{ad-bc}$$

よって　$X = \dfrac{1}{ad-bc}\begin{pmatrix} d & -b \\ -c & a \end{pmatrix}$

となる．この X について XA を計算すると，$XA=E$ も成り立つことを確かめることができる．したがって，A は正則で，$X=A^{-1}$ である．

このように，$A = \begin{pmatrix} a & b \\ c & d \end{pmatrix}$ が正則かどうかは，$ad-bc \neq 0$ かどうかによって判定することができる．$ad-bc$ を行列 A の**行列式**といい，$|A|$ で表す．

3.5　2 次正方行列の逆行列

$A = \begin{pmatrix} a & b \\ c & d \end{pmatrix}$ が正則であるための必要十分条件は，$|A| = ad-bc \neq 0$ である．$|A| \neq 0$ のとき，A の逆行列は，次のようになる．

$$A^{-1} = \frac{1}{ad-bc}\begin{pmatrix} d & -b \\ -c & a \end{pmatrix}$$

$A = \begin{pmatrix} a & b \\ c & d \end{pmatrix}$ の行列式 $|A|$ は，$\begin{vmatrix} a & b \\ c & d \end{vmatrix}$, $\det A$, $\det\begin{pmatrix} a & b \\ c & d \end{pmatrix}$ などと表すこともある．

note　行列式は determinant といい，決定要素という意味をもつ．いまの場合は，これが 0 でないかどうかによって，正方行列が正則かどうかを決定する値である．なお，3 次以上の行列の行列式については，第 4 節でくわしく学ぶ．

例 3.16　(1)　$A = \begin{pmatrix} 4 & 3 \\ 2 & 1 \end{pmatrix}$ とすれば，$|A| = \begin{vmatrix} 4 & 3 \\ 2 & 1 \end{vmatrix} = 4\cdot 1 - 3\cdot 2 = -2 \neq 0$ である．したがって，A は正則で，その逆行列は

$$A^{-1} = -\frac{1}{2}\begin{pmatrix} 1 & -3 \\ -2 & 4 \end{pmatrix}$$

である．

(2)　$B = \begin{pmatrix} 6 & 3 \\ 2 & 1 \end{pmatrix}$ とすれば，$|B| = \begin{vmatrix} 6 & 3 \\ 2 & 1 \end{vmatrix} = 6\cdot 1 - 3\cdot 2 = 0$ である．したがって，B は正則ではない．

問 3.9　次の行列は正則かどうかを調べ，正則ならばその逆行列を求めよ．

(1)　$A = \begin{pmatrix} 4 & -5 \\ -3 & 2 \end{pmatrix}$　(2)　$B = \begin{pmatrix} 3 & 5 \\ 6 & 10 \end{pmatrix}$　(3)　$C = \begin{pmatrix} \cos\theta & -\sin\theta \\ \sin\theta & \cos\theta \end{pmatrix}$

逆行列の性質　行列 A が正則であるとき，$AA^{-1} = A^{-1}A = E$ であるから，A は A^{-1} の逆行列である．すなわち，$\left(A^{-1}\right)^{-1} = A$ が成り立つ．また，A, B が正則であるとき，結合法則を用いて計算すると

$$(AB)(B^{-1}A^{-1}) = A(BB^{-1})A^{-1} = AEA^{-1} = AA^{-1} = E,$$
$$(B^{-1}A^{-1})(AB) = B^{-1}(A^{-1}A)B = B^{-1}EB = B^{-1}B = E$$

であるから，$(AB)^{-1} = B^{-1}A^{-1}$ である．

3.6　逆行列の性質

正方行列 A, B が正則であれば，逆行列 A^{-1}，積 AB も正則で，次のことが成り立つ．

(1)　$(A^{-1})^{-1} = A$　(2)　$(AB)^{-1} = B^{-1}A^{-1}$

問3.10　$A = \begin{pmatrix} 1 & 0 \\ 3 & 2 \end{pmatrix}$, $B = \begin{pmatrix} 2 & -1 \\ 4 & -3 \end{pmatrix}$ について，次の行列を計算せよ．

(1)　$(AB)^{-1}$　　(2)　$A^{-1}B^{-1}$　　(3)　$B^{-1}A^{-1}$

3.5　連立 2 元 1 次方程式

連立 1 次方程式と行列　未知数が n 個ある連立 1 次方程式を**連立 n 元 1 次方程式**という．x, y についての連立 1 次方程式

$$\begin{cases} ax + by = p \\ cx + dy = q \end{cases} \qquad \cdots\cdots ①$$

は，行列とベクトルを用いて

$$\begin{pmatrix} a & b \\ c & d \end{pmatrix}\begin{pmatrix} x \\ y \end{pmatrix} = \begin{pmatrix} p \\ q \end{pmatrix}$$

と表すことができる．$A = \begin{pmatrix} a & b \\ c & d \end{pmatrix}$ を連立 1 次方程式 ① の**係数行列**，$\boldsymbol{p} = \begin{pmatrix} p \\ q \end{pmatrix}$ を**定数項ベクトル**という．$\boldsymbol{x} = \begin{pmatrix} x \\ y \end{pmatrix}$ とするとき，与えられた連立 1 次方程式は，これらの行列とベクトルを用いて

$$A\boldsymbol{x} = \boldsymbol{p}$$

と表すことができる．

係数行列 A が正則であるとき，両辺に左から A^{-1} をかけて，

$$\boldsymbol{x} = A^{-1}\boldsymbol{p} \quad \text{すなわち} \quad \begin{pmatrix} x \\ y \end{pmatrix} = \frac{1}{ad - bc}\begin{pmatrix} d & -b \\ -c & a \end{pmatrix}\begin{pmatrix} p \\ q \end{pmatrix}$$

として解を求めることができる．したがって，この場合には，連立 1 次方程式 ① はただ 1 組の解をもつ．

3.7 係数行列が正則な連立 1 次方程式

2 次正方行列 A が正則ならば，A を係数行列とする連立 1 次方程式 $A\boldsymbol{x} = \boldsymbol{p}$ はただ 1 組の解 $\boldsymbol{x} = A^{-1}\boldsymbol{p}$ をもつ．

note　1 次方程式と連立 1 次方程式とを比較すると，次のようになる．

$$a \neq 0 \text{ のとき，} ax = b \text{ の解は } x = \frac{b}{a} = a^{-1}b$$
$$|A| \neq 0 \text{ のとき，} A\boldsymbol{x} = \boldsymbol{p} \text{ の解は } \boldsymbol{x} = A^{-1}\boldsymbol{p}$$

例題 3.1　逆行列による連立 1 次方程式の解法

行列を用いて，次の連立 1 次方程式を解け．

$$\begin{cases} 2x - 3y = 4 \\ 3x - 5y = 3 \end{cases}$$

解　与えられた連立 1 次方程式を行列を用いて表すと，

$$\begin{pmatrix} 2 & -3 \\ 3 & -5 \end{pmatrix}\begin{pmatrix} x \\ y \end{pmatrix} = \begin{pmatrix} 4 \\ 3 \end{pmatrix}$$

となる．係数行列を $A = \begin{pmatrix} 2 & -3 \\ 3 & -5 \end{pmatrix}$ とすると，$|A| = 2 \cdot (-5) - (-3) \cdot 3 = -1 \neq 0$ であるから，行列 A は正則である．与えられた方程式の両辺に左から A^{-1} をかけて，

$$\begin{pmatrix} x \\ y \end{pmatrix} = A^{-1}\begin{pmatrix} 4 \\ 3 \end{pmatrix} = \frac{1}{-1}\begin{pmatrix} -5 & 3 \\ -3 & 2 \end{pmatrix}\begin{pmatrix} 4 \\ 3 \end{pmatrix} = \begin{pmatrix} 11 \\ 6 \end{pmatrix}$$

となる．よって，求める連立 1 次方程式の解は，$x = 11, y = 6$ である．

問 3.11　行列を用いて，次の連立 1 次方程式を解け．

(1) $\begin{cases} 2x + y = 4 \\ 5x + 4y = 7 \end{cases}$　　(2) $\begin{cases} 3x - 5y = 1 \\ x - 3y = 3 \end{cases}$

連立 2 元 1 次方程式のクラメルの公式　いま，連立 2 元 1 次方程式

$$\begin{cases} ax + by = p \\ cx + dy = q \end{cases}$$

の係数行列が正則ならば，

$$\begin{pmatrix} x \\ y \end{pmatrix} = \frac{1}{ad-bc}\begin{pmatrix} d & -b \\ -c & a \end{pmatrix}\begin{pmatrix} p \\ q \end{pmatrix} = \frac{1}{ad-bc}\begin{pmatrix} dp-bq \\ -cp+aq \end{pmatrix}$$

となることを学んだ．この式の両辺の成分を比較すると，

$$x = \frac{pd-bq}{ad-bc}, \quad y = \frac{aq-pc}{ad-bc}$$

となる．これらの式の分母は係数行列 A の行列式，分子はそれぞれ，A の第 1 列ベクトル（x の係数），第 2 列ベクトル（y の係数）を定数項ベクトルで置き換えた行列の行列式である．すなわち，行列式を用いて

$$ad-bc = \begin{vmatrix} a & b \\ c & d \end{vmatrix}, \quad pd-bq = \begin{vmatrix} p & b \\ q & d \end{vmatrix}, \quad aq-pc = \begin{vmatrix} a & p \\ c & q \end{vmatrix}$$

と表すことができる．よって，次のことが成り立つ．これを**クラメルの公式**という．

3.8　クラメルの公式 I

連立 2 元 1 次方程式

$$\begin{cases} ax + by = p \\ cx + dy = q \end{cases}$$

の係数行列が正則であるとき，その解は，次のようになる．

$$x = \frac{\begin{vmatrix} p & b \\ q & d \end{vmatrix}}{\begin{vmatrix} a & b \\ c & d \end{vmatrix}}, \quad y = \frac{\begin{vmatrix} a & p \\ c & q \end{vmatrix}}{\begin{vmatrix} a & b \\ c & d \end{vmatrix}}$$

例 3.17　連立 1 次方程式 $\begin{cases} 2x + 4y = -2 \\ 5x - \ \ y = \ \ 3 \end{cases}$ を解く．$\begin{vmatrix} 2 & 4 \\ 5 & -1 \end{vmatrix} = -22 \neq 0$ であるから，係数行列は正則である．よって，クラメルの公式によって次がわかる．

$$x = \frac{\begin{vmatrix} -2 & 4 \\ 3 & -1 \end{vmatrix}}{\begin{vmatrix} 2 & 4 \\ 5 & -1 \end{vmatrix}} = \frac{-10}{-22} = \frac{5}{11}, \quad y = \frac{\begin{vmatrix} 2 & -2 \\ 5 & 3 \end{vmatrix}}{\begin{vmatrix} 2 & 4 \\ 5 & -1 \end{vmatrix}} = \frac{16}{-22} = -\frac{8}{11}$$

◆

問3.12　クラメルの公式を用いて，次の連立 1 次方程式を解け.

(1) $\begin{cases} 3x - y = 4 \\ 5x + 3y = -2 \end{cases}$　　(2) $\begin{cases} 3x - 5y = -1 \\ x - 3y = 3 \end{cases}$

コーヒーブレイク

CT と連立 1 次方程式　病院の検査機器である CT を利用すると，体の内部の様子を知ることができる．体を切断することなく，どのようにして内部の様子がわかるのだろうか.

CT では X 線を照射して検査する．X 線を照射すると，体内の組織に吸収されて照射量より少ない量が体外に出る．それを測定して照射量との差をとると，体内の組織に吸収された量がわかる．たとえば，体内を分割して下図のような場合を考え，個々の部分の吸収量を x_{ij} とする．この場合は縦横を 3 分割しているので，全部で 9 個の未知数になる．この値を知るために，照射方向を変えて体内に吸収された量を測定する.

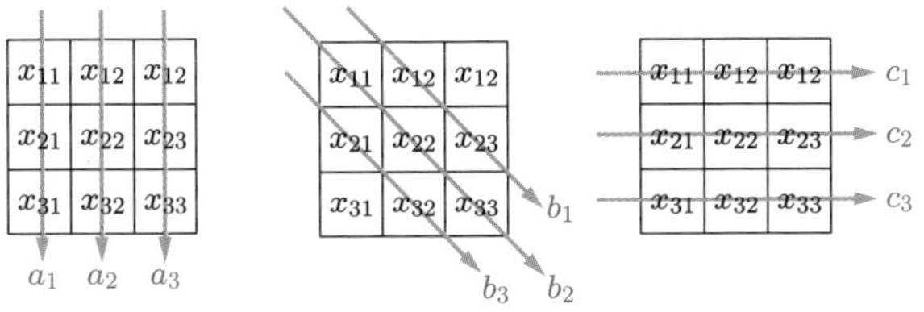

矢印の先端の値を矢印が通る部分の吸収量の合計とすると，次の 3 組の連立 1 次方程式が得られる.

$$\begin{cases} x_{11} + x_{21} + x_{31} = a_1 \\ x_{12} + x_{22} + x_{32} = a_2 \\ x_{13} + x_{23} + x_{33} = a_3 \end{cases} \quad \begin{cases} x_{12} + x_{13} = b_1 \\ x_{11} + x_{22} + x_{33} = b_2 \\ x_{21} + x_{32} = b_3 \end{cases} \quad \begin{cases} x_{11} + x_{12} + x_{13} = c_1 \\ x_{21} + x_{22} + x_{23} = c_2 \\ x_{31} + x_{32} + x_{33} = c_3 \end{cases}$$

これらをまとめた連立 9 元 1 次方程式を解くと個々の吸収量がわかり，その値に応じた濃淡をつけた画像として体内の様子が再現される．縦横を 3 分割しただけでも 9 元の連立方程式を解くことになる.

実際の CT では，体内は 1 mm 以下に分割して測定されている．自分の体の断面を簡単のため長方形とみて，たとえば 1 mm 単位に分割すると何元の連立方程式を解くことになるのかを計算してみよう.

練習問題 3

[1] $A=\begin{pmatrix}0&3\\-5&1\end{pmatrix}$, $B=\begin{pmatrix}7&-3\\4&2\end{pmatrix}$ のとき，次の行列を求めよ．

(1) 等式 $3X-2A=5(X-2B)+4A$ を満たす行列 X

(2) 等式 $3(X-A)+2(X-B)=8(-A+B)$ を満たす行列 X

(3) 等式 $X+Y=2A,\ X-Y=4B$ を満たす行列 X, Y

[2] $A=\begin{pmatrix}1&0&2\\0&3&-2\\4&-1&1\end{pmatrix}$, $B=\begin{pmatrix}2&-2&0\\3&5&-3\\0&-1&1\end{pmatrix}$, $\boldsymbol{p}=\begin{pmatrix}4\\-1\\2\end{pmatrix}$ とするとき，次の行列を求めよ．

(1) AB　　(2) ${}^tAA$　　(3) $A\boldsymbol{p}$　　(4) ${}^t\boldsymbol{p}B\boldsymbol{p}$

[3] 次の行列 A が正則であるための a, b の条件を求め，そのとき A の逆行列を求めよ．

(1) $A=\begin{pmatrix}4&8\\2&a\end{pmatrix}$　　(2) $A=\begin{pmatrix}a&-b\\b&a\end{pmatrix}$　　(3) $A=\begin{pmatrix}2-a&3\\4&1-a\end{pmatrix}$

[4] $A=\begin{pmatrix}0&a\\b&c\end{pmatrix}$ のとき，$A^2=O$ となるための条件を求めよ．

[5] $A=\begin{pmatrix}2&-1\\2&3\end{pmatrix}$, $B=\begin{pmatrix}4&3\\-2&5\end{pmatrix}$ のとき，次の問いに答えよ．

(1) $AX=B$ を満たす行列 X を求めよ．

(2) $YA=B$ を満たす行列 Y を求めよ．

[6] 行列を用いて，次の連立 1 次方程式を解け．

(1) $\begin{cases}3x+4y=5\\2x+3y=6\end{cases}$　　(2) $\begin{cases}4x+3y=2\\2x-3y=7\end{cases}$

[7] 右図のような，起電力が E[V]，抵抗がそれぞれ R_1 [Ω], R_2 [Ω], R_3 [Ω] である電気回路において，R_1 [Ω], R_2 [Ω] の抵抗を流れる電流をそれぞれ I_1 [A], I_2 [A] とするとき，2 つの等式

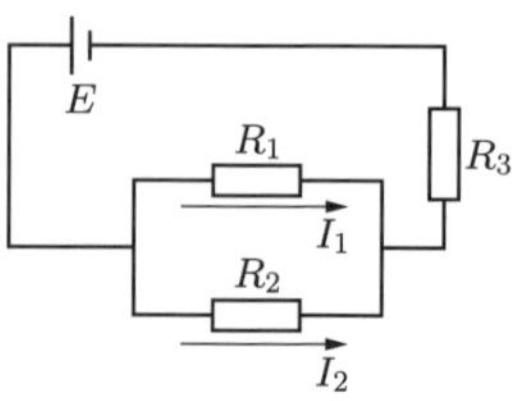

$$I_1R_1=I_2R_2,\quad E=I_1R_1+(I_1+I_2)R_3$$

が成り立つ．ただし，R_1, R_2, R_3 は正の数である．

(1) 未知数を I_1, I_2 とする連立 1 次方程式を作り，その係数行列を求めよ．

(2) I_1 と I_2 を E, R_1, R_2, R_3 を用いて表せ．

4 行列式

4.1 3次正方行列の行列式

3次正方行列の行列式 第3節では，連立2元1次方程式 $\begin{cases} ax+by=p \\ cx+dy=q \end{cases}$ の係数行列 $A=\begin{pmatrix} a & b \\ c & d \end{pmatrix}$ の行列式を

$$|A|=\begin{vmatrix} a & b \\ c & d \end{vmatrix}=ad-bc$$

と定め，$|A|\neq 0$ のとき，この連立方程式はただ1組の解をもつことを示した［→定理 3.7］．ここでは，連立3元1次方程式

$$\text{(i)} \qquad \begin{cases} a_1x+b_1y+c_1z=p_1 & \cdots\cdots① \\ a_2x+b_2y+c_2z=p_2 & \cdots\cdots② \\ a_3x+b_3y+c_3z=p_3 & \cdots\cdots③ \end{cases}$$

がただ1組の解をもつための条件を求める．この連立方程式の係数行列を A，定数項ベクトルを $\boldsymbol{p}$ とすれば，(i) は $A\boldsymbol{x}=\boldsymbol{p}$ と表される．

いま，$c_1\neq 0$ とし，①$\times c_2-$②$\times c_1$，①$\times c_3-$③$\times c_1$ として z を消去すると，連立2元1次方程式

$$\text{(ii)} \qquad \begin{cases} (a_1c_2-a_2c_1)x+(b_1c_2-b_2c_1)y=p_1c_2-p_2c_1 \\ (a_1c_3-a_3c_1)x+(b_1c_3-b_3c_1)y=p_1c_3-p_3c_1 \end{cases}$$

が得られる．この連立方程式の係数行列の行列式は

$$\begin{vmatrix} a_1c_2-a_2c_1 & b_1c_2-b_2c_1 \\ a_1c_3-a_3c_1 & b_1c_3-b_3c_1 \end{vmatrix}$$
$$=c_1(a_1b_2c_3+a_2b_3c_1+a_3b_1c_2-a_1b_3c_2-a_2b_1c_3-a_3b_2c_1)$$

である．$c_1\neq 0$ であるから，右辺の (　) の中が 0 でなければ (ii) はただ1組の解 x, y をもち，したがって，(i) もただ1つの解をもつ．

よって，(i) の係数行列 A の行列式 $|A|$ を

$$|A| = \begin{vmatrix} a_1 & b_1 & c_1 \\ a_2 & b_2 & c_2 \\ a_3 & b_3 & c_3 \end{vmatrix} = a_1b_2c_3 + a_2b_3c_1 + a_3b_1c_2 - a_1b_3c_2 - a_2b_1c_3 - a_3b_2c_1$$

と定めれば，$|A| \neq 0$ のとき連立 3 元 1 次方程式 $A\boldsymbol{x} = \boldsymbol{p}$ はただ 1 つの解をもつ．$c_2 \neq 0$ または $c_3 \neq 0$ のときも，同様の計算によって同じ結論が得られる．

note　2 次，3 次正方行列の行列式は，次の図のような方法で覚えてもよい．3 次正方行列の場合には，第 1,2 行を下に書き加えて計算する．これは**サラスの方法**とよばれている．この方法は，後述する 4 次以上の正方行列の行列式では利用することができない．

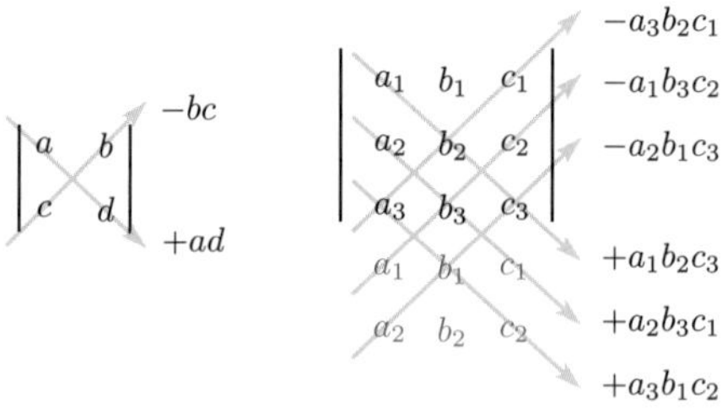

例 4.1　(1) $\begin{vmatrix} 1 & 2 \\ 3 & 4 \end{vmatrix} = 1 \cdot 4 - 3 \cdot 2 = -2$

(2) $$\begin{vmatrix} 1 & 2 & 3 \\ 4 & 5 & 6 \\ 7 & 8 & 9 \end{vmatrix} = 1 \cdot 5 \cdot 9 + 4 \cdot 8 \cdot 3 + 7 \cdot 2 \cdot 6 - 7 \cdot 5 \cdot 3 - 1 \cdot 8 \cdot 6 - 4 \cdot 2 \cdot 9$$

$$= 45 + 96 + 84 - 105 - 48 - 72 = 0$$

問 4.1　次の行列式の値を求めよ．

(1) $\begin{vmatrix} 3 & 2 \\ -5 & 4 \end{vmatrix}$　　(2) $\begin{vmatrix} \cos\theta & -\sin\theta \\ \sin\theta & \cos\theta \end{vmatrix}$

(3) $\begin{vmatrix} 3 & -5 & 9 \\ 1 & 3 & 2 \\ 0 & 4 & -2 \end{vmatrix}$　　(4) $\begin{vmatrix} 2 & 5 & -7 \\ 3 & -2 & 1 \\ 1 & 3 & 4 \end{vmatrix}$

連立3元1次方程式のクラメルの公式　連立3元1次方程式

(i)　$A\boldsymbol{x} = \boldsymbol{p}$　すなわち　$\begin{cases} a_1x + b_1y + c_1z = p_1 & \cdots\cdots ① \\ a_2x + b_2y + c_2z = p_2 & \cdots\cdots ② \\ a_3x + b_3y + c_3z = p_3 & \cdots\cdots ③ \end{cases}$

から z を消去した連立2元1次方程式

(ii)　$\begin{cases} (a_1c_2 - a_2c_1)x + (b_1c_2 - b_2c_1)y = p_1c_2 - p_2c_1 \\ (a_1c_3 - a_3c_1)x + (b_1c_3 - b_3c_1)y = p_1c_3 - p_3c_1 \end{cases}$

は，(ii)の係数行列の行列式が0でないとき，ただ1組の解をもつ．そのとき，(ii)にクラメルの公式I [→定理 **3.8**]を適用すると，たとえば x は

$$x = \frac{\begin{vmatrix} p_1c_2 - p_2c_1 & b_1c_2 - b_2c_1 \\ p_1c_3 - p_3c_1 & b_1c_3 - b_3c_1 \end{vmatrix}}{\begin{vmatrix} a_1c_2 - a_2c_1 & b_1c_2 - b_2c_1 \\ a_1c_3 - a_3c_1 & b_1c_3 - b_3c_1 \end{vmatrix}}$$

$$= \frac{p_1b_2c_3 + p_2b_3c_1 + p_3b_1c_2 - p_1b_3c_2 - p_2b_1c_3 - p_3b_2c_1}{a_1b_2c_3 + a_2b_3c_1 + a_3b_1c_2 - a_1b_3c_2 - a_2b_1c_3 - a_3b_2c_1}$$

となる．この式の分母は係数行列 A の行列式であり，分子は行列 A の第1列を定数項ベクトルで置き換えた行列の行列式である．y, z も同様にして求めると

$$x = \frac{\begin{vmatrix} p_1 & b_1 & c_1 \\ p_2 & b_2 & c_2 \\ p_3 & b_3 & c_3 \end{vmatrix}}{\begin{vmatrix} a_1 & b_1 & c_1 \\ a_2 & b_2 & c_2 \\ a_3 & b_3 & c_3 \end{vmatrix}}, \quad y = \frac{\begin{vmatrix} a_1 & p_1 & c_1 \\ a_2 & p_2 & c_2 \\ a_3 & p_3 & c_3 \end{vmatrix}}{\begin{vmatrix} a_1 & b_1 & c_1 \\ a_2 & b_2 & c_2 \\ a_3 & b_3 & c_3 \end{vmatrix}}, \quad z = \frac{\begin{vmatrix} a_1 & b_1 & p_1 \\ a_2 & b_2 & p_2 \\ a_3 & b_3 & p_3 \end{vmatrix}}{\begin{vmatrix} a_1 & b_1 & c_1 \\ a_2 & b_2 & c_2 \\ a_3 & b_3 & c_3 \end{vmatrix}}$$

が得られる．これを連立3元1次方程式のクラメルの公式という（一般の場合のクラメルの公式については付録B1節を参照のこと）．

例題 4.1　**クラメルの公式による連立1次方程式の解法**

クラメルの公式を用いて，連立1次方程式 $\begin{cases} 2x - y + z = 3 \\ -x - 2y - z = 4 \\ 2x + y + z = 5 \end{cases}$ を解け．

解　$A = \begin{pmatrix} 2 & -1 & 1 \\ -1 & -2 & -1 \\ 2 & 1 & 1 \end{pmatrix}$ とおくと，$|A| = 2 \neq 0$ である．A の第 1 列，第 2 列，第 3 列を定数項ベクトルで置き換えた行列を，それぞれ A_1, A_2, A_3 とすれば，

$$|A_1| = \begin{vmatrix} 3 & -1 & 1 \\ 4 & -2 & -1 \\ 5 & 1 & 1 \end{vmatrix} = 20,$$

$$|A_2| = \begin{vmatrix} 2 & 3 & 1 \\ -1 & 4 & -1 \\ 2 & 5 & 1 \end{vmatrix} = 2,$$

$$|A_3| = \begin{vmatrix} 2 & -1 & 3 \\ -1 & -2 & 4 \\ 2 & 1 & 5 \end{vmatrix} = -32$$

となるから，クラメルの公式によって，

$$x = \frac{20}{2} = 10, \quad y = \frac{2}{2} = 1, \quad z = \frac{-32}{2} = -16$$

が得られる．

問4.2　クラメルの公式によって，次の連立 1 次方程式を解け．

(1) $\begin{cases} 3x + y - 2z = -1 \\ -2x + 3y + z = 3 \\ x + 2y - z = 1 \end{cases}$　　(2) $\begin{cases} x + 2y - 3z = 5 \\ 2x - z = 0 \\ 4x + 3y + z = -6 \end{cases}$

4.2　n 次正方行列の行列式

順列の符号と行列式　n 次正方行列の行列式を定めるために，3 次正方行列の行列式のしくみを調べる．3 次正方行列の行列式

$$\begin{vmatrix} a_{11} & a_{12} & a_{13} \\ a_{21} & a_{22} & a_{23} \\ a_{31} & a_{32} & a_{33} \end{vmatrix} = a_{11}a_{22}a_{33} + a_{21}a_{32}a_{13} + a_{31}a_{12}a_{23} \\ - a_{31}a_{22}a_{13} - a_{11}a_{32}a_{23} - a_{21}a_{12}a_{33}$$

は，$a_{i1}a_{j2}a_{k3}$ の形の項の和であり，(i,j,k) は，$(1,2,3)$, $(2,3,1)$, $(3,1,2)$, $\ldots$ など，$\{1,2,3\}$ を並べ替えたすべての順列である．さらに，$a_{i1}a_{j2}a_{k3}$ の前の符号について，(i,j,k) が

$$(1,2,3),\ (2,3,1),\ (3,1,2) \text{ のとき } +$$
$$(3,2,1),\ (1,3,2),\ (2,1,3) \text{ のとき } -$$

となっている．

以下，順列とその符号の関係に注目して，n 次正方行列の行列式を定める．

1 から n までの自然数の集合 $\{1,2,\ldots,n\}$ に含まれる数を，1 列に並べてできる順列 $P=(i,\,j,\,\ldots,\,k)$ は，2 つの数を交換する作業を何回か繰り返して，自然な順列 $(1,\,2,\,\ldots,\,n)$ に直すことができる．

$$P=(i,\,j,\,\ldots,\,k)\longrightarrow\cdots\cdots\longrightarrow(1,\,2,\,\ldots,\,n)$$

順列 P に含まれる 2 つの数を交換して自然な順列に直していくとき，必要な交換回数が偶数回か奇数回かは交換の方法によらないことが知られている．順列 P は，その交換回数が偶数ならば**偶順列**，奇数ならば**奇順列**であるという．とくに，自然な順列 $(1,\,2,\,\ldots,\,n)$ は交換回数が 0 回と考えて，偶順列とする．

例 4.2　順列 $P=(2,4,1,3)$ は

$$P=(2,4,1,3)\longrightarrow(1,4,2,3)\longrightarrow(1,2,4,3)\longrightarrow(1,2,3,4)$$

として 3 回の交換で自然な順列に直すことができるから，P は奇順列である．

ここで，順列 $P=(i,j,\ldots,k)$ に対して，

$$\varepsilon(i,j,\ldots,k)=\begin{cases}1 & ((i,j,\ldots,k)\text{ が偶順列のとき})\\ -1 & ((i,j,\ldots,k)\text{ が奇順列のとき})\end{cases}$$

と定める．これを順列 P の**符号**という．

例 4.3　例 4.2 の順列 $P=(2,4,1,3)$ は奇順列であるから，

$$\varepsilon(2,4,1,3)=-1$$

である．

問4.3　次の順列の符号を求めよ．

(1)　$(2,1)$　　(2)　$(1,3,2)$　　(3)　$(3,1,2)$　　(4)　$(4,3,1,2)$

$\varepsilon(1,2)=1$, $\varepsilon(2,1)=-1$ であるから，2次正方行列 $A=\begin{pmatrix} a_{11} & a_{12} \\ a_{21} & a_{22} \end{pmatrix}$ の行列式は，

$$\begin{vmatrix} a_{11} & a_{12} \\ a_{21} & a_{22} \end{vmatrix} = a_{11}a_{22}-a_{21}a_{12} = \varepsilon(1,2)a_{11}a_{22}+\varepsilon(2,1)a_{21}a_{12} = \sum_{(i,j)} \varepsilon(i,j)a_{i1}a_{j2}$$

と表すことができる．ここで，$\displaystyle\sum_{(i,j)}$ は $\{1,2\}$ のすべての順列 $(1,2)$, $(2,1)$ についての和をとるものである．

これと同じようにして，n 次正方行列の**行列式**を次のように定める．

4.1　行列式

n 次正方行列 $A=(a_{ij})$ に対して，A の行列式 $|A|$ を次のように定める．

$$|A| = \sum_{(i,j,\ldots,k)} \varepsilon(i,j,\ldots,k)\ a_{i1}a_{j2}\cdots a_{kn}$$

ここで，$\displaystyle\sum_{(i,j,\ldots,k)}$ は，$\{1,2,\ldots,n\}$ のすべての順列 $(i,j,\ldots,k)$ についての和をとることを意味する．

つまり，行列式の各項は，各行・各列から1つずつという条件で n 個の成分を選んでかけあわせ，その選び方によって符号をつけたものである．

例4.4　定義にしたがって3次正方行列 $A=\begin{pmatrix} a_{11} & a_{12} & a_{13} \\ a_{21} & a_{22} & a_{23} \\ a_{31} & a_{32} & a_{33} \end{pmatrix}$ の行列式を求める．$\{1,2,3\}$ の順列は $3!=6$ 個あり，

$$\varepsilon(1,2,3)=\varepsilon(2,3,1)=\varepsilon(3,1,2)=1$$
$$\varepsilon(3,2,1)=\varepsilon(1,3,2)=\varepsilon(2,1,3)=-1$$

である．したがって，

$$\begin{vmatrix} a_{11} & a_{12} & a_{13} \\ a_{21} & a_{22} & a_{23} \\ a_{31} & a_{32} & a_{33} \end{vmatrix} = a_{11}a_{22}a_{33} + a_{21}a_{32}a_{13} + a_{31}a_{12}a_{23} \\ - a_{31}a_{22}a_{13} - a_{11}a_{32}a_{23} - a_{21}a_{12}a_{33}$$

となる．これは，4.1 節ですでに定めた値と同じである．

A の行列式は，$|A|$ の他に，

$$\det A, \quad \begin{vmatrix} a_{11} & a_{12} & \cdots & a_{1n} \\ a_{21} & a_{22} & \cdots & a_{2n} \\ \vdots & \vdots & \ddots & \vdots \\ a_{n1} & a_{n2} & \cdots & a_{nn} \end{vmatrix}, \quad \det \begin{pmatrix} a_{11} & a_{12} & \cdots & a_{1n} \\ a_{21} & a_{22} & \cdots & a_{2n} \\ \vdots & \vdots & \ddots & \vdots \\ a_{n1} & a_{n2} & \cdots & a_{nn} \end{pmatrix}$$

などと表す．A の行列式において，A の第 i 行，第 j 列に対応する部分を，それぞれ A の行列式の第 i 行，第 j 列という．

特別な列をもつ行列の行列式　次の性質は，行列式の値を求めるためによく用いられる．

4.2　特別な列をもつ行列の行列式

$$\begin{vmatrix} a_{11} & a_{12} & \cdots & a_{1n} \\ 0 & a_{22} & \cdots & a_{2n} \\ \vdots & \vdots & \ddots & \vdots \\ 0 & a_{n2} & \cdots & a_{nn} \end{vmatrix} = a_{11} \begin{vmatrix} a_{22} & \cdots & a_{2n} \\ \vdots & \ddots & \vdots \\ a_{n2} & \cdots & a_{nn} \end{vmatrix}$$

証明　3 次の場合を証明する．

$$\begin{vmatrix} a_1 & b_1 & c_1 \\ 0 & b_2 & c_2 \\ 0 & b_3 & c_3 \end{vmatrix} = a_1b_2c_3 - a_1b_3c_2 = a_1(b_2c_3 - b_3c_2) = a_1 \begin{vmatrix} b_2 & c_2 \\ b_3 & c_3 \end{vmatrix}$$

証明終

例 4.5

$$\begin{vmatrix} 4 & 3 & 2 & 5 \\ 0 & 3 & 2 & -2 \\ 0 & -2 & 1 & 0 \\ 0 & 1 & -1 & 2 \end{vmatrix} = 4\begin{vmatrix} 3 & 2 & -2 \\ -2 & 1 & 0 \\ 1 & -1 & 2 \end{vmatrix}$$

$$= 4\{6 + (-4) + 0 - (-2) - 0 - (-8)\} = 48$$

正方行列の，対角成分より下にある成分がすべて 0 である行列を**上三角行列**，対角成分より上にある成分がすべて 0 である行列を**下三角行列**という．上三角行列と下三角行列をあわせて**三角行列**という．

4 次正方行列 $A = (a_{ij})$ が上三角行列のとき，定理 **4.2** の性質を用いると，

$$\begin{vmatrix} a_{11} & a_{12} & a_{13} & a_{14} \\ 0 & a_{22} & a_{23} & a_{24} \\ 0 & 0 & a_{33} & a_{34} \\ 0 & 0 & 0 & a_{44} \end{vmatrix} = a_{11}\begin{vmatrix} a_{22} & a_{23} & a_{24} \\ 0 & a_{33} & a_{34} \\ 0 & 0 & a_{44} \end{vmatrix} = a_{11}a_{22}\begin{vmatrix} a_{33} & a_{34} \\ 0 & a_{44} \end{vmatrix} = a_{11}a_{22}a_{33}a_{44}$$

となる．一般に，次のことが成り立つ．

4.3　三角行列の行列式

上三角行列の行列式は，対角成分の積に等しい．ここで，$*$ は任意の数である．

$$\begin{vmatrix} a_{11} & * & \cdots & * \\ 0 & a_{22} & \ddots & \vdots \\ \vdots & \ddots & \ddots & * \\ 0 & \cdots & 0 & a_{nn} \end{vmatrix} = a_{11}a_{22}\cdots a_{nn}$$

この性質は下三角行列に対しても成り立つ．

とくに，単位行列 E については，次が成り立つ．

$$|E| = \begin{vmatrix} 1 & 0 & \cdots & 0 \\ 0 & 1 & \ddots & \vdots \\ \vdots & \ddots & \ddots & 0 \\ 0 & \cdots & 0 & 1 \end{vmatrix} = 1$$

問4.4 次の行列式の値を求めよ.

(1) $\begin{vmatrix} 1 & -2 & 3 \\ 0 & -5 & 6 \\ 0 & 0 & 7 \end{vmatrix}$ (2) $\begin{vmatrix} -1 & -2 & 3 & -4 \\ 0 & 5 & -6 & 7 \\ 0 & 0 & -8 & -9 \\ 0 & 0 & 0 & 10 \end{vmatrix}$

4.3 行列式の性質

転置行列の行列式 行列式について, さらにいろいろな性質を調べる. 以下, 行列式の性質は 3 次行列の場合について示すが, それらは一般の次数の正方行列についても成り立つものである.

正方行列 A の転置行列 ${}^tA$ の行列式について, 次の性質が成り立つ.

4.4 転置行列の行列式

転置行列の行列式は, もとの行列の行列式に等しい.

$$|{}^tA| = |A| \quad \text{すなわち} \quad \begin{vmatrix} a_1 & a_2 & a_3 \\ b_1 & b_2 & b_3 \\ c_1 & c_2 & c_3 \end{vmatrix} = \begin{vmatrix} a_1 & b_1 & c_1 \\ a_2 & b_2 & c_2 \\ a_3 & b_3 & c_3 \end{vmatrix}$$

証明 $|{}^tA| = \begin{vmatrix} a_1 & a_2 & a_3 \\ b_1 & b_2 & b_3 \\ c_1 & c_2 & c_3 \end{vmatrix}$

$$= a_1b_2c_3 + b_1c_2a_3 + c_1a_2b_3 - c_1b_2a_3 - a_1c_2b_3 - b_1a_2c_3$$

$$= a_1b_2c_3 + a_2b_3c_1 + a_3b_1c_2 - a_3b_2c_1 - a_1b_3c_2 - a_2b_1c_3$$

$$= \begin{vmatrix} a_1 & b_1 & c_1 \\ a_2 & b_2 & c_2 \\ a_3 & b_3 & c_3 \end{vmatrix} = |A|$$

証明終

この命題によって, 以下に述べる行についての行列式の性質は, 列についても成り立つ.

行列式の行に関する線形性　次の性質を，行列式の行または列に関する線形性という．特定の行について示した性質は，他の行または列についても成り立つ．

4.5　行列式の行または列に関する線形性

(1)　1 つの行の共通因数をくくり出すことができる．

$$\begin{vmatrix} a_1 & b_1 & c_1 \\ ta_2 & tb_2 & tc_2 \\ a_3 & b_3 & c_3 \end{vmatrix} = t\begin{vmatrix} a_1 & b_1 & c_1 \\ a_2 & b_2 & c_2 \\ a_3 & b_3 & c_3 \end{vmatrix}$$

(2)　1 つの行が 2 つの行ベクトルの和になっている行列式は，それぞれの行ベクトルを行とする行列式の和になる．

$$\begin{vmatrix} a_1 & b_1 & c_1 \\ a_2+a_2' & b_2+b_2' & c_2+c_2' \\ a_3 & b_3 & c_3 \end{vmatrix} = \begin{vmatrix} a_1 & b_1 & c_1 \\ a_2 & b_2 & c_2 \\ a_3 & b_3 & c_3 \end{vmatrix} + \begin{vmatrix} a_1 & b_1 & c_1 \\ a_2' & b_2' & c_2' \\ a_3 & b_3 & c_3 \end{vmatrix}$$

これらの性質は列についても成り立つ．

証明　(1)
$$\begin{vmatrix} a_1 & b_1 & c_1 \\ ta_2 & tb_2 & tc_2 \\ a_3 & b_3 & c_3 \end{vmatrix}$$
$$= a_1(tb_2)c_3 + (ta_2)b_3c_1 + a_3b_1(tc_2) - a_3(tb_2)c_1 - a_1b_3(tc_2) - (ta_2)b_1c_3$$
$$= t(a_1b_2c_3 + a_2b_3c_1 + a_3b_1c_2 - a_3b_2c_1 - a_1b_3c_2 - a_2b_1c_3)$$
$$= t\begin{vmatrix} a_1 & b_1 & c_1 \\ a_2 & b_2 & c_2 \\ a_3 & b_3 & c_3 \end{vmatrix}$$

(2)
$$\begin{vmatrix} a_1 & b_1 & c_1 \\ a_2+a_2' & b_2+b_2' & c_2+c_2' \\ a_3 & b_3 & c_3 \end{vmatrix}$$
$$= a_1(b_2+b_2')c_3 + (a_2+a_2')b_3c_1 + a_3b_1(c_2+c_2')$$
$$- a_3(b_2+b_2')c_1 - a_1b_3(c_2+c_2') - (a_2+a_2')b_1c_3$$
$$= a_1b_2c_3 + a_2b_3c_1 + a_3b_1c_2 - a_3b_2c_1 - a_1b_3c_2 - a_2b_1c_3$$
$$+ a_1b_2'c_3 + a_2'b_3c_1 + a_3b_1c_2' - a_3b_2'c_1 - a_1b_3c_2' - a_2'b_1c_3$$

$$= \begin{vmatrix} a_1 & b_1 & c_1 \\ a_2 & b_2 & c_2 \\ a_3 & b_3 & c_3 \end{vmatrix} + \begin{vmatrix} a_1 & b_1 & c_1 \\ a_2' & b_2' & c_2' \\ a_3 & b_3 & c_3 \end{vmatrix}$$

証明終

行列式の交代性　次の性質 (1) を，行列式の**交代性**という．

4.6 行列式の交代性

(1) 2 つの行を入れ替えると，行列式の符号が変わる．

$$\begin{vmatrix} a_1 & b_1 & c_1 \\ a_2 & b_2 & c_2 \\ a_3 & b_3 & c_3 \end{vmatrix} = - \begin{vmatrix} a_2 & b_2 & c_2 \\ a_1 & b_1 & c_1 \\ a_3 & b_3 & c_3 \end{vmatrix}$$

(2) 2 つの行が等しければ，行列式は 0 である．

$$\begin{vmatrix} a_1 & b_1 & c_1 \\ a_1 & b_1 & c_1 \\ a_3 & b_3 & c_3 \end{vmatrix} = 0$$

これらの性質は列についても成り立つ．

証明

(1) $$\begin{vmatrix} a_1 & b_1 & c_1 \\ a_2 & b_2 & c_2 \\ a_3 & b_3 & c_3 \end{vmatrix}$$

$$= a_1b_2c_3 + a_2b_3c_1 + a_3b_1c_2 - a_3b_2c_1 - a_1b_3c_2 - a_2b_1c_3$$

$$= -(a_2b_1c_3 + a_1b_3c_2 + a_3b_2c_1 - a_3b_1c_2 - a_2b_3c_1 - a_1b_2c_3)$$

$$= - \begin{vmatrix} a_2 & b_2 & c_2 \\ a_1 & b_1 & c_1 \\ a_3 & b_3 & c_3 \end{vmatrix}$$

(2) 第 1 行と第 2 行を交換すると，行列式の交代性によって，次が成り立つ．

$$\begin{vmatrix} a_1 & b_1 & c_1 \\ a_1 & b_1 & c_1 \\ a_3 & b_3 & c_3 \end{vmatrix} = - \begin{vmatrix} a_1 & b_1 & c_1 \\ a_1 & b_1 & c_1 \\ a_3 & b_3 & c_3 \end{vmatrix} \quad \text{よって，} \quad \begin{vmatrix} a_1 & b_1 & c_1 \\ a_1 & b_1 & c_1 \\ a_3 & b_3 & c_3 \end{vmatrix} = 0$$

したがって，2つの行が等しい行列式の値は0である．　証明終

行列の基本変形と行列式　行列式の性質を利用してその値を求める．

行列に対する次の変形を**行の基本変形**という．

(1)　1つの行を t 倍する．ただし，$t \neq 0$ である．

(2)　2つの行を交換する．

(3)　1つの行に別の行の t 倍を加える．

行の基本変形を行ったとき，行列式の値は次のように変化する．

4.7　基本変形と行列式

(1)　1つの行を t 倍すると，行列式の値は t 倍になる．

(2)　2つの行を交換すると，行列式の符号が変わる．

(3)　1つの行に別の行の t 倍を加えても，行列式の値は変わらない．

これらの性質は列についても成り立つ．

証明　(1)，(2) はすでに示した［→定理 **4.5**，**4.6**］．ここでは (3) だけを示す．第2行に第1行の t 倍を加えた行列式を計算する．2つの行が等しい行列式の値は0であることに注意すると，次が成り立つ．

$$\begin{vmatrix} a_1 & b_1 & c_1 \\ a_2+ta_1 & b_2+tb_1 & c_2+tc_1 \\ a_3 & b_3 & c_3 \end{vmatrix} = \begin{vmatrix} a_1 & b_1 & c_1 \\ a_2 & b_2 & c_2 \\ a_3 & b_3 & c_3 \end{vmatrix} + \begin{vmatrix} a_1 & b_1 & c_1 \\ ta_1 & tb_1 & tc_1 \\ a_3 & b_3 & c_3 \end{vmatrix}$$

$$= \begin{vmatrix} a_1 & b_1 & c_1 \\ a_2 & b_2 & c_2 \\ a_3 & b_3 & c_3 \end{vmatrix} + t\begin{vmatrix} a_1 & b_1 & c_1 \\ a_1 & b_1 & c_1 \\ a_3 & b_3 & c_3 \end{vmatrix}$$

$$= \begin{vmatrix} a_1 & b_1 & c_1 \\ a_2 & b_2 & c_2 \\ a_3 & b_3 & c_3 \end{vmatrix}$$

証明終

これらの性質を用いると，与えられた行列式を定理 **4.2** を使うことができる形に変形して，行列式の値を求めることができる．

例題 4.2 行列式の計算

基本変形を用いて，次の行列式の値を求めよ．

(1) $\begin{vmatrix} 3 & 1 & 4 \\ 1 & 2 & 3 \\ -2 & 4 & -1 \end{vmatrix}$　　(2) $\begin{vmatrix} 4 & 3 & 2 & 1 \\ 8 & 3 & -1 & -3 \\ 0 & 2 & 0 & -1 \\ 0 & -1 & 0 & 4 \end{vmatrix}$

解 基本変形を行って，次数の小さな行列の行列式に変形する．

(1)
$$\begin{vmatrix} 3 & 1 & 4 \\ 1 & 2 & 3 \\ -2 & 4 & -1 \end{vmatrix} = -\begin{vmatrix} 1 & 2 & 3 \\ 3 & 1 & 4 \\ -2 & 4 & -1 \end{vmatrix} \quad \text{[第 1 行と第 2 行の交換]}$$
$$= -\begin{vmatrix} 1 & 2 & 3 \\ 0 & -5 & -5 \\ 0 & 8 & 5 \end{vmatrix} \quad \begin{bmatrix} \text{第 2 行} + \text{第 1 行} \times (-3) \\ \text{第 3 行} + \text{第 1 行} \times 2 \end{bmatrix}$$
$$= -\begin{vmatrix} -5 & -5 \\ 8 & 5 \end{vmatrix} \quad \text{[定理 4.2]}$$
$$= 5\begin{vmatrix} 1 & 1 \\ 8 & 5 \end{vmatrix} = 5(5-8) = -15$$

(2)
$$\begin{vmatrix} 4 & 3 & 2 & 1 \\ 8 & 3 & -1 & -3 \\ 0 & 2 & 0 & -1 \\ 0 & -1 & 0 & 4 \end{vmatrix} = \begin{vmatrix} 4 & 3 & 2 & 1 \\ 0 & -3 & -5 & -5 \\ 0 & 2 & 0 & -1 \\ 0 & -1 & 0 & 4 \end{vmatrix} \quad \text{[第 2 行} + \text{第 1 行} \times (-2)]$$
$$= 4\begin{vmatrix} -3 & -5 & -5 \\ 2 & 0 & -1 \\ -1 & 0 & 4 \end{vmatrix} \quad \text{[定理 4.2]}$$
$$= -4\begin{vmatrix} -5 & -3 & -5 \\ 0 & 2 & -1 \\ 0 & -1 & 4 \end{vmatrix} \quad \text{[第 1 列と第 2 列の交換]}$$
$$= -4\cdot(-5)\begin{vmatrix} 2 & -1 \\ -1 & 4 \end{vmatrix} \quad \text{[定理 4.2]}$$
$$= 20(8-1) = 140$$

問4.5　次の行列式の値を求めよ．

(1) $\begin{vmatrix} -3 & -6 & 7 \\ 0 & 4 & -1 \\ 0 & 9 & -2 \end{vmatrix}$　　(2) $\begin{vmatrix} 1 & 2 & 4 \\ -3 & -8 & 1 \\ -5 & -10 & -23 \end{vmatrix}$

(3) $\begin{vmatrix} 303 & 200 & -100 \\ 49 & 22 & -10 \\ -3 & -2 & 1 \end{vmatrix}$　　(4) $\begin{vmatrix} 3 & 6 & 0 & 3 \\ 2 & 3 & -1 & 0 \\ 3 & 1 & 4 & 0 \\ -1 & -2 & 2 & 1 \end{vmatrix}$

4.4 行列の積の行列式

行列の積の行列式　$A = \begin{pmatrix} a & b \\ c & d \end{pmatrix}$，$B = \begin{pmatrix} x & y \\ z & w \end{pmatrix}$ とするとき，行列の積 AB の行列式について調べる．

行列式の性質によって，

$$
\begin{aligned}
|AB| &= \left| \begin{pmatrix} a & b \\ c & d \end{pmatrix} \begin{pmatrix} x & y \\ z & w \end{pmatrix} \right| \\
&= \begin{vmatrix} ax+bz & ay+bw \\ cx+dz & cy+dw \end{vmatrix} \\
&= \begin{vmatrix} ax & ay+bw \\ cx & cy+dw \end{vmatrix} + \begin{vmatrix} bz & ay+bw \\ dz & cy+dw \end{vmatrix} \\
&= \begin{vmatrix} ax & ay \\ cx & cy \end{vmatrix} + \begin{vmatrix} ax & bw \\ cx & dw \end{vmatrix} + \begin{vmatrix} bz & ay \\ dz & cy \end{vmatrix} + \begin{vmatrix} bz & bw \\ dz & dw \end{vmatrix}
\end{aligned}
$$

[列に関する線形性→定理 4.5]

$$
\begin{aligned}
&= \begin{vmatrix} a & a \\ c & c \end{vmatrix} xy + \begin{vmatrix} a & b \\ c & d \end{vmatrix} xw + \begin{vmatrix} b & a \\ d & c \end{vmatrix} zy + \begin{vmatrix} b & b \\ d & d \end{vmatrix} zw \\
&= \begin{vmatrix} a & b \\ c & d \end{vmatrix} xw - \begin{vmatrix} a & b \\ c & d \end{vmatrix} zy
\end{aligned}
$$

$$= \begin{vmatrix} a & b \\ c & d \end{vmatrix} (xw - zy) = \begin{vmatrix} a & b \\ c & d \end{vmatrix} \begin{vmatrix} x & y \\ z & w \end{vmatrix} = |A||B|$$

が得られる．このことは，3 次以上の行列式についても成り立つ．

4.8　行列の積の行列式

2 つの正方行列の積の行列式は，それぞれの行列の行列式の積に等しい．すなわち，次の式が成り立つ．

$$|AB| = |A||B|$$

問4.6　正方行列 A, B について次のことを示せ．ただし，E は単位行列，O は零行列である．

(1)　$AB = O$ ならば，$|A| = 0$ または $|B| = 0$ が成り立つ．

(2)　${}^tAA = E$ ならば，$|A| = \pm 1$ である．

問4.7　$A = \begin{pmatrix} 1 & 4 & 7 \\ 0 & 2 & 5 \\ 0 & 0 & 3 \end{pmatrix}, B = \begin{pmatrix} -5 & 0 & 0 \\ 4 & -2 & 0 \\ 3 & 6 & -1 \end{pmatrix}$ とするとき，次の行列式の値を求めよ．

(1)　$|A|$　　(2)　$|B|$　　(3)　$|AB|$　　(4)　$|B^2|$

正則行列の行列式　正方行列 A が正則ならば，A の逆行列 A^{-1} が存在して，$AA^{-1} = E$ が成り立つ．したがって，

$$|A||A^{-1}| = |AA^{-1}| = |E| = 1$$

となるから，$|A| \neq 0$ であり，次のことが成り立つ．

4.9　正則行列の行列式

正方行列 A が正則ならば，$|A| \neq 0$ であり，$|A^{-1}| = \dfrac{1}{|A|}$ が成り立つ．

4.5 行列式の展開

余因子　3 次正方行列の行列式 $|A| = \begin{vmatrix} a_{11} & a_{12} & a_{13} \\ a_{21} & a_{22} & a_{23} \\ a_{31} & a_{32} & a_{33} \end{vmatrix}$ を，2 次正方行列の行列式を用いて表すことを考える．たとえば，第 1 列に注目して $|A|$ を変形すると，

$$|A| = \begin{vmatrix} a_{11} & a_{12} & a_{13} \\ a_{21} & a_{22} & a_{23} \\ a_{31} & a_{32} & a_{33} \end{vmatrix}$$

$$= \begin{vmatrix} a_{11}+0+0 & a_{12} & a_{13} \\ 0+a_{21}+0 & a_{22} & a_{23} \\ 0+0+a_{31} & a_{32} & a_{33} \end{vmatrix}$$

$$= \begin{vmatrix} a_{11} & a_{12} & a_{13} \\ 0 & a_{22} & a_{23} \\ 0 & a_{32} & a_{33} \end{vmatrix} + \begin{vmatrix} 0 & a_{12} & a_{13} \\ a_{21} & a_{22} & a_{23} \\ 0 & a_{32} & a_{33} \end{vmatrix} + \begin{vmatrix} 0 & a_{12} & a_{13} \\ 0 & a_{22} & a_{23} \\ a_{31} & a_{32} & a_{33} \end{vmatrix}$$

[列に関する線形性→定理 4.5]

$$= \begin{vmatrix} a_{11} & a_{12} & a_{13} \\ 0 & a_{22} & a_{23} \\ 0 & a_{32} & a_{33} \end{vmatrix} - \begin{vmatrix} a_{21} & a_{22} & a_{23} \\ 0 & a_{12} & a_{13} \\ 0 & a_{32} & a_{33} \end{vmatrix} + \begin{vmatrix} a_{31} & a_{32} & a_{33} \\ 0 & a_{12} & a_{13} \\ 0 & a_{22} & a_{23} \end{vmatrix}$$

[行の交代性→定理 4.7(2)]

$$= a_{11}\begin{vmatrix} a_{22} & a_{23} \\ a_{32} & a_{33} \end{vmatrix} - a_{21}\begin{vmatrix} a_{12} & a_{13} \\ a_{32} & a_{33} \end{vmatrix} + a_{31}\begin{vmatrix} a_{12} & a_{13} \\ a_{22} & a_{23} \end{vmatrix} \qquad \cdots\cdots ①$$

[特別な列をもつ行列→定理 4.2]

となる．

最後に現れた 2 次の行列式は，それぞれ A から第 1 列と第 1 行，第 1 列と第 2 行，第 1 列と第 3 行を取り除いてできる行列の行列式である．

一般に，n 次正方行列 $A = (a_{ij})$ において，その第 i 行と第 j 列を取り除いた $(n-1)$ 次正方行列の行列式に，$(-1)^{i+j}$ をかけたもの，すなわち

$$(-1)^{i+j} \begin{vmatrix} a_{11} & \cdots & a_{1j} & \cdots & a_{1n} \\ \vdots & \ddots & \vdots & \ddots & \vdots \\ a_{i1} & \cdots & a_{ij} & \cdots & a_{in} \\ \vdots & \ddots & \vdots & \ddots & \vdots \\ a_{n1} & \cdots & a_{nj} & \cdots & a_{nn} \end{vmatrix}$$

第 j 列 ↓

←第 i 行

$$\left[\begin{array}{l} \text{■ の部分は，その行と列が} \\ \text{取り除かれることを意味する} \end{array}\right]$$

を A の (i, j) **余因子**といい，$\widetilde{a}_{ij}$ で表す.

例 4.6　$A = \begin{pmatrix} a_{11} & a_{12} & a_{13} \\ a_{21} & a_{22} & a_{23} \\ a_{31} & a_{32} & a_{33} \end{pmatrix}$ の $(1, 2)$ 余因子 $\widetilde{a}_{12}$ は，A の第 1 行と第 2 列

を取り除いてできる行列の行列式に $(-1)^{1+2}$ をかけることによって，次のように
なる.

$$\widetilde{a}_{12} = (-1)^{1+2} \begin{vmatrix} a_{11} & a_{12} & a_{13} \\ a_{21} & a_{22} & a_{23} \\ a_{31} & a_{32} & a_{33} \end{vmatrix} \qquad [\text{■ の部分は取り除かれる}]$$

$$= - \begin{vmatrix} a_{21} & a_{23} \\ a_{31} & a_{33} \end{vmatrix} = -a_{21}a_{33} + a_{23}a_{31}$$

問 4.8　行列 $A = \begin{pmatrix} -5 & 0 & 7 \\ 2 & 3 & -6 \\ 4 & 9 & 8 \end{pmatrix}$ の余因子 $\widetilde{a}_{13}, \widetilde{a}_{22}, \widetilde{a}_{32}$ を求めよ.

■ 行列式の余因子展開　　前ページの①より，余因子を用いると，A の行列式
$|A|$ は

$$|A| = a_{11} \begin{vmatrix} a_{22} & a_{23} \\ a_{32} & a_{33} \end{vmatrix} + a_{21} \left(- \begin{vmatrix} a_{12} & a_{13} \\ a_{32} & a_{33} \end{vmatrix} \right) + a_{31} \begin{vmatrix} a_{12} & a_{13} \\ a_{22} & a_{23} \end{vmatrix}$$

$$= a_{11}\widetilde{a}_{11} + a_{21}\widetilde{a}_{21} + a_{31}\widetilde{a}_{31}$$

と表すことができる. これを，$|A|$ の第 1 列に関する**余因子展開**という.

余因子展開は任意の列または行について行うことができる. たとえば，第 2 行に
ついて同様の変形を行うと

$$|A| = a_{21}\left(-\begin{vmatrix} a_{12} & a_{13} \\ a_{32} & a_{33} \end{vmatrix}\right) + a_{22}\begin{vmatrix} a_{11} & a_{13} \\ a_{31} & a_{33} \end{vmatrix} + a_{23}\left(-\begin{vmatrix} a_{11} & a_{12} \\ a_{31} & a_{32} \end{vmatrix}\right)$$
$$= a_{21}\widetilde{a}_{21} + a_{22}\widetilde{a}_{22} + a_{23}\widetilde{a}_{23}$$

が得られる．これが第 2 行に関する $|A|$ の余因子展開である．

一般に，次が成り立つ．

4.10　行列式の余因子展開

n 次正方行列 $A = (a_{ij})$ の行列式について，次のことが成り立つ．

(1)　第 i 行についての余因子展開：$|A| = a_{i1}\widetilde{a}_{i1} + a_{i2}\widetilde{a}_{i2} + \cdots + a_{in}\widetilde{a}_{in}$

(2)　第 j 列についての余因子展開：$|A| = a_{1j}\widetilde{a}_{1j} + a_{2j}\widetilde{a}_{2j} + \cdots + a_{nj}\widetilde{a}_{nj}$

例題 4.3　行列式の余因子展開

次の行列式の値を，(　) 内の行または列についての余因子展開を用いて求めよ．

(1) $\begin{vmatrix} 3 & 4 & 0 \\ 2 & -5 & -1 \\ 1 & 0 & -1 \end{vmatrix}$　（第 2 列）　　(2) $\begin{vmatrix} 2 & 0 & -1 & 1 \\ 1 & -1 & 2 & 3 \\ 3 & 2 & 0 & -1 \\ -1 & 1 & 3 & 2 \end{vmatrix}$　（第 1 行）

解　(1) $\begin{vmatrix} 3 & 4 & 0 \\ 2 & -5 & -1 \\ 1 & 0 & -1 \end{vmatrix}$

$$= 4\cdot(-1)^{1+2}\begin{vmatrix} 2 & -1 \\ 1 & -1 \end{vmatrix} + (-5)\cdot(-1)^{2+2}\begin{vmatrix} 3 & 0 \\ 1 & -1 \end{vmatrix} + 0\cdot(-1)^{3+2}\begin{vmatrix} 3 & 0 \\ 2 & -1 \end{vmatrix}$$
$$= 4\cdot(-1)\cdot(-1) + (-5)\cdot 1\cdot(-3) = 19$$

(2) $\begin{vmatrix} 2 & 0 & -1 & 1 \\ 1 & -1 & 2 & 3 \\ 3 & 2 & 0 & -1 \\ -1 & 1 & 3 & 2 \end{vmatrix}$

$$= 2\begin{vmatrix} -1 & 2 & 3 \\ 2 & 0 & -1 \\ 1 & 3 & 2 \end{vmatrix} - 0\begin{vmatrix} 1 & 2 & 3 \\ 3 & 0 & -1 \\ -1 & 3 & 2 \end{vmatrix} + (-1)\begin{vmatrix} 1 & -1 & 3 \\ 3 & 2 & -1 \\ -1 & 1 & 2 \end{vmatrix} - 1\begin{vmatrix} 1 & -1 & 2 \\ 3 & 2 & 0 \\ -1 & 1 & 3 \end{vmatrix}$$

$$= 2 \cdot 5 + (-1) \cdot 25 - 1 \cdot 25 = -40$$

問4.9 例題 4.3 の行列式の値を，(1) は第 3 行について，(2) は第 2 列についての余因子展開を用いて求めよ．

余因子行列と逆行列 余因子を用いると，正則行列の逆行列を求めることができる．

一般に，n 次正方行列 $A = (a_{ij})$ に対して，(i, j) 成分が A の (j, i) 余因子 $\widetilde{a}_{ji}$ である n 次正方行列

$$\widetilde{A} = \begin{pmatrix} \widetilde{a}_{11} & \widetilde{a}_{21} & \cdots & \widetilde{a}_{n1} \\ \widetilde{a}_{12} & \widetilde{a}_{22} & \cdots & \widetilde{a}_{n2} \\ \vdots & \vdots & \ddots & \vdots \\ \widetilde{a}_{1n} & \widetilde{a}_{2n} & \cdots & \widetilde{a}_{nn} \end{pmatrix}$$

を，A の**余因子行列**という．

note 余因子行列は，余因子を番号どおりに並べた行列の転置行列になっている．

3 次正方行列 A と，A の余因子行列 $\widetilde{A}$ との積

$$A\widetilde{A} = \begin{pmatrix} a_{11} & a_{12} & a_{13} \\ a_{21} & a_{22} & a_{23} \\ a_{31} & a_{32} & a_{33} \end{pmatrix} \begin{pmatrix} \widetilde{a}_{11} & \widetilde{a}_{21} & \widetilde{a}_{31} \\ \widetilde{a}_{12} & \widetilde{a}_{22} & \widetilde{a}_{32} \\ \widetilde{a}_{13} & \widetilde{a}_{23} & \widetilde{a}_{33} \end{pmatrix}$$

を計算する．ここでは，$A\widetilde{A}$ の (i, j) 成分を $\left(A\widetilde{A}\right)_{ij}$ と表す．すると，行列式の余因子展開［→定理 4.10］によって

$$\left(A\widetilde{A}\right)_{11} = a_{11}\widetilde{a}_{11} + a_{12}\widetilde{a}_{12} + a_{13}\widetilde{a}_{13} = \begin{vmatrix} a_{11} & a_{12} & a_{13} \\ a_{21} & a_{22} & a_{23} \\ a_{31} & a_{32} & a_{33} \end{vmatrix} = |A|$$

$$\left(A\widetilde{A}\right)_{21} = a_{21}\widetilde{a}_{11} + a_{22}\widetilde{a}_{12} + a_{23}\widetilde{a}_{13} = \begin{vmatrix} a_{21} & a_{22} & a_{23} \\ a_{21} & a_{22} & a_{23} \\ a_{31} & a_{32} & a_{33} \end{vmatrix} = 0$$

となる．同様にして，$A\widetilde{A}$ の対角成分はすべて $|A|$，対角成分以外はすべて 0 であることを示すことができる．したがって，

$$A\widetilde{A} = \begin{pmatrix} |A| & 0 & 0 \\ 0 & |A| & 0 \\ 0 & 0 & |A| \end{pmatrix} = |A|\begin{pmatrix} 1 & 0 & 0 \\ 0 & 1 & 0 \\ 0 & 0 & 1 \end{pmatrix} = |A|E$$

が成り立つ．また，列についての余因子展開を用いれば，$\widetilde{A}A = |A|E$ を示すことができる．

したがって，$A\widetilde{A} = \widetilde{A}A = |A|E$ であり，$|A| \neq 0$ のときこの式を $|A|$ で割ると，

$$A\left(\frac{1}{|A|}\widetilde{A}\right) = \left(\frac{1}{|A|}\widetilde{A}\right)A = E$$

が得られる．よって，A は正則で，その逆行列は $\dfrac{1}{|A|}\widetilde{A}$ である．

これは一般の n 次正方行列でも成り立つ．また，行列 A が正則ならば $|A| \neq 0$ であることはすでに示した［→定理 **4.9**］．よって，次の定理が成り立つ．

4.11　正則行列とその逆行列

n 次正方行列 $A = (a_{ij})$ について，次のことが成り立つ．

(1)　A が正則 $\iff |A| \neq 0$

(2)　$|A| \neq 0$ のとき A の余因子行列を $\widetilde{A}$ とすると，A の逆行列は次の式で表される．

$$A^{-1} = \frac{1}{|A|}\widetilde{A} = \frac{1}{|A|}\begin{pmatrix} \widetilde{a}_{11} & \widetilde{a}_{21} & \cdots & \widetilde{a}_{n1} \\ \widetilde{a}_{12} & \widetilde{a}_{22} & \cdots & \widetilde{a}_{n2} \\ \vdots & \vdots & \ddots & \vdots \\ \widetilde{a}_{1n} & \widetilde{a}_{2n} & \cdots & \widetilde{a}_{nn} \end{pmatrix}$$

これより，正方行列 A, X が $AX = E$ を満たせば，$|A| \neq 0$ となり A は正則で $X = A^{-1}$ である．したがって，$AX = E$ であれば $XA = E$ も成り立つ．

例題 4.4　余因子行列による逆行列の計算

行列 $A = \begin{pmatrix} 3 & 2 & 1 \\ 4 & -2 & 5 \\ 1 & 3 & -2 \end{pmatrix}$ が正則であるかどうか調べよ．正則であるときはその逆行列を求めよ．

解　正則かどうか調べるために，行列式を計算すると，

$$|A| = \begin{vmatrix} 3 & 2 & 1 \\ 4 & -2 & 5 \\ 1 & 3 & -2 \end{vmatrix} = 7 \neq 0$$

となる．したがって，A は正則である．次に，各成分の余因子を求めると，

$$\widetilde{a}_{11} = \begin{vmatrix} -2 & 5 \\ 3 & -2 \end{vmatrix} = -11, \quad \widetilde{a}_{12} = -\begin{vmatrix} 4 & 5 \\ 1 & -2 \end{vmatrix} = 13, \quad \widetilde{a}_{13} = \begin{vmatrix} 4 & -2 \\ 1 & 3 \end{vmatrix} = 14,$$

$$\widetilde{a}_{21} = -\begin{vmatrix} 2 & 1 \\ 3 & -2 \end{vmatrix} = 7, \quad \widetilde{a}_{22} = \begin{vmatrix} 3 & 1 \\ 1 & -2 \end{vmatrix} = -7, \quad \widetilde{a}_{23} = -\begin{vmatrix} 3 & 2 \\ 1 & 3 \end{vmatrix} = -7,$$

$$\widetilde{a}_{31} = \begin{vmatrix} 2 & 1 \\ -2 & 5 \end{vmatrix} = 12, \quad \widetilde{a}_{32} = -\begin{vmatrix} 3 & 1 \\ 4 & 5 \end{vmatrix} = -11, \quad \widetilde{a}_{33} = \begin{vmatrix} 3 & 2 \\ 4 & -2 \end{vmatrix} = -14$$

となる．A の余因子行列 $\widetilde{A}$ は，これらの成分を並べてできる行列の転置行列であるから，A^{-1} はそれを $|A|$ で割ることによって，次のように求めることができる．

$$A^{-1} = \frac{1}{|A|}\widetilde{A} = \frac{1}{7}\begin{pmatrix} -11 & 7 & 12 \\ 13 & -7 & -11 \\ 14 & -7 & -14 \end{pmatrix}$$

問 4.10　次の行列が正則であるかどうか調べよ．正則であるときはその逆行列を求めよ．

(1) $\begin{pmatrix} 0 & -1 & 1 \\ 1 & -2 & 3 \\ -1 & 1 & -1 \end{pmatrix}$　　(2) $\begin{pmatrix} 1 & 2 & 2 \\ 2 & 1 & -1 \\ 0 & 1 & 1 \end{pmatrix}$

4.6 行列式の応用

平行四辺形の面積　2 つのベクトルが作る平行四辺形の面積は，行列式を用いて計算することができる．

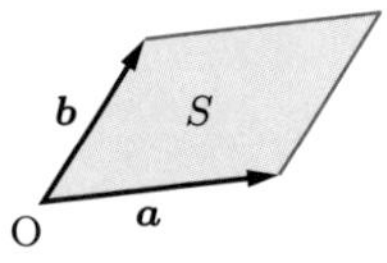

ベクトル $\boldsymbol{a}, \boldsymbol{b}$ が作る平行四辺形の面積を S とすれば，

$$S^2 = |\boldsymbol{a}|^2|\boldsymbol{b}|^2 - (\boldsymbol{a}\cdot\boldsymbol{b})^2$$

が成り立つ［→例題 2.2］．

これによって，座標平面における平行四辺形の場合，$\boldsymbol{a} = \begin{pmatrix} a_1 \\ a_2 \end{pmatrix}, \boldsymbol{b} = \begin{pmatrix} b_1 \\ b_2 \end{pmatrix}$ が作る平行四辺形の面積 S について，

$$\begin{aligned} S^2 &= \left(a_1{}^2 + a_2{}^2\right)\left(b_1{}^2 + b_2{}^2\right) - (a_1b_1 + a_2b_2)^2 \\ &= a_1{}^2b_1{}^2 + a_1{}^2b_2{}^2 + a_2{}^2b_1{}^2 + a_2{}^2b_2{}^2 - (a_1{}^2b_1{}^2 + 2a_1b_1a_2b_2 + a_2{}^2b_2{}^2) \\ &= (a_1b_2 - a_2b_1)^2 = \begin{vmatrix} a_1 & b_1 \\ a_2 & b_2 \end{vmatrix}^2 \end{aligned}$$

が成り立つ．したがって，面積 S はベクトル $\boldsymbol{a}, \boldsymbol{b}$ を列ベクトルとする 2 次正方行列の行列式の絶対値である．

また，座標空間における平行四辺形の場合，$\boldsymbol{a} = \begin{pmatrix} a_1 \\ a_2 \\ a_3 \end{pmatrix}, \boldsymbol{b} = \begin{pmatrix} b_1 \\ b_2 \\ b_3 \end{pmatrix}$ が作る平行四辺形の面積 S について，

$$\begin{aligned} S^2 &= \left(a_1{}^2 + a_2{}^2 + a_3{}^2\right)\left(b_1{}^2 + b_2{}^2 + b_3{}^2\right) - (a_1b_1 + a_2b_2 + a_3b_3)^2 \\ &= (a_2b_3 - a_3b_2)^2 + (a_1b_3 - a_3b_1)^2 + (a_1b_2 - a_2b_1)^2 \\ &= \begin{vmatrix} a_2 & b_2 \\ a_3 & b_3 \end{vmatrix}^2 + \begin{vmatrix} a_1 & b_1 \\ a_3 & b_3 \end{vmatrix}^2 + \begin{vmatrix} a_1 & b_1 \\ a_2 & b_2 \end{vmatrix}^2 \end{aligned}$$

が成り立つ．

4.12 平行四辺形の面積と行列式

ベクトル $\boldsymbol{a}, \boldsymbol{b}$ が作る平行四辺形の面積を S とするとき，次が成り立つ．

(1) $\boldsymbol{a} = \begin{pmatrix} a_1 \\ a_2 \end{pmatrix}, \boldsymbol{b} = \begin{pmatrix} b_1 \\ b_2 \end{pmatrix}$ のとき

$$S = \begin{vmatrix} a_1 & b_1 \\ a_2 & b_2 \end{vmatrix} \text{ の絶対値}$$

(2) $\boldsymbol{a} = \begin{pmatrix} a_1 \\ a_2 \\ a_3 \end{pmatrix}, \boldsymbol{b} = \begin{pmatrix} b_1 \\ b_2 \\ b_3 \end{pmatrix}$ のとき

$$S = \sqrt{\begin{vmatrix} a_2 & b_2 \\ a_3 & b_3 \end{vmatrix}^2 + \begin{vmatrix} a_1 & b_1 \\ a_3 & b_3 \end{vmatrix}^2 + \begin{vmatrix} a_1 & b_1 \\ a_2 & b_2 \end{vmatrix}^2}$$

例 4.7　平面ベクトル $\boldsymbol{a} = \begin{pmatrix} -2 \\ 4 \end{pmatrix}, \boldsymbol{b} = \begin{pmatrix} 6 \\ -1 \end{pmatrix}$ が作る平行四辺形の面積 S を求める．$\boldsymbol{a}, \boldsymbol{b}$ を列ベクトルとする行列の行列式は

$$\begin{vmatrix} -2 & 6 \\ 4 & -1 \end{vmatrix} = -22$$

であるから，$S = 22$ である．

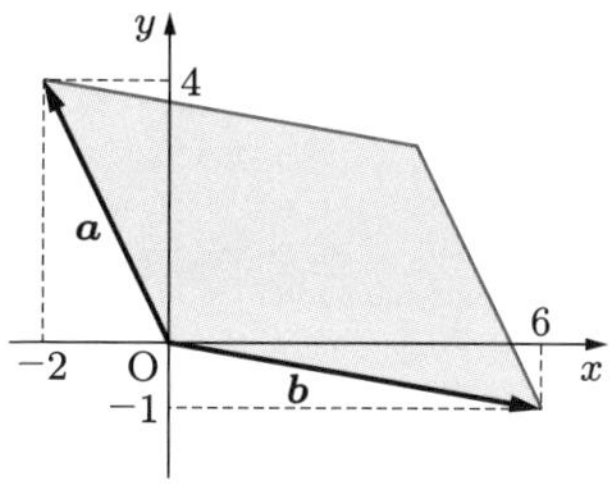

例題 4.5　空間ベクトルが作る平行四辺形の面積

空間の 3 点 A(1, 0, 3), B(3, −2, 4), C(5, −5, 1) に対して，$\overrightarrow{\mathrm{AB}}, \overrightarrow{\mathrm{AC}}$ が作る平行四辺形の面積を求めよ．

解 $\overrightarrow{\mathrm{AB}}, \overrightarrow{\mathrm{AC}}$ を成分で表すと，

$$\overrightarrow{\mathrm{AB}} = \begin{pmatrix} 3 \\ -2 \\ 4 \end{pmatrix} - \begin{pmatrix} 1 \\ 0 \\ 3 \end{pmatrix} = \begin{pmatrix} 2 \\ -2 \\ 1 \end{pmatrix}, \quad \overrightarrow{\mathrm{AC}} = \begin{pmatrix} 5 \\ -5 \\ 1 \end{pmatrix} - \begin{pmatrix} 1 \\ 0 \\ 3 \end{pmatrix} = \begin{pmatrix} 4 \\ -5 \\ -2 \end{pmatrix}$$

となる．したがって，求める平行四辺形の面積を S とすれば，

$$S = \sqrt{\begin{vmatrix} -2 & -5 \\ 1 & -2 \end{vmatrix}^2 + \begin{vmatrix} 2 & 4 \\ 1 & -2 \end{vmatrix}^2 + \begin{vmatrix} 2 & 4 \\ -2 & -5 \end{vmatrix}^2} = \sqrt{9^2 + (-8)^2 + (-2)^2} = \sqrt{149}$$

である．

問4.11　次の 3 点 A, B, C に対して，$\overrightarrow{\mathrm{AB}}$, $\overrightarrow{\mathrm{AC}}$ が作る平行四辺形の面積を求めよ．

(1)　A$(2,1)$，B$(5,3)$，C$(-3,2)$

(2)　A$(0,-3,2)$，B$(3,-4,4)$，C$(-1,-2,-1)$

ベクトルの外積　空間の基本ベクトル $\boldsymbol{e}_1, \boldsymbol{e}_2, \boldsymbol{e}_3$ を用いると，$\boldsymbol{a} = \begin{pmatrix} a_1 \\ a_2 \\ a_3 \end{pmatrix}$ は $\boldsymbol{a} = a_1\boldsymbol{e}_1 + a_2\boldsymbol{e}_2 + a_3\boldsymbol{e}_3$ と表すことができる．$\boldsymbol{a} = a_1\boldsymbol{e}_1 + a_2\boldsymbol{e}_2 + a_3\boldsymbol{e}_3$，$\boldsymbol{b} = b_1\boldsymbol{e}_1 + b_2\boldsymbol{e}_2 + b_3\boldsymbol{e}_3$ に対して，$\boldsymbol{a}, \boldsymbol{b}$ の外積 $\boldsymbol{a} \times \boldsymbol{b}$ を

$$\boldsymbol{a} \times \boldsymbol{b} = \begin{vmatrix} a_2 & b_2 \\ a_3 & b_3 \end{vmatrix} \boldsymbol{e}_1 - \begin{vmatrix} a_1 & b_1 \\ a_3 & b_3 \end{vmatrix} \boldsymbol{e}_2 + \begin{vmatrix} a_1 & b_1 \\ a_2 & b_2 \end{vmatrix} \boldsymbol{e}_3$$

と定める．$\boldsymbol{a} \times \boldsymbol{b}$ は，$\boldsymbol{e}_1, \boldsymbol{e}_2, \boldsymbol{e}_3$ を形式的に実数のように扱って，$\begin{vmatrix} \boldsymbol{e}_1 & a_1 & b_1 \\ \boldsymbol{e}_2 & a_2 & b_2 \\ \boldsymbol{e}_3 & a_3 & b_3 \end{vmatrix}$ を第 1 列について余因子展開したものとみることもできる．

4.13　ベクトルの外積

$\boldsymbol{a} = a_1\boldsymbol{e}_1 + a_2\boldsymbol{e}_2 + a_3\boldsymbol{e}_3$，$\boldsymbol{b} = b_1\boldsymbol{e}_1 + b_2\boldsymbol{e}_2 + b_3\boldsymbol{e}_3$ に対して，$\boldsymbol{a}, \boldsymbol{b}$ の外積 $\boldsymbol{a} \times \boldsymbol{b}$ を次のように定める．

$$\boldsymbol{a} \times \boldsymbol{b} = \begin{vmatrix} \boldsymbol{e}_1 & a_1 & b_1 \\ \boldsymbol{e}_2 & a_2 & b_2 \\ \boldsymbol{e}_3 & a_3 & b_3 \end{vmatrix}$$

$$= \begin{vmatrix} a_2 & b_2 \\ a_3 & b_3 \end{vmatrix} \boldsymbol{e}_1 - \begin{vmatrix} a_1 & b_1 \\ a_3 & b_3 \end{vmatrix} \boldsymbol{e}_2 + \begin{vmatrix} a_1 & b_1 \\ a_2 & b_2 \end{vmatrix} \boldsymbol{e}_3$$

外積 $\boldsymbol{a}\times\boldsymbol{b}$ は次の性質をもつ.

4.14　ベクトルの外積の性質

(1)　$\boldsymbol{a}\times\boldsymbol{b}\neq\boldsymbol{0}$ のとき，$\boldsymbol{a}\times\boldsymbol{b}$ は $\boldsymbol{a},\boldsymbol{b}$ に垂直である.

(2)　$|\boldsymbol{a}\times\boldsymbol{b}|$ は $\boldsymbol{a},\boldsymbol{b}$ が作る平行四辺形の面積に等しい.

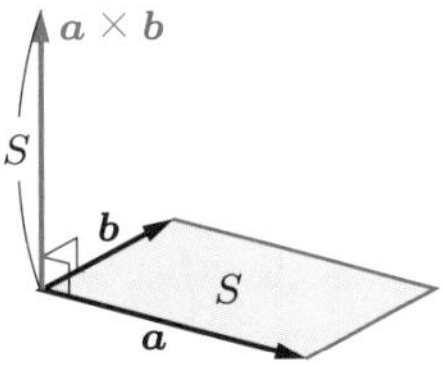

証明　(1)　$\boldsymbol{a}\cdot(\boldsymbol{a}\times\boldsymbol{b})=0$ を示す.

$$\boldsymbol{a}\cdot(\boldsymbol{a}\times\boldsymbol{b})=a_1\begin{vmatrix}a_2&b_2\\a_3&b_3\end{vmatrix}-a_2\begin{vmatrix}a_1&b_1\\a_3&b_3\end{vmatrix}+a_3\begin{vmatrix}a_1&b_1\\a_2&b_2\end{vmatrix}$$

$$=\begin{vmatrix}a_1&a_1&b_1\\a_2&a_2&b_2\\a_3&a_3&b_3\end{vmatrix}=0$$

となるから，$\boldsymbol{a}$ は $\boldsymbol{a}\times\boldsymbol{b}$ に垂直である．同じようにして，$\boldsymbol{b}$ は $\boldsymbol{a}\times\boldsymbol{b}$ に垂直であることを証明することができる.

(2)　$|\boldsymbol{a}\times\boldsymbol{b}|=\sqrt{\begin{vmatrix}a_2&b_2\\a_3&b_3\end{vmatrix}^2+\begin{vmatrix}a_1&b_1\\a_3&b_3\end{vmatrix}^2+\begin{vmatrix}a_1&b_1\\a_2&b_2\end{vmatrix}^2}$

となって，$|\boldsymbol{a}\times\boldsymbol{b}|$ は $\boldsymbol{a},\boldsymbol{b}$ が作る平行四辺形の面積 S と等しい［→定理 4.12］. 証明終

note　$\boldsymbol{a}$ を右手の親指，$\boldsymbol{b}$ を右手の人差し指に重ねたとき，中指の向く方向が $\boldsymbol{a}\times\boldsymbol{b}$ の向きである．したがって，$\boldsymbol{a},\boldsymbol{b},\boldsymbol{a}\times\boldsymbol{b}$ は右手系である.

例 4.8　ベクトル $\boldsymbol{a}=\begin{pmatrix}1\\2\\-1\end{pmatrix},\boldsymbol{b}=\begin{pmatrix}3\\-1\\0\end{pmatrix}$ に対して,

$$\boldsymbol{a}\times\boldsymbol{b}=\begin{vmatrix}\boldsymbol{e}_1&1&3\\\boldsymbol{e}_2&2&-1\\\boldsymbol{e}_3&-1&0\end{vmatrix}$$

$$= \begin{vmatrix} 2 & -1 \\ -1 & 0 \end{vmatrix} \boldsymbol{e}_1 - \begin{vmatrix} 1 & 3 \\ -1 & 0 \end{vmatrix} \boldsymbol{e}_2 + \begin{vmatrix} 1 & 3 \\ 2 & -1 \end{vmatrix} \boldsymbol{e}_3 = \begin{pmatrix} -1 \\ -3 \\ -7 \end{pmatrix}$$

である．したがって，$\boldsymbol{a}, \boldsymbol{b}$ が作る平行四辺形の面積 S は，次のようになる．

$$S = |\boldsymbol{a} \times \boldsymbol{b}| = \sqrt{(-1)^2 + (-3)^2 + (-7)^2} = \sqrt{59}$$

問4.12 $\boldsymbol{a} = \begin{pmatrix} 2 \\ -1 \\ 3 \end{pmatrix}, \boldsymbol{b} = \begin{pmatrix} -3 \\ 1 \\ 0 \end{pmatrix}, \boldsymbol{c} = \begin{pmatrix} 0 \\ -2 \\ 5 \end{pmatrix}$ について，次の外積を求めよ．

(1) $\boldsymbol{a} \times \boldsymbol{b}$　　(2) $\boldsymbol{b} \times \boldsymbol{a}$　　(3) $\boldsymbol{b} \times \boldsymbol{c}$

note　問 4.12(1), (2) からわかるように，外積では交換法則は成り立たない．任意の空間ベクトル $\boldsymbol{a}, \boldsymbol{b}$ について，次が成り立つ．

$$\boldsymbol{b} \times \boldsymbol{a} = -\boldsymbol{a} \times \boldsymbol{b}$$

平行六面体の体積　空間の 3 点 $\mathrm{A}(a_1, a_2, a_3)$, $\mathrm{B}(b_1, b_2, b_3)$, $\mathrm{C}(c_1, c_2, c_3)$ の位置ベクトルを $\boldsymbol{a}, \boldsymbol{b}, \boldsymbol{c}$ とする．$\boldsymbol{a}, \boldsymbol{b}, \boldsymbol{c}$ が作る平行六面体の体積 V を求める．

$\boldsymbol{a}, \boldsymbol{b}$ が作る平行四辺形をこの平行六面体の底面とし，その面積を S とする．平行六面体の底面からの高さを h とし，$\boldsymbol{a} \times \boldsymbol{b}$ と $\boldsymbol{c}$ のなす角を θ とすれば，

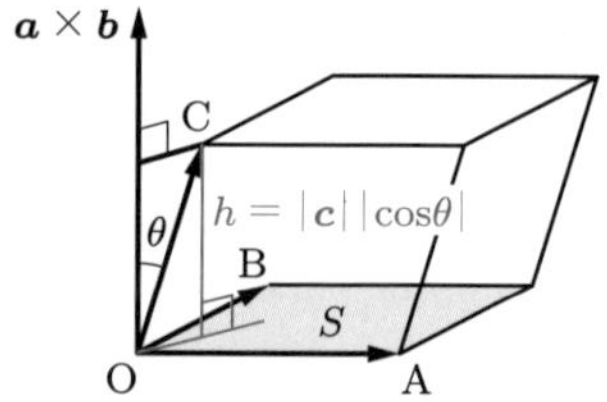

$$h = |\boldsymbol{c}||\cos\theta|$$

が成り立つ．$S = |\boldsymbol{a} \times \boldsymbol{b}|$ であるから，

$$V = Sh = |\boldsymbol{a} \times \boldsymbol{b}||\boldsymbol{c}||\cos\theta| = |(\boldsymbol{a} \times \boldsymbol{b}) \cdot \boldsymbol{c}|$$

となる．ここで，

$$(\boldsymbol{a} \times \boldsymbol{b}) \cdot \boldsymbol{c} = \begin{vmatrix} a_2 & b_2 \\ a_3 & b_3 \end{vmatrix} c_1 - \begin{vmatrix} a_1 & b_1 \\ a_3 & b_3 \end{vmatrix} c_2 + \begin{vmatrix} a_1 & b_1 \\ a_2 & b_2 \end{vmatrix} c_3 = \begin{vmatrix} a_1 & b_1 & c_1 \\ a_2 & b_2 & c_2 \\ a_3 & b_3 & c_3 \end{vmatrix}$$

である．よって，ベクトル $\boldsymbol{a}, \boldsymbol{b}, \boldsymbol{c}$ が作る平行六面体の体積について，次のことが成り立つ．

4.15 平行六面体の体積と行列式

$\boldsymbol{a} = \begin{pmatrix} a_1 \\ a_2 \\ a_3 \end{pmatrix}, \boldsymbol{b} = \begin{pmatrix} b_1 \\ b_2 \\ b_3 \end{pmatrix}, \boldsymbol{c} = \begin{pmatrix} c_1 \\ c_2 \\ c_3 \end{pmatrix}$ が作る平行六面体の体積を V とするとき，

$$V^2 = \begin{vmatrix} a_1 & b_1 & c_1 \\ a_2 & b_2 & c_2 \\ a_3 & b_3 & c_3 \end{vmatrix}^2$$

である．

note　$(\boldsymbol{a} \times \boldsymbol{b}) \cdot \boldsymbol{c}$ を，$\boldsymbol{a}, \boldsymbol{b}, \boldsymbol{c}$ の**スカラー 3 重積**という．

例 4.9　空間の 4 点 $\mathrm{A}(1,2,3)$, $\mathrm{B}(4,6,-2)$, $\mathrm{C}(1,-3,0)$, $\mathrm{D}(3,5,-1)$ について，$\overrightarrow{\mathrm{AB}}, \overrightarrow{\mathrm{AC}}, \overrightarrow{\mathrm{AD}}$ が作る平行六面体の体積 V を求める．

$$\overrightarrow{\mathrm{AB}} = \begin{pmatrix} 3 \\ 4 \\ -5 \end{pmatrix}, \quad \overrightarrow{\mathrm{AC}} = \begin{pmatrix} 0 \\ -5 \\ -3 \end{pmatrix}, \quad \overrightarrow{\mathrm{AD}} = \begin{pmatrix} 2 \\ 3 \\ -4 \end{pmatrix}$$

であるから，$\overrightarrow{\mathrm{AB}}, \overrightarrow{\mathrm{AC}}, \overrightarrow{\mathrm{AD}}$ を列ベクトルとする行列の行列式は，

$$\begin{vmatrix} 3 & 0 & 2 \\ 4 & -5 & 3 \\ -5 & -3 & -4 \end{vmatrix} = 13$$

となる．したがって，$V = |13| = 13$ である．

問 4.13　次の平行六面体の体積を求めよ．

(1)　空間の 4 点 $\mathrm{O}(0,0,0)$, $\mathrm{A}(1,3,6)$, $\mathrm{B}(0,5,7)$, $\mathrm{C}(2,0,4)$ について，$\overrightarrow{\mathrm{OA}}, \overrightarrow{\mathrm{OB}}, \overrightarrow{\mathrm{OC}}$ が作る平行六面体

(2)　空間の 4 点 $\mathrm{A}(2,1,3)$, $\mathrm{B}(-1,7,0)$, $\mathrm{C}(0,3,6)$, $\mathrm{D}(3,1,-4)$ について，$\overrightarrow{\mathrm{AB}}, \overrightarrow{\mathrm{AC}}, \overrightarrow{\mathrm{AD}}$ が作る平行六面体

コーヒーブレイク

ヴァンデルモンドの行列式　代数学の重要な定理の 1 つに，恒等式に関する次の定理がある．

定理　$(n-1)$ 次多項式 $f(x)$ が，異なる n 個の値 $\alpha_1, \alpha_2, \ldots, \alpha_n$ に対して $f(\alpha_i) = 0$ を満たすならば，任意の x に対して $f(x) = 0$ である．

$n = 3$ の場合に，この定理を証明する．$f(x) = a + bx + cx^2$ が，異なる 3 つの値 α, β, γ に対して

$$\begin{cases} f(\alpha) = a + b\alpha + c\alpha^2 = 0 \\ f(\beta) = a + b\beta + c\beta^2 = 0 \\ f(\gamma) = a + b\gamma + c\gamma^2 = 0 \end{cases} \qquad \cdots\cdots ①$$

を満たすならば，$a = b = c = 0$ であることを示せばよい．行列を用いて①を

$$\begin{pmatrix} 1 & \alpha & \alpha^2 \\ 1 & \beta & \beta^2 \\ 1 & \gamma & \gamma^2 \end{pmatrix} \begin{pmatrix} a \\ b \\ c \end{pmatrix} = \begin{pmatrix} 0 \\ 0 \\ 0 \end{pmatrix} \qquad \cdots\cdots ②$$

とかき直すと，未知数を a, b, c とする斉次連立 3 元 1 次方程式であることがわかる．この係数行列が正則であれば，この連立 1 次方程式は自明でない解をもたないから $a = b = c = 0$ が得られる．②の係数行列の行列式を**ヴァンデルモンドの行列式**という．この行列式は

$$\begin{vmatrix} 1 & \alpha & \alpha^2 \\ 1 & \beta & \beta^2 \\ 1 & \gamma & \gamma^2 \end{vmatrix} = \begin{vmatrix} 1 & \alpha & \alpha^2 - \alpha^2 \\ 1 & \beta & \beta^2 - \beta\alpha \\ 1 & \gamma & \gamma^2 - \gamma\alpha \end{vmatrix}$$

$$= \begin{vmatrix} 1 & \alpha - \alpha & 0 \\ 1 & \beta - \alpha & \beta(\beta - \alpha) \\ 1 & \gamma - \alpha & \gamma(\gamma - \alpha) \end{vmatrix}$$

$$= (\beta - \alpha)(\gamma - \alpha) \begin{vmatrix} 1 & 0 & 0 \\ 1 & 1 & \beta \\ 1 & 1 & \gamma \end{vmatrix}$$

$$= (\beta - \alpha)(\gamma - \alpha) \begin{vmatrix} 1 & \beta \\ 1 & \gamma \end{vmatrix} = (\beta - \alpha)(\gamma - \alpha)(\gamma - \beta)$$

となるから，α, β, γ が互いに異なればこの行列式は 0 ではない．したがって，連立 1 次方程式②の係数行列は正則であることがわかり，定理が証明された．

練習問題 4

[1] 次の行列式の値を求めよ.

(1) $\begin{vmatrix} 3 & 0 & 1 \\ 0 & 2 & -4 \\ 1 & -2 & 0 \end{vmatrix}$　(2) $\begin{vmatrix} 0 & 1 & 2 & 3 \\ -1 & 0 & 1 & 2 \\ -2 & -1 & 0 & 1 \\ -3 & -2 & -1 & 0 \end{vmatrix}$　(3) $\begin{vmatrix} 1 & 3 & 2 & -5 \\ -1 & -2 & 0 & 8 \\ -2 & -6 & -5 & 13 \\ 2 & 8 & 7 & 2 \end{vmatrix}$

[2] 行列式の性質を用いて変形することによって，次の式が成り立つことを示せ.

(1) $\begin{vmatrix} a & b & c \\ c & a & b \\ b & c & a \end{vmatrix} = (a+b+c)(a^2+b^2+c^2-ab-bc-ca)$

(2) $\begin{vmatrix} 1+a & 1 & 1 & 1 \\ 1 & 1+a & 1 & 1 \\ 1 & 1 & 1+a & 1 \\ 1 & 1 & 1 & 1+a \end{vmatrix} = a^3(a+4)$

[3] (　) 内の列または行についての余因子展開を行うことにより，次の行列式の値を求めよ.

(1) $\begin{vmatrix} 0 & 1 & -2 & 0 \\ 2 & 0 & 2 & 1 \\ -3 & -1 & 0 & -2 \\ 0 & -2 & 3 & 0 \end{vmatrix}$ （第 4 行）　(2) $\begin{vmatrix} a & -1 & 0 & 0 \\ b & x & -1 & 0 \\ c & 0 & x & -1 \\ d & 0 & 0 & x \end{vmatrix}$ （第 1 列）

[4] 行列 $A = \begin{pmatrix} a & 1 & 0 \\ 1 & a & 1 \\ 0 & 1 & a \end{pmatrix}$ が正則であるための a の条件を求めよ.

[5] $\boldsymbol{a} = \begin{pmatrix} 1 \\ 1 \\ 2 \end{pmatrix}, \boldsymbol{b} = \begin{pmatrix} 2 \\ 1 \\ 3 \end{pmatrix}, \boldsymbol{c} = \begin{pmatrix} 0 \\ 1 \\ 2 \end{pmatrix}$ とするとき，次のベクトルを求めよ.

(1) $\boldsymbol{a} \times \boldsymbol{b}$　(2) $(\boldsymbol{a} \times \boldsymbol{b}) \times \boldsymbol{c}$　(3) $\boldsymbol{a} \times (\boldsymbol{b} \times \boldsymbol{c})$

[6] $\boldsymbol{a} = \begin{pmatrix} 2 \\ 3 \\ 1 \end{pmatrix}, \boldsymbol{b} = \begin{pmatrix} 7 \\ 3 \\ -4 \end{pmatrix}, \boldsymbol{c} = \begin{pmatrix} -1 \\ 1 \\ x \end{pmatrix}$ について，次の問いに答えよ.

(1) $\boldsymbol{a}, \boldsymbol{b}, \boldsymbol{c}$ が作る平行六面体の体積が 15 であるとき，x の値を求めよ.

(2) $\boldsymbol{a}, \boldsymbol{b}, \boldsymbol{c}$ が同一平面上にあるように，x の値を定めよ.

[7] 3 点 A$(1, 1, -2)$，B$(2, 1, 0)$，C$(1, 0, -3)$ について，次の問いに答えよ.

(1) $\boldsymbol{n} = \overrightarrow{\mathrm{AB}} \times \overrightarrow{\mathrm{AC}}$ を求めよ.

(2) $\boldsymbol{n}$ が 3 点 A, B, C を通る平面に垂直であることを利用して，その平面の方程式を求めよ.

5　基本変形とその応用

5.1　基本変形による連立 1 次方程式の解法

連立 1 次方程式の行列表現　第 3, 4 節では，係数行列が正則であるときの連立 1 次方程式の解法を学んだ．ここでは，一般の連立 1 次方程式の解法を考える．

未知数 $x_1, x_2, \ldots, x_n$ に関する連立 m 元 1 次方程式

$$\begin{cases} a_{11}x_1 + a_{12}x_2 + \cdots + a_{1n}x_n = b_1 \\ a_{21}x_1 + a_{22}x_2 + \cdots + a_{2n}x_n = b_2 \\ \qquad \vdots \\ a_{m1}x_1 + a_{m2}x_2 + \cdots + a_{mn}x_n = b_m \end{cases}$$

は，

$$A = \begin{pmatrix} a_{11} & a_{12} & \cdots & a_{1n} \\ a_{21} & a_{22} & \cdots & a_{2n} \\ \vdots & \vdots & \ddots & \vdots \\ a_{m1} & a_{m2} & \cdots & a_{mn} \end{pmatrix}, \quad \boldsymbol{x} = \begin{pmatrix} x_1 \\ x_2 \\ \vdots \\ x_n \end{pmatrix}, \quad \boldsymbol{b} = \begin{pmatrix} b_1 \\ b_2 \\ \vdots \\ b_m \end{pmatrix}$$

とおくと，$A\boldsymbol{x} = \boldsymbol{b}$ と表すことができる．このとき，A をこの連立 1 次方程式の**係数行列**，$\boldsymbol{b}$ を**定数項ベクトル**という．さらに，A と $\boldsymbol{b}$ を並べてできる行列

$$A_+ = (A \mid \boldsymbol{b}) = \left(\begin{array}{cccc|c} a_{11} & a_{12} & \cdots & a_{1n} & b_1 \\ a_{21} & a_{22} & \cdots & a_{2n} & b_2 \\ \vdots & \vdots & \ddots & \vdots & \vdots \\ a_{m1} & a_{m2} & \cdots & a_{mn} & b_m \end{array}\right)$$

を**拡大係数行列**という．ここでは，A と $\boldsymbol{b}$ の境界に縦線を引いた．

次の例に示すように，連立 1 次方程式を解くために未知数を消去していく手順は，拡大係数行列 A_+ を変形する操作になっている．

例 5.1　連立 1 次方程式の解法の手順と，拡大係数行列の変形とを対応させて，連立 2 元 1 次方程式

$$\begin{cases} 3x + 6y = -3 \\ 2x - 4y = 14 \end{cases} \quad \text{すなわち} \quad \left(\begin{array}{cc|c} 3 & 6 & -3 \\ 2 & -4 & 14 \end{array}\right)$$

を解く．ここで，操作の説明は，直前の第 1 式または第 1 行を①，第 2 式または第 2 行を②と表すものとする．

$$\begin{cases} 3x + 6y = -3 \\ 2x - 4y = 14 \end{cases} \qquad \left(\begin{array}{cc|c} 3 & 6 & -3 \\ 2 & -4 & 14 \end{array}\right) \qquad \begin{array}{l} \cdots ① \\ \cdots ② \end{array}$$

[操作 1] $① \times \dfrac{1}{3}$

$$\begin{cases} x + 2y = -1 \\ 2x - 4y = 14 \end{cases} \qquad \left(\begin{array}{cc|c} 1 & 2 & -1 \\ 2 & -4 & 14 \end{array}\right) \qquad \begin{array}{l} \cdots ① \\ \cdots ② \end{array}$$

[操作 2] $② + ① \times (-2)$

$$\begin{cases} x + 2y = -1 \\ \quad - 8y = 16 \end{cases} \qquad \left(\begin{array}{cc|c} 1 & 2 & -1 \\ 0 & -8 & 16 \end{array}\right) \qquad \begin{array}{l} \cdots ① \\ \cdots ② \end{array}$$

[操作 3] $② \times \left(-\dfrac{1}{8}\right)$

$$\begin{cases} x + 2y = -1 \\ \qquad y = -2 \end{cases} \qquad \left(\begin{array}{cc|c} 1 & 2 & -1 \\ 0 & 1 & -2 \end{array}\right) \qquad \begin{array}{l} \cdots ① \\ \cdots ② \end{array}$$

[操作 4] $① + ② \times (-2)$

$$\begin{cases} x \qquad = 3 \\ \qquad y = -2 \end{cases} \qquad \left(\begin{array}{cc|c} 1 & 0 & 3 \\ 0 & 1 & -2 \end{array}\right)$$

このようにして，解 $x = 3$, $y = -2$ が得られる．

行の基本変形による連立 1 次方程式の解法　例 5.1 で，右側の拡大係数行列に対して行った操作は，4.3 節で学んだ行の基本変形である．

(1)　1 つの行を t 倍する．ただし，$t \neq 0$ である．

(2)　2 つの行を交換する．

(3)　1 つの行に別の行の t 倍を加える．

つまり，連立 1 次方程式を解く過程は，拡大係数行列に行の基本変形を行うことに対応している．行の基本変形によって，行列 A を行列 B に変形できるとき，

$$A \sim B$$

と表す．例 5.1 では，拡大係数行列 A_+ に対して行の基本変形を行って係数行列 A の部分を単位行列 E に変形し，

$$A_+ = \left(\begin{array}{cc|c} 3 & 6 & -3 \\ 2 & -4 & 14 \end{array}\right) \sim \left(\begin{array}{cc|c} 1 & 0 & 3 \\ 0 & 1 & -2 \end{array}\right) \quad \text{よって} \quad \begin{pmatrix} x \\ y \end{pmatrix} = \begin{pmatrix} 3 \\ -2 \end{pmatrix}$$

として解が得られることを示している．この方法は，未知数の個数によらずに用いることができる．これを**掃き出し法**または**ガウス・ジョルダンの消去法**という．

5.1　掃き出し法による連立 1 次方程式の解法

連立 1 次方程式 $A\boldsymbol{x} = \boldsymbol{b}$ の拡大係数行列を A_+ とする．A が正方行列のとき，A_+ に行の基本変形を行って

$$A_+ = \left(A \;\middle|\; \boldsymbol{b} \right) \sim \left(E \;\middle|\; \boldsymbol{x}_0 \right)$$

とすることができれば，連立 1 次方程式 $A\boldsymbol{x} = \boldsymbol{b}$ の解は $\boldsymbol{x} = \boldsymbol{x}_0$ である．

例題 5.1　掃き出し法による連立 1 次方程式の解法

次の連立 1 次方程式を掃き出し法を用いて解け．

$$\begin{cases} \qquad\quad y - 2z = -3 \\ -2x + 4y - 2z = 2 \\ 3x + y + 3z = 4 \end{cases}$$

解　拡大係数行列 $A_+ = \left(\begin{array}{ccc|c} 0 & 1 & -2 & -3 \\ -2 & 4 & -2 & 2 \\ 3 & 1 & 3 & 4 \end{array}\right)$ に対して，次の表のような行の基本変形を行う．「次の操作」の欄は，丸数字がそのステップの行列の行番号を表し，次にどのような操作を行うかを示したものである．具体的には，ステップ [1] からステップ [2] に変形するために第 1 行と第 2 行を交換する，ステップ [2] からステップ [3] に変形するために第 1 行を $-\dfrac{1}{2}$ 倍する，…という操作を示している．

$(1, 1)$ 成分が 0 であるため，第 1 行と第 2 行の交換から始める．

	A			$\boldsymbol{b}$	次の操作
	0	1	-2	-3	$\cdots$ ②と交換
[1]	-2	4	-2	2	$\cdots$ ①と交換
	3	1	3	4	
	-2	4	-2	2	$\cdots$ ① $\times \left(-\dfrac{1}{2}\right)$
[2]	0	1	-2	-3	
	3	1	3	4	

	A			$\boldsymbol{b}$	次の操作
	1	−2	1	−1	
[3]	0	1	−2	−3	
	3	1	3	4	$\cdots$ ③ + ① × (−3)
	1	−2	1	−1	$\cdots$ ① + ② × 2
[4]	0	1	−2	−3	
	0	7	0	7	$\cdots$ ③ + ② × (−7)
	1	0	−3	−7	
[5]	0	1	−2	−3	
	0	0	14	28	$\cdots$ ③ × $\frac{1}{14}$
	1	0	−3	−7	$\cdots$ ① + ③ × 3
[6]	0	1	−2	−3	$\cdots$ ② + ③ × 2
	0	0	1	2	
	1	0	0	−1	
[7]	0	1	0	1	
	0	0	1	2	

ステップ [7] は

$$\begin{cases} x = -1 \\ y = 1 \\ z = 2 \end{cases}$$

であることを示している．したがって，求める解は $x = -1,\ y = 1,\ z = 2$ である．

掃き出し法による連立 1 次方程式の解法は，未知数が多いほど，クラメルの公式による解法よりも計算回数が極めて少なくて済む．このため，コンピュータによる計算では掃き出し法が用いられる．

問5.1　次の連立 1 次方程式を掃き出し法を用いて解け．

(1) $\begin{cases} x - y = 4 \\ -2x + 5y = -11 \end{cases}$　　(2) $\begin{cases} 4x + 2y = 2 \\ 3x - y = 1 \end{cases}$

(3) $\begin{cases} x + 2y + z = 8 \\ x + y + z = 6 \\ -2x + y + 3z = -1 \end{cases}$　　(4) $\begin{cases} y - 2z = -4 \\ x - 3z = -1 \\ x + 2y - z = 3 \end{cases}$

5.2 基本変形による逆行列の計算

行の基本変形を用いることによって，逆行列を求めることができる．

例 5.2　掃き出し法を用いて $A = \begin{pmatrix} 1 & 3 \\ 2 & 4 \end{pmatrix}$ の逆行列を求める．求める逆行列をを $X = \begin{pmatrix} x & y \\ z & w \end{pmatrix}$ とすれば，

$$\begin{pmatrix} 1 & 3 \\ 2 & 4 \end{pmatrix}\begin{pmatrix} x & y \\ z & w \end{pmatrix} = \begin{pmatrix} 1 & 0 \\ 0 & 1 \end{pmatrix}$$

が成り立つ．これは2つの連立1次方程式

$$\begin{pmatrix} 1 & 3 \\ 2 & 4 \end{pmatrix}\begin{pmatrix} x \\ z \end{pmatrix} = \begin{pmatrix} 1 \\ 0 \end{pmatrix} \qquad \cdots\cdots \text{(i)}$$

$$\begin{pmatrix} 1 & 3 \\ 2 & 4 \end{pmatrix}\begin{pmatrix} y \\ w \end{pmatrix} = \begin{pmatrix} 0 \\ 1 \end{pmatrix} \qquad \cdots\cdots \text{(ii)}$$

が成り立つことを意味する．これらを同時に解けば，次のようになる．

A		(i)	(ii)	次の操作
1	3	1	0	
2	4	0	1	$\cdots$ ②＋①×(-2)
1	3	1	0	
0	-2	-2	1	$\cdots$ ②×$\left(-\frac{1}{2}\right)$
1	3	1	0	$\cdots$ ①＋②×(-3)
0	1	1	$-\frac{1}{2}$	
1	0	-2	$\frac{3}{2}$	
0	1	1	$-\frac{1}{2}$	

よって，

$$\begin{pmatrix} x \\ z \end{pmatrix} = \begin{pmatrix} -2 \\ 1 \end{pmatrix}, \quad \begin{pmatrix} y \\ w \end{pmatrix} = \begin{pmatrix} \frac{3}{2} \\ -\frac{1}{2} \end{pmatrix}$$

となる．したがって，

$$X = \begin{pmatrix} x & y \\ z & w \end{pmatrix} = \begin{pmatrix} -2 & \frac{3}{2} \\ 1 & -\frac{1}{2} \end{pmatrix} = -\frac{1}{2}\begin{pmatrix} 4 & -3 \\ -2 & 1 \end{pmatrix}$$

となり，得られた行列 X は $AX = E$ を満たす．これが A の逆行列である．

n 次正方行列についても，同様の方法で逆行列を求めることができる．n 次正方行列 A と単位行列 E を並べてできる行列を $(A \,|\, E)$ と表す．このとき，次のことが成り立つ．

5.2 基本変形による逆行列の計算

行の基本変形によって

$$\left(A \;\middle|\; E \right) \sim \left(E \;\middle|\; X \right)$$

とすることができれば，A は正則であり，X が A の逆行列である．

note　A が正則でない場合には，A は単位行列 E に基本変形することができない．

例題 5.2　基本変形による逆行列の計算

$A = \begin{pmatrix} 1 & 1 & 1 \\ 1 & 2 & 4 \\ 3 & 2 & 2 \end{pmatrix}$ の逆行列を求めよ．

解　$(A \,|\, E)$ に行の基本変形を行う．

A			E			次の操作
1	1	1	1	0	0	
1	2	4	0	1	0	$\cdots$ ②＋①×(−1)
3	2	2	0	0	1	$\cdots$ ③＋①×(−3)
1	1	1	1	0	0	$\cdots$ ①＋②×(−1)
0	1	3	−1	1	0	
0	−1	−1	−3	0	1	$\cdots$ ③＋②×1

A			E			次の操作
1	0	-2	2	-1	0	
0	1	3	-1	1	0	
0	0	2	-4	1	1	$\cdots$ ③ $\times \frac{1}{2}$
1	0	-2	2	-1	0	$\cdots$ ① $+$ ③ $\times 2$
0	1	3	-1	1	0	$\cdots$ ② $+$ ③ $\times (-3)$
0	0	1	-2	$\frac{1}{2}$	$\frac{1}{2}$	
1	0	0	-2	0	1	
0	1	0	5	$-\frac{1}{2}$	$-\frac{3}{2}$	
0	0	1	-2	$\frac{1}{2}$	$\frac{1}{2}$	

したがって，A は正則であり，

$$A^{-1} = \begin{pmatrix} -2 & 0 & 1 \\ 5 & -\frac{1}{2} & -\frac{3}{2} \\ -2 & \frac{1}{2} & \frac{1}{2} \end{pmatrix} = -\frac{1}{2}\begin{pmatrix} 4 & 0 & -2 \\ -10 & 1 & 3 \\ 4 & -1 & -1 \end{pmatrix}$$

である．

問5.2　基本変形によって，次の行列の逆行列を求めよ．

(1) $\begin{pmatrix} 1 & 2 \\ 3 & 7 \end{pmatrix}$　　(2) $\begin{pmatrix} 1 & 1 & 1 \\ 1 & 0 & 3 \\ 1 & 1 & 0 \end{pmatrix}$

5.3 行列の階数

階段行列と行列の階数　これまでの例では，正方行列はすべて行の基本変形によって単位行列に変形することができたが，一般には必ずしも単位行列に変形できるわけではない．

第 1 列が零ベクトルでない 4 次正方行列について，基本変形の手順を示す．ここで，$*$ は任意の数である．

(i) 必要なら行の交換を行って $(1,1)$ 成分を 0 でないようにし，第 1 行を $(1,1)$ 成分で割って $(1,1)$ 成分を 1 にする．

$$\begin{pmatrix} 1 & * & * & * \\ * & * & * & * \\ * & * & * & * \\ * & * & * & * \end{pmatrix}$$

(ii) 第 1 行の t 倍を他の行に加えることによって，第 1 列の $(1,1)$ 成分以外をすべて 0 にする．

$$\begin{pmatrix} 1 & * & * & * \\ 0 & * & * & * \\ 0 & * & * & * \\ 0 & * & * & * \end{pmatrix}$$

(iii) 同様の方法で，$(2,2)$ 成分を 1 にし，それ以外の第 2 列の成分を 0 にする（左側の行列）．

(ii) を終えた時点で第 2 列の第 2 成分以降がすべて 0 ならば，第 3 列で同じ作業を行う（右側の行列）．

$$\begin{pmatrix} 1 & 0 & * & * \\ 0 & 1 & * & * \\ 0 & 0 & * & * \\ 0 & 0 & * & * \end{pmatrix} \qquad \begin{pmatrix} 1 & * & 0 & * \\ 0 & 0 & 1 & * \\ 0 & 0 & 0 & * \\ 0 & 0 & 0 & * \end{pmatrix}$$

(iv) 最後の列まで同じ作業を繰り返す（左側の行列）．単位行列 E に基本変形できないときは，最終行が零ベクトルである行列に変形される（右側の行列）．

$$\begin{pmatrix} 1 & 0 & 0 & 0 \\ 0 & 1 & 0 & 0 \\ 0 & 0 & 1 & 0 \\ 0 & 0 & 0 & 1 \end{pmatrix} \qquad \begin{pmatrix} 1 & * & 0 & 0 \\ 0 & 0 & 1 & 0 \\ 0 & 0 & 0 & 1 \\ 0 & 0 & 0 & 0 \end{pmatrix}$$

例 5.3　次の行列 A に基本変形を行う．

$$A = \begin{pmatrix} 1 & 2 & -3 \\ -2 & -3 & 4 \\ 2 & 5 & -8 \end{pmatrix}$$

	A		次の操作
1	2	−3	
−2	−3	4	⋯　②＋①×2
2	5	−8	⋯　③＋①×(−2)
1	2	−3	⋯　①＋②×(−2)
0	1	−2	
0	1	−2	⋯　③＋②×(−1)
1	0	1	
0	1	−2	
0	0	0	

第 3 行の成分がすべて 0 となって，行列 A は単位行列に基本変形することができない．

正方行列以外の行列についても，同様の変形ができる．たとえば，4×5 型行列 A の場合には，

$$A \sim \begin{pmatrix} 1 & 0 & * & 0 & * \\ 0 & 1 & * & 0 & * \\ 0 & 0 & 0 & 1 & * \\ 0 & 0 & 0 & 0 & 0 \end{pmatrix}$$

のような形に変形することができる．この形の行列を**階段行列**という．行列 A を，行の基本変形によって階段行列に変形したとき，零ベクトルでない行ベクトルの個数を行列 A の**階数**といい，$\operatorname{rank} A$ で表す．上の 4×5 型行列 A の場合には，$\operatorname{rank} A = 3$ である．

例 5.4　例 5.3 の行列 A は，行の基本変形によって，

$$A = \begin{pmatrix} 1 & 2 & -3 \\ -2 & -3 & 4 \\ 2 & 5 & -8 \end{pmatrix} \sim \begin{pmatrix} 1 & 0 & 1 \\ 0 & 1 & -2 \\ 0 & 0 & 0 \end{pmatrix}$$

と変形された．したがって，$\operatorname{rank} A = 2$ である．

例 5.5 次の行列はすでに階段行列になっている．各行列の階数は，左から順に 1, 2, 2, 3 である．

$$\begin{pmatrix} 1 & 2 & 3 \\ 0 & 0 & 0 \\ 0 & 0 & 0 \end{pmatrix}, \quad \begin{pmatrix} 1 & 0 & -4 \\ 0 & 1 & -5 \\ 0 & 0 & 0 \end{pmatrix}, \quad \begin{pmatrix} 1 & 6 & 0 \\ 0 & 0 & 1 \\ 0 & 0 & 0 \end{pmatrix}, \quad \begin{pmatrix} 1 & 0 & 0 \\ 0 & 1 & 0 \\ 0 & 0 & 1 \end{pmatrix}$$

正方行列を基本変形するとき，行列式の値は t 倍になる ($t \neq 0$)，符号が変わる，変化しない，のいずれかである [→定理 4.7]．したがって，正方行列が正則かどうか（行列式が 0 でないかどうか）ということは，基本変形によって変化しない．一方，n 次正方行列 A が正則ならば，A は単位行列に基本変形できるから，その階数は n である．したがって，次が成り立つ．

5.3 正則行列の階数

n 次正方行列 A について，次のことが成り立つ．

$$A \text{ が正則} \iff A \sim E \iff \operatorname{rank} A = n$$

例題 5.3 行列の階数

行列 $A = \begin{pmatrix} 1 & 2 & 5 & 3 \\ 2 & 1 & 7 & 3 \\ 1 & 1 & 4 & 2 \end{pmatrix}$ の階数を求めよ．

解 A に行の基本変形を行って，階段行列を作る．

A				次の操作
1	2	5	3	
2	1	7	3	$\cdots$ ②$+$①$\times(-2)$
1	1	4	2	$\cdots$ ③$+$①$\times(-1)$
1	2	5	3	
0	-3	-3	-3	$\cdots$ ②$\times\left(-\frac{1}{3}\right)$
0	-1	-1	-1	
1	2	5	3	$\cdots$ ①$+$②$\times(-2)$
0	1	1	1	
0	-1	-1	-1	$\cdots$ ③$+$②$\times 1$

1	0	3	1	
0	1	1	1	
0	0	0	0	

したがって，$\operatorname{rank} A = 2$ である．

note　行列 A の階数は，基本変形の仕方によらず一定であることが知られている．

問 5.3　次の行列の階数を求めよ．

(1) $\begin{pmatrix} 1 & 3 & 5 \\ 3 & 2 & 1 \end{pmatrix}$　(2) $\begin{pmatrix} 0 & 6 & -3 \\ 1 & 2 & 0 \\ 2 & -2 & 3 \end{pmatrix}$

(3) $\begin{pmatrix} 1 & 2 & 3 & 4 \\ 2 & -3 & -1 & -6 \\ -2 & 4 & 3 & 1 \end{pmatrix}$　(4) $\begin{pmatrix} 1 & 2 & 3 & 3 \\ 2 & 3 & 5 & -1 \\ 3 & 4 & 7 & -5 \end{pmatrix}$

5.4 行列の階数と連立 1 次方程式

連立 1 次方程式の解　連立 1 次方程式の解の分類について考える．

例題 5.4　行列の階数と連立 1 次方程式

次の連立 1 次方程式を掃き出し法を用いて解け．

(1) $\begin{cases} x + 2y - 3z = 1 \\ -2x - 3y + 4z = 0 \\ 2x + 5y - 8z = 4 \end{cases}$　(2) $\begin{cases} x + 2y - 3z = 1 \\ -2x - 3y + 4z = 0 \\ 2x + 5y - 8z = 5 \end{cases}$

解　(1), (2) の連立 1 次方程式は係数行列が同じであるから，これを A とする．(1), (2) を同時に解くと，次のようになる．それぞれの拡大係数行列を A_+ とする．

A			(1)	(2)	次の操作
1	2	−3	1	1	
−2	−3	4	0	0	$\cdots$ ②＋①×2
2	5	−8	4	5	$\cdots$ ③＋①×(−2)
1	2	−3	1	1	$\cdots$ ①＋②×(−2)
0	1	−2	2	2	
0	1	−2	2	3	$\cdots$ ③＋②×(−1)
1	0	1	−3	−3	
0	1	−2	2	2	
0	0	0	0	1	

(1) 与えられた連立 1 次方程式が

$$\left(\begin{array}{ccc|c} 1 & 0 & 1 & -3 \\ 0 & 1 & -2 & 2 \\ 0 & 0 & 0 & 0 \end{array}\right) \quad \text{すなわち} \quad \begin{cases} x \quad + \ z = -3 \\ \quad y - 2z = \ \ 2 \\ \qquad\quad 0 = \ \ 0 \end{cases}$$

となり，$\mathrm{rank}\, A_+ = \mathrm{rank}\, A = 2$ である．未知数は 3 つであるが方程式は 2 つしかないから，x, y, z の値を決定することはできない．このことは，未知数のうち 1 つの値を任意に決めることができることを意味している．この場合，$z = t$（t は任意の実数）とおくと，

$$\begin{cases} x = -t - 3 \\ y = \ 2t + 2 \\ z = \ \ t \end{cases} \quad (t \text{ は任意の実数})$$

となり，これが方程式 (1) の解である．t は任意であるから，(1) は無数の解をもつ．

(2) 与えられた連立 1 次方程式が

$$\left(\begin{array}{ccc|c} 1 & 0 & 1 & -3 \\ 0 & 1 & -2 & 2 \\ 0 & 0 & 0 & 1 \end{array}\right)$$

となり，$\mathrm{rank}\, A_+ = 3$, $\mathrm{rank}\, A = 2$ である．最後の行は $0x + 0y + 0z = 1$ を意味し，これを満たす x, y, z は存在しない．したがって，方程式 (2) は解をもたない．

一般に，連立 1 次方程式について，係数行列・拡大係数行列の階数と解との関係は，次のようにまとめることができる．

5.4　連立 1 次方程式の解の分類

$$A = \begin{pmatrix} a_{11} & a_{12} & \cdots & a_{1n} \\ a_{21} & a_{22} & \cdots & a_{2n} \\ \vdots & \vdots & \ddots & \vdots \\ a_{m1} & a_{m2} & \cdots & a_{mn} \end{pmatrix}, \quad \boldsymbol{x} = \begin{pmatrix} x_1 \\ x_2 \\ \vdots \\ x_n \end{pmatrix}, \quad \boldsymbol{b} = \begin{pmatrix} b_1 \\ b_2 \\ \vdots \\ b_m \end{pmatrix}$$

とする．n 個の未知数に関する連立 1 次方程式 $A\boldsymbol{x} = \boldsymbol{b}$ の拡大係数行列を $A_+ = (A \mid \boldsymbol{b})$ とするとき，次が成り立つ．

(1)　$\mathrm{rank}\, A = \mathrm{rank}\, A_+ = n \iff A\boldsymbol{x} = \boldsymbol{b}$ はただ 1 組の解をもつ

(2)　$\mathrm{rank}\, A = \mathrm{rank}\, A_+ < n \iff A\boldsymbol{x} = \boldsymbol{b}$ は無数の解をもつ

(3)　$\mathrm{rank}\, A < \mathrm{rank}\, A_+ \iff A\boldsymbol{x} = \boldsymbol{b}$ は解をもたない

とくに，未知数の個数 n と方程式の個数 m が一致するとき，係数行列 A は正方行列になり，次のことが成り立つ．

$$A \text{ が正則} \iff \mathrm{rank}\, A = n \iff A\boldsymbol{x} = \boldsymbol{b} \text{ がただ 1 組の解をもつ}$$

note　任意の値をとることができる未知数の個数を**解の自由度**という．例題 5.4(1) では，

$$\begin{cases} x = -z - 3 \\ y = \ \ 2z + 2 \end{cases}$$

となって，3 個の未知数のうち 1 個（いまの場合は z）の値を自由に決めることができる．したがって，解の自由度は 1 である．

一般に，n 個の未知数に関する連立 1 次方程式が解をもつとき，解の自由度は $n - \mathrm{rank}\, A$ である．

問5.4　次の連立 1 次方程式が解をもつかどうかを調べ，もつ場合にはその解を求めよ．

(1) $\begin{cases} x - 3y + 3z = -1 \\ -x + 4y - 5z = 2 \\ 3x - 7y + 5z = -1 \end{cases}$　　(2) $\begin{cases} -3x + 9y + 3z = 1 \\ 2x - 3y + 4z = 3 \\ x - 2y + z = 1 \end{cases}$

note　2 つの連立 1 次方程式

$$\begin{cases} a_1x + b_1y = c_1 \\ a_2x + b_2y = c_2 \end{cases} \quad \cdots\cdots ①$$

$$\begin{cases} a_1x + b_1y + c_1z = d_1 \\ a_2x + b_2y + c_2z = d_2 \\ a_3x + b_3y + c_3z = d_3 \end{cases} \quad \cdots\cdots ②$$

について考える．

① は平面上の 2 つの直線の交点を求める問題である．2 つの直線の位置関係と連立 1 次方程式の解の個数の関係は，次のようになる．

（i）ただ 1 点で交わるとき　ただ 1 組の解をもつ
（ii）一致するとき　無数の解をもつ
（iii）平行で一致しないとき　解をもたない

② は空間の 3 つの平面の交点を求める問題である．3 つの平面の位置関係と連立 1 次方程式の解の個数の関係は，次のようになる．

（i）ただ 1 点で交わるとき　ただ 1 組の解をもつ
（ii）直線を共有するとき　無数の解をもつ
（iii）共有点をもたないとき　解をもたない

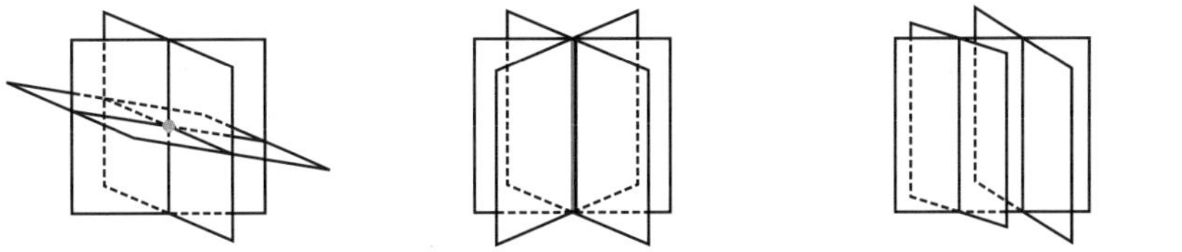

斉次連立 1 次方程式の解

$\begin{cases} 3x + 2y = 0 \\ 2x - 5y = 0 \end{cases}$ のように，定数項ベクトルが零ベクトルである連立 1 次方程式 $A\boldsymbol{x} = \boldsymbol{0}$ を**斉次**（せいじ）**連立 1 次方程式**という．

$A\boldsymbol{0} = \boldsymbol{0}$ であるから，$\boldsymbol{x} = \boldsymbol{0}$ は斉次連立 1 次方程式 $A\boldsymbol{x} = \boldsymbol{0}$ の解である．したがって，斉次連立 1 次方程式はつねに解をもつ．解 $\boldsymbol{x} = \boldsymbol{0}$ を**自明な解**という．

斉次連立 1 次方程式では $\mathrm{rank}\, A_+ = \mathrm{rank}\, A$ であるから，次が成り立つ．

5.5　斉次連立 1 次方程式の解

方程式が m 個，未知数が n 個の斉次連立 1 次方程式の係数行列 A は $m \times n$ 型行列である．このとき，次が成り立つ．

$$\mathrm{rank}\, A = n \iff \text{斉次連立 1 次方程式 } A\boldsymbol{x} = \boldsymbol{0} \text{ は自明な解だけをもつ}$$

とくに，$m = n$ のとき，A が正則であれば $\mathrm{rank}\, A = n$ となるから，$A\boldsymbol{x} = \boldsymbol{0}$ は自明な解だけをもつ．

斉次連立 1 次方程式の定数項ベクトルは $\mathbf{0}$ であるから，掃き出し法を行うときは，定数項ベクトルを省略して，係数行列 A に行の基本変形を行えばよい．

例題 5.5　斉次連立 1 次方程式

斉次連立 1 次方程式 $\begin{cases} x+3y-z=0 \\ 2x+8y-4z=0 \\ -4x-7y-z=0 \end{cases}$ が $x=y=z=0$ 以外の解をもつかどうかを調べ，もつ場合にはその解を求めよ．

解 掃き出し法によって調べる．

1	3	−1	
2	8	−4	⋯ ②＋①×(−2)
−4	−7	−1	⋯ ③＋①×4
1	3	−1	
0	2	−2	⋯ ②×$\frac{1}{2}$
0	5	−5	
1	3	−1	⋯ ①＋②×(−3)
0	1	−1	
0	5	−5	⋯ ③＋②×(−5)
1	0	2	
0	1	−1	
0	0	0	

このことから，斉次連立 1 次方程式は

$$\begin{cases} x \quad +2z=0 \\ \quad y-z=0 \end{cases} \quad \text{よって} \quad \begin{cases} x=-2z \\ y=z \end{cases}$$

を満たし，この場合は z の値を任意に決めることができる．$z=t$ とおくと，解は

$$\begin{cases} x=-2t \\ y=t \\ z=t \end{cases} \quad (t \text{ は任意の実数})$$

となる．$t\neq 0$ のとき，$x=y=z=0$ 以外の解が得られる．

問5.5　斉次連立 1 次方程式 $\begin{cases} x+y+z=0 \\ -2x-y+2z=0 \\ 3x+y-5z=0 \end{cases}$ が $x=y=z=0$ 以外の解をもつかどうかを調べ，もつ場合にはその解を求めよ．

5.5 ベクトルの線形独立と線形従属

線形独立と線形従属 3 つのベクトル $\boldsymbol{a}, \boldsymbol{b}, \boldsymbol{c}$ が同一平面上にあれば，たとえば，$\boldsymbol{c} = 2\boldsymbol{a} + \boldsymbol{b}$ のように，1 つのベクトルを残りの 2 つのベクトルで表すことができる（図 1）．このとき，関係式 $2\boldsymbol{a} + \boldsymbol{b} - \boldsymbol{c} = \boldsymbol{0}$ が成り立つ．

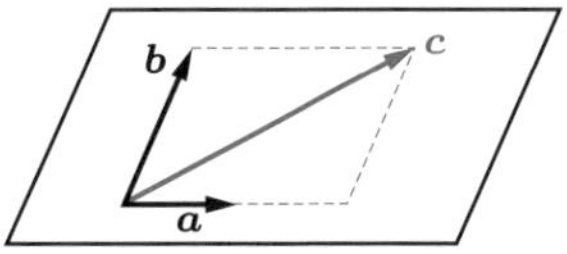

(図1)

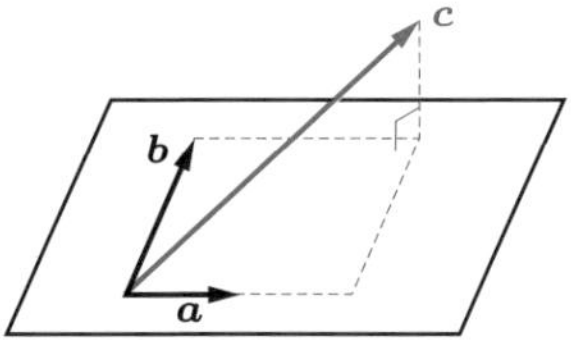

(図2)

一般に，$x = y = z = 0$ 以外の実数 x, y, z に対して，関係式

$$x\boldsymbol{a} + y\boldsymbol{b} + z\boldsymbol{c} = \boldsymbol{0} \qquad \cdots\cdots ①$$

が成り立つとき，$\boldsymbol{a}, \boldsymbol{b}, \boldsymbol{c}$ は同一平面上にある．たとえば，$z \neq 0$ であれば，

$$\boldsymbol{c} = -\frac{x}{z}\boldsymbol{a} - \frac{y}{z}\boldsymbol{b}$$

として，$\boldsymbol{c}$ を残りのベクトルで表すことができるからである．

$\boldsymbol{a}, \boldsymbol{b}, \boldsymbol{c}$ が同一平面上にないときは，1 つのベクトルを残りのベクトルで表すことができない（図 2）．そのとき，関係式 ① は $x = y = z = 0$ 以外では成り立たない．

この考え方を一般化して，次のように定める．

ベクトルの組 $\boldsymbol{a}_1, \boldsymbol{a}_2, \ldots, \boldsymbol{a}_n$ が与えられたとする．$x_1 = x_2 = \cdots = x_n = 0$ 以外の実数 $x_1, x_2, \ldots, x_n$ に対して

$$x_1\boldsymbol{a}_1 + x_2\boldsymbol{a}_2 + \cdots + x_n\boldsymbol{a}_n = \boldsymbol{0} \qquad \cdots\cdots ②$$

が成り立つとき，$\boldsymbol{a}_1, \boldsymbol{a}_2, \ldots, \boldsymbol{a}_n$ は**線形従属**または **1 次従属**であるという．また，関係式 ② が $x_1 = x_2 = \cdots = x_n = 0$ 以外では成り立たないとき，ベクトルの組 $\boldsymbol{a}_1, \boldsymbol{a}_2, \ldots, \boldsymbol{a}_n$ は**線形独立**または **1 次独立**であるという．

$\boldsymbol{a}_1, \boldsymbol{a}_2, \ldots, \boldsymbol{a}_n$ が線形従属であるとき，$\boldsymbol{a}_1, \boldsymbol{a}_2, \ldots, \boldsymbol{a}_n$ のうち少なくとも 1 つは，残りのベクトルを用いて表すことができる．たとえば，$x_n \neq 0$ ならば

$$\boldsymbol{a}_n = -\frac{x_1}{x_n}\boldsymbol{a}_1 - \frac{x_2}{x_n}\boldsymbol{a}_2 - \cdots - \frac{x_{n-1}}{x_n}\boldsymbol{a}_{n-1} \qquad \cdots\cdots ③$$

として，$\boldsymbol{a}_n$ を残りのベクトルで表すことができる．③の右辺を，$\boldsymbol{a}_1, \boldsymbol{a}_2, \ldots, \boldsymbol{a}_{n-1}$ の**線形結合**または**1 次結合**という．一方，$\boldsymbol{a}_1, \boldsymbol{a}_2, \ldots, \boldsymbol{a}_n$ が線形独立であるときは，1 つのベクトルを残りのベクトルの線形結合で表すことはできない．

例 5.6　(1)　2 つのベクトル $\boldsymbol{a}_1 = \begin{pmatrix} 1 \\ -2 \end{pmatrix}$, $\boldsymbol{a}_2 = \begin{pmatrix} -3 \\ 6 \end{pmatrix}$ は $\boldsymbol{a}_2 = -3\boldsymbol{a}_1$ を満たすから，関係式 $3\boldsymbol{a}_1 + \boldsymbol{a}_2 = \boldsymbol{0}$ が成り立つ．したがって，$\boldsymbol{a}_1, \boldsymbol{a}_2$ は線形従属である．

(2)　ベクトル $\boldsymbol{a}_1 = \begin{pmatrix} 1 \\ 2 \\ -4 \end{pmatrix}$, $\boldsymbol{a}_2 = \begin{pmatrix} 3 \\ 8 \\ -7 \end{pmatrix}$ $\boldsymbol{a}_3 = \begin{pmatrix} -1 \\ -4 \\ -1 \end{pmatrix}$ について，関係式 $x\boldsymbol{a}_1 + y\boldsymbol{a}_2 + z\boldsymbol{a}_3 = \boldsymbol{0}$ は

$$x\begin{pmatrix} 1 \\ 2 \\ -4 \end{pmatrix} + y\begin{pmatrix} 3 \\ 8 \\ -7 \end{pmatrix} + z\begin{pmatrix} -1 \\ -4 \\ -1 \end{pmatrix} = \begin{pmatrix} 0 \\ 0 \\ 0 \end{pmatrix}$$

$$\text{すなわち}\quad \begin{cases} x + 3y - z = 0 \\ 2x + 8y - 4z = 0 \\ -4x - 7y - z = 0 \end{cases}$$

となる．この方程式は，例題 5.5 により，たとえば $x = -2, y = 1, z = 1$ という解をもつから，$-2\boldsymbol{a}_1 + \boldsymbol{a}_2 + \boldsymbol{a}_3 = \boldsymbol{0}$ が成り立つ．したがって，$\boldsymbol{a}_1, \boldsymbol{a}_2, \boldsymbol{a}_3$ は線形従属である．

3 つのベクトル $\boldsymbol{a}_1, \boldsymbol{a}_2, \boldsymbol{a}_3$ を

$$\boldsymbol{a}_1 = \begin{pmatrix} a_{11} \\ a_{21} \\ a_{31} \end{pmatrix}, \quad \boldsymbol{a}_2 = \begin{pmatrix} a_{12} \\ a_{22} \\ a_{32} \end{pmatrix}, \quad \boldsymbol{a}_3 = \begin{pmatrix} a_{13} \\ a_{23} \\ a_{33} \end{pmatrix}$$

とすると，関係式 $x\boldsymbol{a}_1 + y\boldsymbol{a}_2 + z\boldsymbol{a}_3 = \boldsymbol{0}$ は，$A = \begin{pmatrix} \boldsymbol{a}_1 & \boldsymbol{a}_2 & \boldsymbol{a}_3 \end{pmatrix}$ を係数行列とする斉次連立 1 次方程式

$$
A\boldsymbol{x} = \boldsymbol{0} \quad \text{すなわち} \quad \begin{cases} a_{11}x + a_{12}y + a_{13}z = 0 \\ a_{21}x + a_{22}y + a_{23}z = 0 \\ a_{31}x + a_{32}y + a_{33}z = 0 \end{cases}
$$

となる．よって，ベクトルの組 $\boldsymbol{a}_1$, $\boldsymbol{a}_2$, $\boldsymbol{a}_3$ が線形独立であれば，$A\boldsymbol{x} = \boldsymbol{0}$ が $x = y = z = 0$ 以外の解をもたないことになるから，A は正則である．逆に，A が正則であれば，$A\boldsymbol{x} = \boldsymbol{0}$ は $\boldsymbol{x} = \boldsymbol{0}$ 以外の解をもたない．すなわち，$\boldsymbol{a}_1$, $\boldsymbol{a}_2$, $\boldsymbol{a}_3$ は線形独立である．

一般に，次のことが成り立つ．

5.6 ベクトルの線形独立性

n 個の m 次元列ベクトル $\boldsymbol{a}_1, \boldsymbol{a}_2, \ldots, \boldsymbol{a}_n$ に対して，これらを列ベクトルとする $m \times n$ 型行列を $A = \begin{pmatrix} \boldsymbol{a}_1 & \boldsymbol{a}_2 & \cdots & \boldsymbol{a}_n \end{pmatrix}$ とするとき，次が成り立つ．

$$
\boldsymbol{a}_1, \boldsymbol{a}_2, \ldots, \boldsymbol{a}_n \text{ が線形独立} \iff \operatorname{rank} A = n
$$

とくに，$m = n$ のとき，$\boldsymbol{a}_1, \boldsymbol{a}_2, \ldots, \boldsymbol{a}_n$ が線形独立となるための必要十分条件は，A が正則であることである．

例題 5.6 線形独立性の判定

次のベクトルの組が線形独立かどうか判定せよ．線形従属であるときには，$\boldsymbol{a}_1$ を $\boldsymbol{a}_2$, $\boldsymbol{a}_3$ を用いて表せ．

(1) $\boldsymbol{a}_1 = \begin{pmatrix} 1 \\ 2 \\ 3 \end{pmatrix}$, $\boldsymbol{a}_2 = \begin{pmatrix} 4 \\ -5 \\ 6 \end{pmatrix}$, $\boldsymbol{a}_3 = \begin{pmatrix} 7 \\ -8 \\ -9 \end{pmatrix}$

(2) $\boldsymbol{a}_1 = \begin{pmatrix} 1 \\ 2 \\ 3 \end{pmatrix}$, $\boldsymbol{a}_2 = \begin{pmatrix} 1 \\ 3 \\ 6 \end{pmatrix}$, $\boldsymbol{a}_3 = \begin{pmatrix} 1 \\ 4 \\ 9 \end{pmatrix}$

解 $A = \begin{pmatrix} \boldsymbol{a}_1 & \boldsymbol{a}_2 & \boldsymbol{a}_3 \end{pmatrix}$ とする．

(1) A に行の基本変形を行うと

$$A = \begin{pmatrix} 1 & 4 & 7 \\ 2 & -5 & -8 \\ 3 & 6 & -9 \end{pmatrix} \sim \begin{pmatrix} 1 & 0 & 0 \\ 0 & 1 & 0 \\ 0 & 0 & 1 \end{pmatrix}$$

となるから，$\operatorname{rank} A = 3$ である．したがって，$\boldsymbol{a}_1, \boldsymbol{a}_2, \boldsymbol{a}_3$ は線形独立である．

(2)　A に行の基本変形を行うと

$$A = \begin{pmatrix} 1 & 1 & 1 \\ 2 & 3 & 4 \\ 3 & 6 & 9 \end{pmatrix} \sim \begin{pmatrix} 1 & 0 & -1 \\ 0 & 1 & 2 \\ 0 & 0 & 0 \end{pmatrix}$$

となるから $\operatorname{rank} A = 2 < 3$ である．したがって，$\boldsymbol{a}_1, \boldsymbol{a}_2, \boldsymbol{a}_3$ は線形従属である．x, y, z は $x - z = 0,\ y + 2z = 0$ を満たすから，たとえば，1組の解 $x = 1,\ y = -2,\ z = 1$ が得られる．よって，関係式

$$\boldsymbol{a}_1 - 2\boldsymbol{a}_2 + \boldsymbol{a}_3 = \begin{pmatrix} 1 \\ 2 \\ 3 \end{pmatrix} - 2\begin{pmatrix} 1 \\ 3 \\ 6 \end{pmatrix} + \begin{pmatrix} 1 \\ 4 \\ 9 \end{pmatrix} = \begin{pmatrix} 0 \\ 0 \\ 0 \end{pmatrix} = \mathbf{0}$$

が成り立つ．したがって，$\boldsymbol{a}_1$ を残りのベクトルの線形結合として，

$$\boldsymbol{a}_1 = 2\boldsymbol{a}_2 - \boldsymbol{a}_3$$

と表すことができる．

問5.6　次のベクトルの組が線形独立かどうか判定せよ．線形従属であるときには，$\boldsymbol{a}_1$ を $\boldsymbol{a}_2, \boldsymbol{a}_3$ を用いて表せ．

(1)　$\boldsymbol{a}_1 = \begin{pmatrix} 3 \\ -1 \\ 4 \end{pmatrix}$，　$\boldsymbol{a}_2 = \begin{pmatrix} 1 \\ -2 \\ 5 \end{pmatrix}$，　$\boldsymbol{a}_3 = \begin{pmatrix} 3 \\ 4 \\ -7 \end{pmatrix}$

(2)　$\boldsymbol{a}_1 = \begin{pmatrix} 2 \\ 2 \\ 1 \end{pmatrix}$，　$\boldsymbol{a}_2 = \begin{pmatrix} -2 \\ 1 \\ 0 \end{pmatrix}$，　$\boldsymbol{a}_3 = \begin{pmatrix} 1 \\ -2 \\ 1 \end{pmatrix}$

正方行列の正則性との同値条件 ここで，これまでに扱った正方行列の正則性に関連した性質をまとめておく．

5.7 正方行列の正則性

A は n 次正方行列であるとする．A が正則であるとは，A の逆行列 A^{-1} が存在することであり，次のそれぞれの条件と互いに同値である．

(1) $|A| \neq 0$ [→定理 4.11]

(2) A は行の基本変形によって単位行列に変形することができる [→定理 5.3]

(3) $\mathrm{rank}\, A = n$ [→定理 5.3]

(4) 連立 1 次方程式 $A\boldsymbol{x} = \boldsymbol{b}$ はただ 1 組の解をもつ [→定理 5.4]

(5) 斉次連立 1 次方程式 $A\boldsymbol{x} = \boldsymbol{0}$ は自明な解だけをもつ [→定理 5.5]

(6) A の列ベクトルは線形独立である [→定理 5.6]

コーヒーブレイク

行列の行に関する基本変形は，左側からある正則行列をかけることで実現することができる．たとえば，2 行目を t 倍 $(t \neq 0)$ する，1 行目と 3 行目を交換する，2 行目を t 倍して 1 行目に加えるという基本変形は，それぞれ次の行列を左側からかければよい．これらの行列はいずれも正則行列である．

$$\begin{pmatrix} 1 & 0 & 0 \\ 0 & t & 0 \\ 0 & 0 & 1 \end{pmatrix}, \quad \begin{pmatrix} 0 & 0 & 1 \\ 0 & 1 & 0 \\ 1 & 0 & 0 \end{pmatrix}, \quad \begin{pmatrix} 1 & t & 0 \\ 0 & 1 & 0 \\ 0 & 0 & 1 \end{pmatrix}$$

実際，3 番目の行列を左側からかけてみると

$$\begin{pmatrix} 1 & t & 0 \\ 0 & 1 & 0 \\ 0 & 0 & 1 \end{pmatrix} \begin{pmatrix} a_1 & b_1 & c_1 \\ a_2 & b_2 & c_2 \\ a_3 & b_3 & c_3 \end{pmatrix} = \begin{pmatrix} a_1 + ta_2 & b_1 + tb_2 & c_1 + tc_2 \\ a_2 & b_2 & c_2 \\ a_3 & b_3 & c_3 \end{pmatrix}$$

となり，2 行目を t 倍したものが 1 行目に加えられている．

このような 3 種類の行列を**基本行列**という．基本行列を右側からかけると，列に関する基本変形になる．

練習問題 5

[1] 次の連立 1 次方程式の係数行列 A と拡大係数行列 A_+ の階数を求め，解をもつかどうかを調べ，もつ場合にはその解を求めよ．

(1) $\begin{cases} 2x + y - 2z = -1 \\ 3x + 2y + z = -5 \\ 2x + 3y - 5z = 4 \end{cases}$　　(2) $\begin{cases} x - 3y - 2z = 1 \\ 2x - 6y - 4z = 3 \\ -x + 3y + 2z = -2 \end{cases}$

(3) $\begin{cases} x + 2y - z = 4 \\ 2x + 4y - 2z = 8 \\ -3x - 6y + 3z = -12 \end{cases}$　　(4) $\begin{cases} x + y - 3z - w = 0 \\ 2x + y - 4z + w = 1 \\ 3x - y - z + 9w = 4 \\ x - 2y + 3z + 8w = 3 \end{cases}$

[2] 基本変形を用いて，次の行列の逆行列を求めよ．

(1) $\begin{pmatrix} 1 & 2 & -3 \\ 2 & 3 & -5 \\ 1 & 3 & -3 \end{pmatrix}$　　(2) $\begin{pmatrix} 3 & -2 & 1 \\ 1 & 0 & -1 \\ 2 & -1 & -1 \end{pmatrix}$　　(3) $\begin{pmatrix} 1 & 3 & 7 \\ 4 & -1 & 6 \\ 5 & -11 & -9 \end{pmatrix}$

[3] 斉次連立 1 次方程式 $\begin{cases} 2x + ky = 0 \\ 3x - 6y = 0 \end{cases}$ が $x = y = 0$ 以外の解をもつとき，次の問いに答えよ．

(1)　定数 k の値を求めよ．　　(2)　$x = y = 0$ 以外の解を求めよ．

[4] 次の斉次連立 1 次方程式が $x = y = z = 0$ 以外の解をもつかどうかを調べ，もつ場合にはその解を求めよ．

(1) $\begin{cases} x + y + 3z = 0 \\ 3x + 2y + 4z = 0 \\ 7x + y - 9z = 0 \end{cases}$　　(2) $\begin{cases} -x + 3y - z = 0 \\ 2x - 6y + 2z = 0 \\ 5x - 15y + 5z = 0 \end{cases}$

(3) $\begin{cases} 3y - z = 0 \\ x + 2y + z = 0 \\ -x + 3y - 5z = 0 \end{cases}$

[5] 次のベクトルの組が線形独立かどうか判定せよ．線形従属であるときには，$\boldsymbol{a}_1$ を $\boldsymbol{a}_2$，$\boldsymbol{a}_3$ を用いて表せ．

(1) $\boldsymbol{a}_1 = \begin{pmatrix} 1 \\ -2 \\ 0 \end{pmatrix}$, $\boldsymbol{a}_2 = \begin{pmatrix} 2 \\ -4 \\ -1 \end{pmatrix}$, $\boldsymbol{a}_3 = \begin{pmatrix} 3 \\ 0 \\ 2 \end{pmatrix}$

(2) $\boldsymbol{a}_1 = \begin{pmatrix} -1 \\ -3 \\ 4 \end{pmatrix}$, $\boldsymbol{a}_2 = \begin{pmatrix} -6 \\ 2 \\ 4 \end{pmatrix}$, $\boldsymbol{a}_3 = \begin{pmatrix} -1 \\ 2 \\ -1 \end{pmatrix}$

COLUMN
日常に活きている数学

行列式の特徴づけ

$\boldsymbol{a} = \begin{pmatrix} a_1 \\ a_2 \end{pmatrix}$, $\boldsymbol{b} = \begin{pmatrix} b_1 \\ b_2 \end{pmatrix}$ に対して実数値をとる関数（写像）を

$$F(\boldsymbol{a}, \boldsymbol{b}) = \begin{vmatrix} a_1 & b_1 \\ a_2 & b_2 \end{vmatrix}$$

により定めると，行列式の性質から，関数 $F(\boldsymbol{a}, \boldsymbol{b})$ は次のような性質をもっている．

$$F(s\boldsymbol{a}, \boldsymbol{b}) = sF(\boldsymbol{a}, \boldsymbol{b}) \qquad F(\boldsymbol{a}, t\boldsymbol{b}) = tF(\boldsymbol{a}, \boldsymbol{b}) \qquad (s,\ t \text{ は実数})$$

$$F(\boldsymbol{a} + \boldsymbol{c}, \boldsymbol{b}) = F(\boldsymbol{a}, \boldsymbol{b}) + F(\boldsymbol{c}, \boldsymbol{b}) \quad F(\boldsymbol{a}, \boldsymbol{b} + \boldsymbol{c}) = F(\boldsymbol{a}, \boldsymbol{b}) + F(\boldsymbol{a}, \boldsymbol{c})$$

$$F(\boldsymbol{b}, \boldsymbol{a}) = -F(\boldsymbol{a}, \boldsymbol{b})$$

逆に，2 個のベクトル $\boldsymbol{a}$, $\boldsymbol{b}$ に対して実数値をとる関数 $G(\boldsymbol{a}, \boldsymbol{b})$ が，任意の実数 s, t, および任意のベクトル $\boldsymbol{a}$, $\boldsymbol{b}$, $\boldsymbol{c}$ に対して

$$G(s\boldsymbol{a}, \boldsymbol{b}) = sG(\boldsymbol{a}, \boldsymbol{b}) \quad \cdots ① \qquad G(\boldsymbol{a}, t\boldsymbol{b}) = tG(\boldsymbol{a}, \boldsymbol{b}) \quad \cdots ②$$

$$G(\boldsymbol{a} + \boldsymbol{c}, \boldsymbol{b}) = G(\boldsymbol{a}, \boldsymbol{b}) + G(\boldsymbol{c}, \boldsymbol{b}) \cdots ③ \qquad G(\boldsymbol{a}, \boldsymbol{b} + \boldsymbol{c}) = G(\boldsymbol{a}, \boldsymbol{b}) + G(\boldsymbol{a}, \boldsymbol{c}) \cdots ④$$

$$G(\boldsymbol{b}, \boldsymbol{a}) = -G(\boldsymbol{a}, \boldsymbol{b}) \quad \cdots ⑤$$

を満たしたら，$G(\boldsymbol{a}, \boldsymbol{b})$ はどのような関数であろうか．まず，①，③と②，④より

$$G(s\boldsymbol{a} + t\boldsymbol{c}, \boldsymbol{b}) = G(s\boldsymbol{a}, \boldsymbol{b}) + G(t\boldsymbol{c}, \boldsymbol{b}) = sG(\boldsymbol{a}, \boldsymbol{b}) + tG(\boldsymbol{c}, \boldsymbol{b}) \quad \cdots\cdots ⑥$$

$$G(\boldsymbol{a}, s\boldsymbol{b} + t\boldsymbol{c}) = G(\boldsymbol{a}, s\boldsymbol{b}) + G(\boldsymbol{a}, t\boldsymbol{b}) = sG(\boldsymbol{a}, \boldsymbol{b}) + tG(\boldsymbol{a}, \boldsymbol{c}) \quad \cdots\cdots ⑦$$

が成り立つ．また，⑤より $\boldsymbol{b} = \boldsymbol{a}$ とおくと，次の式も成り立つ．

$$G(\boldsymbol{a}, \boldsymbol{a}) = 0 \quad \cdots\cdots ⑧$$

基本ベクトル $\boldsymbol{e}_1, \boldsymbol{e}_2$ を用いて $\boldsymbol{a} = a_1\boldsymbol{e}_1 + a_2\boldsymbol{e}_2, \boldsymbol{b} = b_1\boldsymbol{e}_1 + b_2\boldsymbol{e}_2$ とすると，

$$\begin{aligned} G(\boldsymbol{a}, \boldsymbol{b}) &= G(a_1\boldsymbol{e}_1 + a_2\boldsymbol{e}_2, \boldsymbol{b}) = a_1G(\boldsymbol{e}_1, \boldsymbol{b}) + a_2G(\boldsymbol{e}_2, \boldsymbol{b}) \quad [⑥より] \\ &= a_1G(\boldsymbol{e}_1, b_1\boldsymbol{e}_1 + b_2\boldsymbol{e}_2) + a_2G(\boldsymbol{e}_2, b_1\boldsymbol{e}_1 + b_2\boldsymbol{e}_2) \\ &= a_1b_2G(\boldsymbol{e}_1, \boldsymbol{e}_2) + a_2b_1G(\boldsymbol{e}_2, \boldsymbol{e}_1) \quad [⑦, ⑧より] \\ &= (a_1b_2 - a_2b_1)G(\boldsymbol{e}_1, \boldsymbol{e}_2) = \begin{vmatrix} a_1 & b_1 \\ a_2 & b_2 \end{vmatrix} G(\boldsymbol{e}_1, \boldsymbol{e}_2) \end{aligned}$$

が成り立つ．したがって，$G(\boldsymbol{a}, \boldsymbol{b})$ が①〜⑤を満たし，さらに $G(\boldsymbol{e}_1, \boldsymbol{e}_2) = 1$ を満たせば，$G(\boldsymbol{a}, \boldsymbol{b})$ は $F(\boldsymbol{a}, \boldsymbol{b})$ と一致し行列式を定義している．

以上の議論は行ベクトルにも行うことができ，3 次以上の場合にも拡張することができる．

Chapter 3

線形変換と固有値

6 線形変換

6.1 線形変換とその表現行列

線形変換　平面上の図形を拡大したり回転したりする操作は，数学的には図形を図形に対応させる「変換」としてとらえることができる．とくに，拡大や回転などの比較的単純な変換は線形変換とよばれ，行列を用いて表すことができる．

一般に，平面上の点 $\mathrm{P}(x, y)$ に点 $\mathrm{P}'(x', y')$ を対応させる規則があるとき，これを**変換**といい，f などの記号で表す．変換 f によって点 P に点 P$'$ が対応するとき，$f(\mathrm{P}) = \mathrm{P}'$ と表し，P$'$ を f による P の**像**という．また，図形 C のすべての点の像からなる図形 C' を図形 C の像という．

ここでは，変換のうち，a, b, c, d を定数として，

$$\begin{cases} x' = ax + by \\ y' = cx + dy \end{cases}$$

と表されるものを扱う．このような 1 次式で表される変換を平面上の**線形変換**または**1 次変換**という．

例 6.1　$\begin{cases} x' = 3x - y \\ y' = x - 2y \end{cases}$ で表される線形変換 f による点 $\mathrm{P}(5, 4)$ の像を点 $\mathrm{P}'(x', y')$ とすれば

$$\begin{cases} x' = 3 \cdot 5 - 4 = 11 \\ y' = 5 - 2 \cdot 4 = -3 \end{cases}$$

となる．したがって，f によって点 $\mathrm{P}(5, 4)$ は点 $\mathrm{P}'(11, -3)$ に対応する．

一般の線形変換による原点 $\mathrm{O}(0, 0)$ の像を (x', y') とすれば，

$$\begin{cases} x' = a\cdot 0 + b\cdot 0 = 0 \\ y' = c\cdot 0 + d\cdot 0 = 0 \end{cases}$$

となる．これは，O(0,0) の像が O(0,0) 自身であることを示す．

6.1 線形変換による原点の像

線形変換による原点の像は，また原点である．

$\begin{cases} x' = ax + by \\ y' = cx + dy \end{cases}$ で表される線形変換 f は，ベクトル $\begin{pmatrix} x \\ y \end{pmatrix}$ にベクトル $\begin{pmatrix} x' \\ y' \end{pmatrix}$ を対応させると考えることもできる．線形変換 f によるベクトル $\boldsymbol{p} = \begin{pmatrix} x \\ y \end{pmatrix}$ の像を $f(\boldsymbol{p}) = \begin{pmatrix} x' \\ y' \end{pmatrix}$ と表す．このとき，$A = \begin{pmatrix} a & b \\ c & d \end{pmatrix}$ とおくと

$$f(\boldsymbol{p}) = \begin{pmatrix} x' \\ y' \end{pmatrix} = \begin{pmatrix} ax + by \\ cx + dy \end{pmatrix} = \begin{pmatrix} a & b \\ c & d \end{pmatrix}\begin{pmatrix} x \\ y \end{pmatrix} = A\boldsymbol{p}$$

となるから，$f(\boldsymbol{p}) = A\boldsymbol{p}$ と表すことができる．行列 A を線形変換 f の**表現行列**という．逆に，行列 A が与えられたとき，線形変換 f を $f(\boldsymbol{p}) = A\boldsymbol{p}$ と定めることができる．この変換 f を，行列 A を表現行列とする線形変換という．

線形変換 f は行列 A によって表されるが，線形変換 f と表現行列 A は異なるものである．したがって，これらの記号は区別する必要がある．

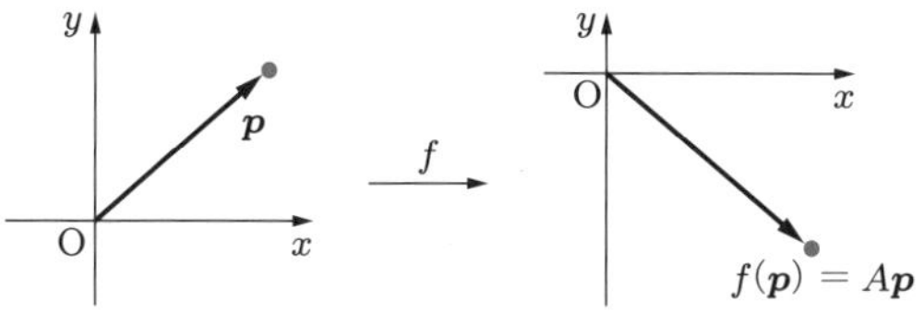

note 空間の点 $\mathrm{P}(x, y, z)$ に点 $\mathrm{P}'(x', y', z')$ を対応させる規則で，

$$\begin{cases} x' = a_1x + b_1y + c_1z \\ y' = a_2x + b_2y + c_2z \\ z' = a_3x + b_3y + c_3z \end{cases} \quad \text{すなわち} \quad \begin{pmatrix} x' \\ y' \\ z' \end{pmatrix} = \begin{pmatrix} a_1 & b_1 & c_1 \\ a_2 & b_2 & c_2 \\ a_3 & b_3 & c_3 \end{pmatrix}\begin{pmatrix} x \\ y \\ z \end{pmatrix}$$

と表されるものを，空間の線形変換という．空間の線形変換の表現行列は 3 次正方行列である．

例 6.1 の $\begin{cases} x' = 3x - \ \ y \\ y' = \ \ x - 2y \end{cases}$ で表される線形変換 f を行列を用いて表すと,

$$\begin{pmatrix} x' \\ y' \end{pmatrix} = \begin{pmatrix} 3 & -1 \\ 1 & -2 \end{pmatrix} \begin{pmatrix} x \\ y \end{pmatrix}$$

である．したがって, f の表現行列は $A = \begin{pmatrix} 3 & -1 \\ 1 & -2 \end{pmatrix}$ であり, ベクトル $\boldsymbol{p} = \begin{pmatrix} 5 \\ 4 \end{pmatrix}$ の f による像は

$$f(\boldsymbol{p}) = A\boldsymbol{p} = \begin{pmatrix} 3 & -1 \\ 1 & -2 \end{pmatrix} \begin{pmatrix} 5 \\ 4 \end{pmatrix} = \begin{pmatrix} 11 \\ -3 \end{pmatrix}$$

として，行列とベクトルの積の計算で求めることができる．

問6.1　$\begin{cases} x' = 2x - 4y \\ y' = 3x + 2y \end{cases}$ で表される線形変換 f の表現行列 A を求めよ．また，f によるベクトル $\boldsymbol{p} = \begin{pmatrix} 5 \\ -2 \end{pmatrix}$ の像 $f(\boldsymbol{p})$ を求めよ．

線形変換の性質　線形変換 f の表現行列を A とする．このとき，任意のベクトル $\boldsymbol{p}$ と実数 t に対して,

$$f(t\boldsymbol{p}) = A(t\boldsymbol{p}) = t(A\boldsymbol{p}) = tf(\boldsymbol{p})$$

が成り立つ．また，2 つのベクトル $\boldsymbol{p}, \boldsymbol{q}$ に対して,

$$f(\boldsymbol{p} + \boldsymbol{q}) = A(\boldsymbol{p} + \boldsymbol{q}) = A\boldsymbol{p} + A\boldsymbol{q} = f(\boldsymbol{p}) + f(\boldsymbol{q})$$

が成り立つ．したがって，線形変換について次の線形性が成り立つ．

6.2　線形変換の線形性

f を線形変換とするとき，任意のベクトル $\boldsymbol{p}, \boldsymbol{q}$ と実数 t に対して，次の式が成り立つ．

(1)　$f(t\boldsymbol{p}) = tf(\boldsymbol{p})$　　　(2)　$f(\boldsymbol{p} + \boldsymbol{q}) = f(\boldsymbol{p}) + f(\boldsymbol{q})$

線形性を用いると，任意の実数 s, t に対して,

$$f(s\boldsymbol{p} + t\boldsymbol{q}) = f(s\boldsymbol{p}) + f(t\boldsymbol{q}) = sf(\boldsymbol{p}) + tf(\boldsymbol{q})$$

が成り立つ.

$\boldsymbol{e}_1, \boldsymbol{e}_2$ を基本ベクトルとするとき，線形変換 f による $\boldsymbol{p} = x\boldsymbol{e}_1 + y\boldsymbol{e}_2$ の像は

$$f(\boldsymbol{p}) = f(x\boldsymbol{e}_1 + y\boldsymbol{e}_2) = xf(\boldsymbol{e}_1) + yf(\boldsymbol{e}_2)$$

となる.

例題 6.1 線形変換による像

表現行列を $\begin{pmatrix} 3 & 1 \\ 1 & 2 \end{pmatrix}$ とする線形変換 f について，次の問いに答えよ.

(1) f による基本ベクトル $\boldsymbol{e}_1, \boldsymbol{e}_2$ の像 $f(\boldsymbol{e}_1), f(\boldsymbol{e}_2)$ を求めよ.

(2) f によるベクトル $\boldsymbol{p} = \boldsymbol{e}_1 + 2\boldsymbol{e}_2$ の像 $f(\boldsymbol{p})$ を求めよ.

解 (1) $\boldsymbol{e}_1, \boldsymbol{e}_2$ の像 $f(\boldsymbol{e}_1), f(\boldsymbol{e}_2)$ はそれぞれ次のようになる.

$$f(\boldsymbol{e}_1) = \begin{pmatrix} 3 & 1 \\ 1 & 2 \end{pmatrix}\begin{pmatrix} 1 \\ 0 \end{pmatrix} = \begin{pmatrix} 3 \\ 1 \end{pmatrix}, \quad f(\boldsymbol{e}_2) = \begin{pmatrix} 3 & 1 \\ 1 & 2 \end{pmatrix}\begin{pmatrix} 0 \\ 1 \end{pmatrix} = \begin{pmatrix} 1 \\ 2 \end{pmatrix}$$

(2) 線形変換の線形性［→定理 6.2］を用いれば，像 $f(\boldsymbol{p})$ は次のようになる.

$$f(\boldsymbol{p}) = f(\boldsymbol{e}_1 + 2\boldsymbol{e}_2) = f(\boldsymbol{e}_1) + 2f(\boldsymbol{e}_2) = \begin{pmatrix} 3 \\ 1 \end{pmatrix} + 2\begin{pmatrix} 1 \\ 2 \end{pmatrix} = \begin{pmatrix} 5 \\ 5 \end{pmatrix}$$

例題 6.1 の線形変換 f による $\boldsymbol{e}_1, \boldsymbol{e}_2, \boldsymbol{p}$ と，それらの像 $f(\boldsymbol{e}_1), f(\boldsymbol{e}_2), f(\boldsymbol{p})$ の位置関係は，次の図のようになる．そして，$\boldsymbol{e}_1, \boldsymbol{e}_2$ を 2 辺とする正方形の内部は，$f(\boldsymbol{e}_1), f(\boldsymbol{e}_2)$ を 2 辺とする平行四辺形の内部に対応する．さらに，左図の個々の正方形はどれも，右図の合同な平行四辺形に対応する．このように，「図形を均一に引き伸ばす変形」が，線形変換のイメージである.

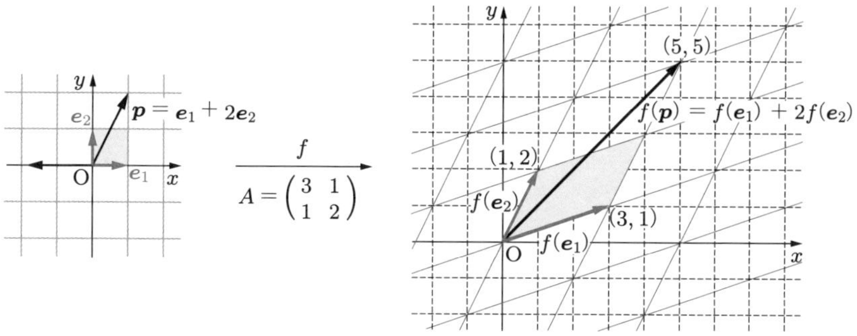

問6.2　表現行列が $\begin{pmatrix} 4 & 2 \\ 3 & 2 \end{pmatrix}$ である線形変換 f について，次の問いに答えよ．

(1)　f による基本ベクトル $\boldsymbol{e}_1, \boldsymbol{e}_2$ の像 $f(\boldsymbol{e}_1), f(\boldsymbol{e}_2)$ を求めよ．

(2)　f によるベクトル $\boldsymbol{p} = 3\boldsymbol{e}_1 - \boldsymbol{e}_2$ の像 $f(\boldsymbol{p})$ を求めよ．

6.2 合成変換と逆変換

合成変換　2 つの線形変換 f, g に対して，$f(\boldsymbol{p}) = \boldsymbol{q}$, $g(\boldsymbol{q}) = \boldsymbol{r}$ とする．このとき，$\boldsymbol{r} = g(f(\boldsymbol{p}))$ として定まる $\boldsymbol{p}$ から $\boldsymbol{r}$ への変換を f と g の**合成変換**といい，$g \circ f$ で表す．

線形変換 f, g の表現行列を，それぞれ A, B とするとき，

$$(g \circ f)(\boldsymbol{p}) = g(f(\boldsymbol{p})) = g(A\boldsymbol{p}) = B(A\boldsymbol{p}) = (BA)\boldsymbol{p}$$

となる．したがって，次のことが成り立つ．

6.3　合成変換

線形変換 f, g の表現行列を，それぞれ A, B とするとき，f と g の合成変換 $g \circ f$ は，行列 BA を表現行列とする線形変換である．

note　変換の順序と行列の積の順序に注意すること．

例 6.2　線形変換 f, g の表現行列をそれぞれ $A = \begin{pmatrix} 3 & -1 \\ -2 & -5 \end{pmatrix}$, $B = \begin{pmatrix} 1 & 0 \\ 2 & 3 \end{pmatrix}$ とするとき，合成変換 $g \circ f$ の表現行列は

$$BA = \begin{pmatrix} 1 & 0 \\ 2 & 3 \end{pmatrix} \begin{pmatrix} 3 & -1 \\ -2 & -5 \end{pmatrix} = \begin{pmatrix} 3 & -1 \\ 0 & -17 \end{pmatrix}$$

である．

問6.3　線形変換 f, g の表現行列を，それぞれ $A = \begin{pmatrix} -2 & -1 \\ 1 & 0 \end{pmatrix}$, $B = \begin{pmatrix} 1 & 3 \\ 0 & -1 \end{pmatrix}$ とする．次の線形変換の表現行列を求めよ．

(1)　$f \circ g$　　(2)　$g \circ f$　　(3)　$f \circ f$

逆変換　線形変換 f の表現行列 A が正則であるとする．$\boldsymbol{q}=f(\boldsymbol{p})$ とすると $\boldsymbol{q}=A\boldsymbol{p}$ であるから，$\boldsymbol{p}=A^{-1}\boldsymbol{q}$ である．したがって，A^{-1} はベクトル $\boldsymbol{q}$ にベクトル $\boldsymbol{p}$ を対応させる線形変換の表現行列である．この対応を，f の**逆変換**といい，f^{-1} で表す．

A が正則でないときは逆行列 A^{-1} が存在しないから，f の逆変換は存在しない．

6.4　逆変換

線形変換 f の表現行列を A とする．f の逆変換 f^{-1} は，A が正則であるときに限って存在し，その表現行列は A^{-1} である．

例 6.3　線形変換 f の表現行列が $A=\begin{pmatrix} 3 & -1 \\ -2 & -5 \end{pmatrix}$ のとき，$|A|=-17\neq 0$ であるから，A は正則である．したがって，f の逆変換 f^{-1} が存在し，f^{-1} の表現行列は

$$A^{-1}=\begin{pmatrix} 3 & -1 \\ -2 & -5 \end{pmatrix}^{-1}=-\frac{1}{17}\begin{pmatrix} -5 & 1 \\ 2 & 3 \end{pmatrix}$$

である．したがって，たとえば $f(\boldsymbol{p})=A\boldsymbol{p}=\begin{pmatrix} 4 \\ 3 \end{pmatrix}$ となるベクトル $\boldsymbol{p}$ は，

$$\boldsymbol{p}=A^{-1}\begin{pmatrix} 4 \\ 3 \end{pmatrix}=-\frac{1}{17}\begin{pmatrix} -5 & 1 \\ 2 & 3 \end{pmatrix}\begin{pmatrix} 4 \\ 3 \end{pmatrix}=\begin{pmatrix} 1 \\ -1 \end{pmatrix}$$

となる．

問 6.4　線形変換 f の表現行列を $A=\begin{pmatrix} 4 & 1 \\ 1 & -2 \end{pmatrix}$ とするとき，f の逆変換の表現行列および $f(\boldsymbol{p})=\begin{pmatrix} 3 \\ -1 \end{pmatrix}$ となるベクトル $\boldsymbol{p}$ を求めよ．

問 6.5　線形変換 f, g の表現行列を，それぞれ $A=\begin{pmatrix} 2 & -1 \\ 1 & 1 \end{pmatrix}$, $B=\begin{pmatrix} 3 & 1 \\ -1 & 1 \end{pmatrix}$ とする．次の線形変換の表現行列を求めよ．

(1)　f^{-1}　　(2)　g^{-1}　　(3)　$f^{-1}\circ g^{-1}$　　(4)　$(f\circ g)^{-1}$

6.3 いろいろな線形変換

線形変換による基本ベクトルの像　線形変換 f の表現行列が $A = \begin{pmatrix} a & b \\ c & d \end{pmatrix}$ であるとき，基本ベクトル $\boldsymbol{e}_1, \boldsymbol{e}_2$ の像は，

$$f(\boldsymbol{e}_1) = \begin{pmatrix} a & b \\ c & d \end{pmatrix}\begin{pmatrix} 1 \\ 0 \end{pmatrix} = \begin{pmatrix} a \\ c \end{pmatrix}$$

$$f(\boldsymbol{e}_2) = \begin{pmatrix} a & b \\ c & d \end{pmatrix}\begin{pmatrix} 0 \\ 1 \end{pmatrix} = \begin{pmatrix} b \\ d \end{pmatrix}$$

となる．したがって，基本ベクトルの像がわかれば，線形変換 f の表現行列は

$$A = \begin{pmatrix} a & b \\ c & d \end{pmatrix} = \begin{pmatrix} f(\boldsymbol{e}_1) & f(\boldsymbol{e}_2) \end{pmatrix}$$

となる．例題 6.1 のあとの図のように，$\boldsymbol{e}_1, \boldsymbol{e}_2$ が作る正方形の f による像は，$f(\boldsymbol{e}_1), f(\boldsymbol{e}_2)$ が作る平行四辺形に対応する．

例 6.4　線形変換 f が $f(\boldsymbol{e}_1) = \begin{pmatrix} -1 \\ 2 \end{pmatrix}$, $f(\boldsymbol{e}_2) = \begin{pmatrix} 3 \\ -1 \end{pmatrix}$ を満たすとき，f の表現行列は $\begin{pmatrix} -1 & 3 \\ 2 & -1 \end{pmatrix}$ である．線形変換 f によって，$\boldsymbol{e}_1, \boldsymbol{e}_2$ が作る正方形は，$f(\boldsymbol{e}_1), f(\boldsymbol{e}_2)$ が作る平行四辺形に対応する．

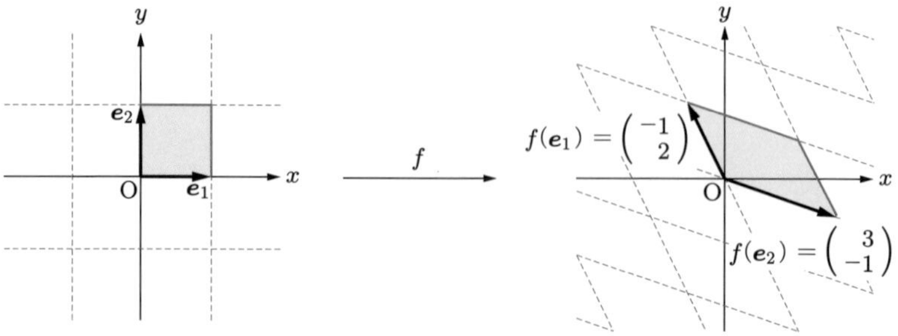

note　線形変換 f が逆変換をもたないとき，たとえば f の表現行列が $\begin{pmatrix} -1 & 1 \\ 2 & -2 \end{pmatrix}$ のときは，$f(\boldsymbol{e}_1), f(\boldsymbol{e}_2)$ を 2 辺とする平行四辺形を作ることはできない．

問6.6　線形変換の表現行列が次のように与えられているとき，基本ベクトルの像 $f(\boldsymbol{e}_1)$, $f(\boldsymbol{e}_2)$ が作る平行四辺形を図示せよ．

(1) $\begin{pmatrix} 4 & 1 \\ 2 & 3 \end{pmatrix}$　　(2) $\begin{pmatrix} -2 & 1 \\ -3 & -4 \end{pmatrix}$

いろいろな線形変換

ここでは，いろいろな線形変換 f の表現行列について調べる．

例 6.5　$a > 0, b > 0$ のとき，ベクトル $\boldsymbol{p} = \begin{pmatrix} x \\ y \end{pmatrix}$ を $\begin{pmatrix} ax \\ by \end{pmatrix}$ に対応させる変換を f とすれば，

$$f(\boldsymbol{p}) = \begin{pmatrix} ax \\ by \end{pmatrix} = \begin{pmatrix} a & 0 \\ 0 & b \end{pmatrix}\begin{pmatrix} x \\ y \end{pmatrix}$$

であるから，f は $\begin{pmatrix} a & 0 \\ 0 & b \end{pmatrix}$ を表現行列とする線形変換である．この線形変換 f は，平面上の図形を x 軸方向に a 倍，y 軸方向に b 倍する．このとき，

$$f(\boldsymbol{e}_1) = \begin{pmatrix} a \\ 0 \end{pmatrix} = a\boldsymbol{e}_1, \quad f(\boldsymbol{e}_2) = \begin{pmatrix} 0 \\ b \end{pmatrix} = b\boldsymbol{e}_2$$

となるから，下図左側の $\boldsymbol{e}_1, \boldsymbol{e}_2$ が作る正方形の像は，右側の長方形になる．

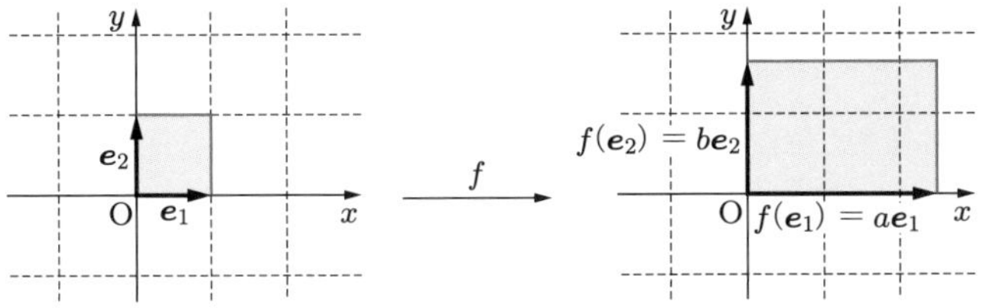

とくに，$a = b = 1$ のとき，すなわち，単位行列を表現行列とする線形変換は，すべての点をそれ自身に対応させる．これを**恒等変換**という．

問6.7　次の行列を表現行列とする線形変換はどのような変換か答えよ．

(1) $\begin{pmatrix} 1 & 0 \\ 0 & 3 \end{pmatrix}$　　(2) $\begin{pmatrix} 2 & 0 \\ 0 & 4 \end{pmatrix}$

例 6.6　ベクトル $\boldsymbol{p} = \begin{pmatrix} x \\ y \end{pmatrix}$ を $\begin{pmatrix} y \\ x \end{pmatrix}$ に対応させる変換を f とすれば,

$$f(\boldsymbol{p}) = \begin{pmatrix} y \\ x \end{pmatrix} = \begin{pmatrix} 0 & 1 \\ 1 & 0 \end{pmatrix} \begin{pmatrix} x \\ y \end{pmatrix}$$

であるから, f は $\begin{pmatrix} 0 & 1 \\ 1 & 0 \end{pmatrix}$ を表現行列とする線形変換である. f による点 $\mathrm{P}(x, y)$ の像は点 $\mathrm{P}'(y, x)$ であり, 点 P と P′ は直線 $y = x$ に関して対称であるから, f は直線 $y = x$ に関する対称移動である. このとき,

$$f(\boldsymbol{e}_1) = \begin{pmatrix} 0 \\ 1 \end{pmatrix} = \boldsymbol{e}_2, \quad f(\boldsymbol{e}_2) = \begin{pmatrix} 1 \\ 0 \end{pmatrix} = \boldsymbol{e}_1$$

となるから, $\boldsymbol{e}_1, \boldsymbol{e}_2$ が作る正方形の像は, 下図左側の正方形を直線 $y = x$ に関して対称移動したものであり, 右側の正方形になる.

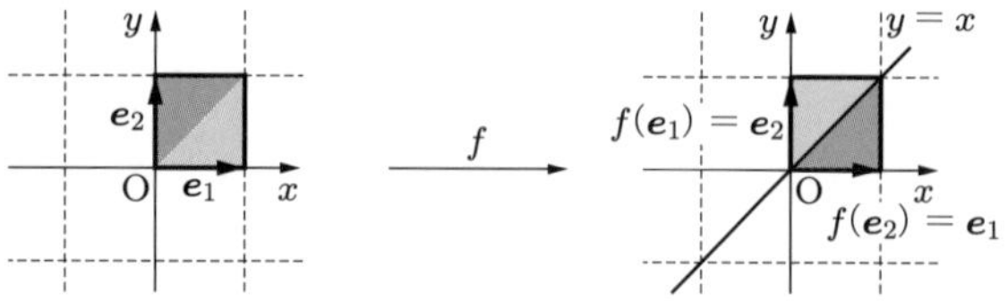

このような, 直線または点に関する対称移動を表す線形変換を**対称変換**という.

問6.8　次の直線または点に関する対称変換の表現行列を求めよ.

(1)　x 軸　　(2)　y 軸　　(3)　原点

原点を中心とした回転　平面上の点 P は, 原点からの距離 r と, x 軸の正の方向とのなす角 α を用いて, $\mathrm{P}(r\cos\alpha, r\sin\alpha)$ と表すことができる. したがって, 点 P を原点 O を中心として角 θ だけ回転させる変換を f とすれば, f による点 $\mathrm{P}(r\cos\alpha, r\sin\alpha)$ の像は, 点 $\mathrm{P}'(r\cos(\alpha+\theta), r\sin(\alpha+\theta))$ である (右図).

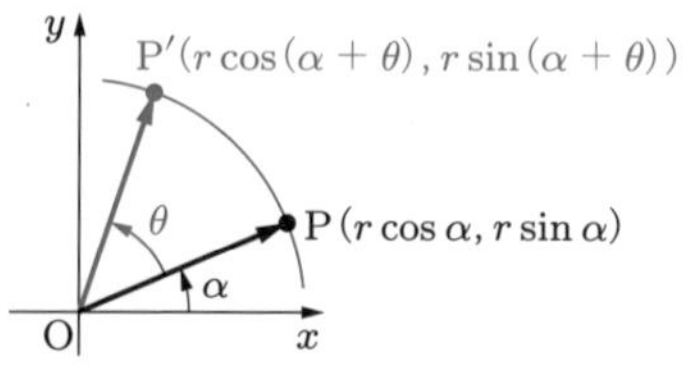

点 P の位置ベクトルを $\boldsymbol{p}$ とすれば,

$$f(\boldsymbol{p}) = \begin{pmatrix} r\cos(\alpha+\theta) \\ r\sin(\alpha+\theta) \end{pmatrix}$$

$$= \begin{pmatrix} r\cos\alpha\cos\theta - r\sin\alpha\sin\theta \\ r\sin\alpha\cos\theta + r\cos\alpha\sin\theta \end{pmatrix} = \begin{pmatrix} \cos\theta & -\sin\theta \\ \sin\theta & \cos\theta \end{pmatrix}\begin{pmatrix} r\cos\alpha \\ r\sin\alpha \end{pmatrix}$$

であるから，変換 f は $\begin{pmatrix} \cos\theta & -\sin\theta \\ \sin\theta & \cos\theta \end{pmatrix}$ を表現行列とする線形変換である．この f を，原点を中心とする角 θ の**回転**という．このとき，f の表現行列を $R(\theta)$ とかく．

6.5 原点を中心とする回転

原点を中心とする角 θ の回転は線形変換であり，その表現行列 $R(\theta)$ は次のようになる．

$$R(\theta) = \begin{pmatrix} \cos\theta & -\sin\theta \\ \sin\theta & \cos\theta \end{pmatrix}$$

note 角 θ の回転による基本ベクトルの像は，次のようになる．

$$f(\boldsymbol{e}_1) = \begin{pmatrix} \cos\theta \\ \sin\theta \end{pmatrix}, \quad f(\boldsymbol{e}_2) = \begin{pmatrix} -\sin\theta \\ \cos\theta \end{pmatrix}$$

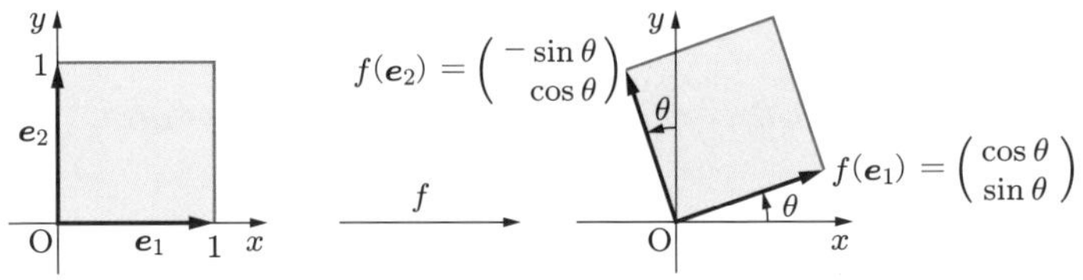

例題 6.2 **回転による像**

原点を中心とする角 $\frac{\pi}{6}$ の回転を f とするとき，次の問いに答えよ．

(1) f の表現行列を求めよ． (2) f による点 $(2\sqrt{3}, 4)$ の像を求めよ．

解 (1) f の表現行列は，

$$R\left(\frac{\pi}{6}\right) = \begin{pmatrix} \cos\frac{\pi}{6} & -\sin\frac{\pi}{6} \\ \sin\frac{\pi}{6} & \cos\frac{\pi}{6} \end{pmatrix} = \begin{pmatrix} \frac{\sqrt{3}}{2} & -\frac{1}{2} \\ \frac{1}{2} & \frac{\sqrt{3}}{2} \end{pmatrix}$$

である．

(2)　点 $(2\sqrt{3}, 4)$ の位置ベクトルの像は，

$$\begin{pmatrix} \frac{\sqrt{3}}{2} & -\frac{1}{2} \\ \frac{1}{2} & \frac{\sqrt{3}}{2} \end{pmatrix} \begin{pmatrix} 2\sqrt{3} \\ 4 \end{pmatrix} = \begin{pmatrix} 1 \\ 3\sqrt{3} \end{pmatrix}$$

となる．したがって，与えられた点の像は点 $(1, 3\sqrt{3})$ である．

問6.9　原点を中心とする角 $\dfrac{\pi}{3}$ の回転を f とするとき，次の問いに答えよ．

(1)　f の表現行列を求めよ．　　(2)　f による点 $(-4, 2)$ の像を求めよ．

6.4 直交行列と直交変換

直交行列　行列 $A = \begin{pmatrix} a_1 & b_1 \\ a_2 & b_2 \end{pmatrix} = \begin{pmatrix} \boldsymbol{a} & \boldsymbol{b} \end{pmatrix}$ の列ベクトル $\boldsymbol{a}, \boldsymbol{b}$ は，互いに直交する単位ベクトルであるとする．

ここで，ベクトルの内積は，行ベクトルと列ベクトルの積になっていることに注意する．たとえば，

$$\boldsymbol{a} \cdot \boldsymbol{b} = a_1 b_1 + a_2 b_2 = \begin{pmatrix} a_1 & a_2 \end{pmatrix} \begin{pmatrix} b_1 \\ b_2 \end{pmatrix} = {}^t\boldsymbol{a}\boldsymbol{b}$$

である．条件から，$\boldsymbol{a} \cdot \boldsymbol{a} = \boldsymbol{b} \cdot \boldsymbol{b} = 1$, $\boldsymbol{a} \cdot \boldsymbol{b} = 0$ であるから，行列 A は

$${}^tAA = \begin{pmatrix} {}^t\boldsymbol{a} \\ {}^t\boldsymbol{b} \end{pmatrix} \begin{pmatrix} \boldsymbol{a} & \boldsymbol{b} \end{pmatrix} = \begin{pmatrix} {}^t\boldsymbol{a}\boldsymbol{a} & {}^t\boldsymbol{b}\boldsymbol{a} \\ {}^t\boldsymbol{b}\boldsymbol{a} & {}^t\boldsymbol{b}\boldsymbol{b} \end{pmatrix} = \begin{pmatrix} 1 & 0 \\ 0 & 1 \end{pmatrix} = E$$

を満たす．逆に，2 次正方行列 A が ${}^tAA = E$ を満たせば，上式より A の列ベクトルは互いに直交する単位ベクトルである．

一般の n 次正方行列について，次のように定める．

6.6 直交行列

${}^tAA = A{}^tA = E$ を満たす正方行列 A を**直交行列**という.

A が直交行列ならば, ${}^tAA = A{}^tA = E$ であるから, A は正則で $A^{-1} = {}^tA$ である. また, ${}^tAA = E$ から

$$\left|{}^tAA\right| = \left|{}^tA\right| |A| = |A|^2 = 1$$

であるから, $|A| = \pm 1$ が成り立つ.

6.7 直交行列の性質

直交行列 A は次の性質をもつ.

(1) $A^{-1} = {}^tA$　　(2) $|A| = \pm 1$

例 6.7　$A = \begin{pmatrix} 3 & 4 \\ -2 & 6 \end{pmatrix}$ とする. 列ベクトルを $\boldsymbol{a}_1 = \begin{pmatrix} 3 \\ -2 \end{pmatrix}$, $\boldsymbol{a}_2 = \begin{pmatrix} 4 \\ 6 \end{pmatrix}$ とおくと,

$$\boldsymbol{a}_1 \cdot \boldsymbol{a}_2 = 3 \cdot 4 + (-2) \cdot 6 = 0$$

であるから, $\boldsymbol{a}_1$, $\boldsymbol{a}_2$ は互いに直交する. $|\boldsymbol{a}_1| = \sqrt{13}$, $|\boldsymbol{a}_2| = 2\sqrt{13}$ であるから,

$$B = \begin{pmatrix} \dfrac{3}{\sqrt{13}} & \dfrac{2}{\sqrt{13}} \\ -\dfrac{2}{\sqrt{13}} & \dfrac{3}{\sqrt{13}} \end{pmatrix}$$

とすれば, B は直交行列となる.

問 6.10　次の行列について, 列ベクトルが互いに直交していることを確かめよ. また, 列ベクトルを, 向きを変えずに大きさを 1 にすることによって直交行列を作れ.

(1) $\begin{pmatrix} 1 & 2 \\ -2 & 1 \end{pmatrix}$　　(2) $\begin{pmatrix} 1 & -6 \\ 3 & 2 \end{pmatrix}$

直交変換　表現行列が直交行列である線形変換を**直交変換**という.

直交変換の表現行列を A とすると, $f(\boldsymbol{p}) = A\boldsymbol{p}$ であるから, ${}^tAA = E$ と転置

行列の性質によって

$$f(\boldsymbol{p})\cdot f(\boldsymbol{q}) = {}^t(A\boldsymbol{p})(A\boldsymbol{q}) = ({}^t\boldsymbol{p}{}^tA)(A\boldsymbol{q}) = {}^t\boldsymbol{p}({}^tAA)\boldsymbol{q} = {}^t\boldsymbol{p}\boldsymbol{q} = \boldsymbol{p}\cdot\boldsymbol{q}$$

が成り立つ．すなわち，直交変換によって内積は変化しない．とくに，

$$|f(\boldsymbol{p})|^2 = f(\boldsymbol{p})\cdot f(\boldsymbol{p}) = \boldsymbol{p}\cdot\boldsymbol{p} = |\boldsymbol{p}|^2$$

となるから，f によってベクトルの大きさも変化しない．さらに，$\boldsymbol{p}, \boldsymbol{q}$ のなす角を θ，それらの像 $f(\boldsymbol{p}), f(\boldsymbol{q})$ のなす角を θ' $(0 \leqq \theta, \theta' \leqq \pi)$ とするとき，

$$\cos\theta' = \frac{f(\boldsymbol{p})\cdot f(\boldsymbol{q})}{|f(\boldsymbol{p})||f(\boldsymbol{q})|} = \frac{\boldsymbol{p}\cdot\boldsymbol{q}}{|\boldsymbol{p}||\boldsymbol{q}|} = \cos\theta$$

となるから，f によってベクトルのなす角 θ も変化しない．

6.8　直交変換の性質

直交変換によって内積の値は変化しない．したがって，直交変換は，ベクトルの大きさと2つのベクトルのなす角を変えない．

これは，直交変換では図形の形は変わらないことを意味する．

例 6.8　原点を中心とする角 θ の回転の表現行列 $R(\theta) = \begin{pmatrix} \cos\theta & -\sin\theta \\ \sin\theta & \cos\theta \end{pmatrix}$ は，直交行列である．したがって，原点を中心とする回転は直交変換である．

問6.11　原点を中心とする角 $\dfrac{\pi}{4}$ の回転を f とし，$\boldsymbol{p} = \begin{pmatrix} 2 \\ 1 \end{pmatrix}$, $\boldsymbol{q} = \begin{pmatrix} 1 \\ -3 \end{pmatrix}$ とする．このとき，次を求めよ．

(1)　$\boldsymbol{p}\cdot\boldsymbol{q}$　　　(2)　$f(\boldsymbol{p})\cdot f(\boldsymbol{q})$

6.5　線形変換による図形の像

線形変換による直線の像　線形変換 f による直線の像について調べる．点 A を通り，方向ベクトルが $\boldsymbol{v}$ である直線を ℓ とする．点 A の位置ベクトルを $\boldsymbol{a}$ とし，直線 ℓ 上の任意の点 P の位置ベクトルを $\boldsymbol{p}$ とすれば，直線 ℓ のベクトル方程式は，媒介変数 t を用いて

$$\boldsymbol{p} = \boldsymbol{a} + t\boldsymbol{v}$$

と表されるから，f による $\boldsymbol{p}$ の像は，

$$f(\boldsymbol{p}) = f(\boldsymbol{a} + t\boldsymbol{v}) = f(\boldsymbol{a}) + tf(\boldsymbol{v})$$

となる．したがって，$f(\boldsymbol{v}) \neq \boldsymbol{0}$ のとき，点 P の像 $\mathrm{P}' = f(\mathrm{P})$ は，点 A の像 $\mathrm{A}' = f(\mathrm{A})$ を通り $f(\boldsymbol{v})$ を方向ベクトルとする直線 ℓ' 上の点である．

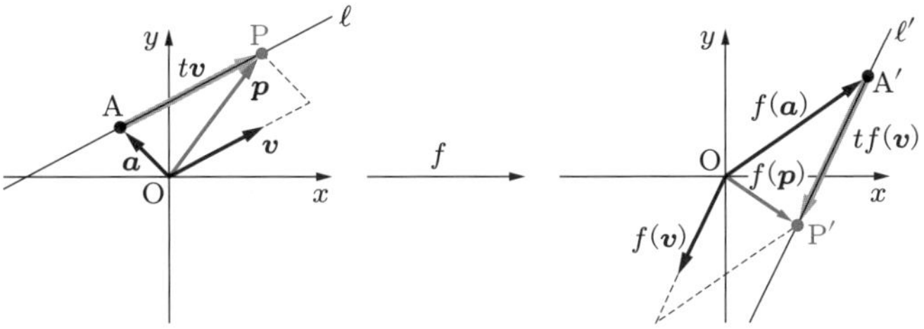

$f(\boldsymbol{v}) = \boldsymbol{0}$ のとき，$f(\boldsymbol{p}) = f(\boldsymbol{a})$ であるから，直線 ℓ 上のすべての点 P の像は点 A′ である．

以上により，線形変換による直線の像は，直線または 1 点になる．

6.9 線形変換による直線の像

f を線形変換とし，点 A を通り $\boldsymbol{v}$ を方向ベクトルとする直線を ℓ とする．このとき，f による直線 ℓ の像は，次のようになる．

(1) $f(\boldsymbol{v}) \neq \boldsymbol{0}$ のとき，点 $f(A)$ を通り $f(\boldsymbol{v})$ を方向ベクトルとする直線

(2) $f(\boldsymbol{v}) = \boldsymbol{0}$ のとき，点 A の像 A′ のただ 1 点

2 直線 ℓ_1, ℓ_2 の像がともに直線であるとする．このとき，ℓ_1, ℓ_2 が平行ならば，同じ方向ベクトルを選ぶことができるから，その像 ℓ_1', ℓ_2' の方向ベクトルも一致する．すなわち，ℓ_1' と ℓ_2' は平行である．したがって，互いに平行な 2 直線の像は，互いに平行な直線，または，ともに 1 点となる．

例題 6.3 直線の像

次の行列を表現行列とする線形変換による，直線 $\ell : \dfrac{x-2}{3} = \dfrac{y+1}{2}$ の像を求めよ．

(1) $\begin{pmatrix} 2 & 1 \\ 1 & -3 \end{pmatrix}$ (2) $\begin{pmatrix} 2 & -3 \\ -4 & 6 \end{pmatrix}$

解　直線 ℓ は点 A$(2,-1)$ を通り，方向ベクトルは $\boldsymbol{v}=\begin{pmatrix}3\\2\end{pmatrix}$ であるから，そのベクトル方程式は

$$\begin{pmatrix}x\\y\end{pmatrix}=\begin{pmatrix}2\\-1\end{pmatrix}+t\begin{pmatrix}3\\2\end{pmatrix}$$

である．点 A の位置ベクトルを $\boldsymbol{a}$ とする．

(1)　線形変換 f の表現行列が $\begin{pmatrix}2&1\\1&-3\end{pmatrix}$ のとき，

$$f(\boldsymbol{a})=\begin{pmatrix}2&1\\1&-3\end{pmatrix}\begin{pmatrix}2\\-1\end{pmatrix}=\begin{pmatrix}3\\5\end{pmatrix},\quad f(\boldsymbol{v})=\begin{pmatrix}2&1\\1&-3\end{pmatrix}\begin{pmatrix}3\\2\end{pmatrix}=\begin{pmatrix}8\\-3\end{pmatrix}$$

であるから，直線 ℓ の像のベクトル方程式は

$$\begin{pmatrix}x\\y\end{pmatrix}=\begin{pmatrix}3\\5\end{pmatrix}+t\begin{pmatrix}8\\-3\end{pmatrix}$$

である．これから t を消去すれば，求める方程式は次のようになる．

$$\frac{x-3}{8}=\frac{y-5}{-3}\quad \text{または}\quad 3x+8y-49=0$$

(2)　線形変換 f の表現行列が $\begin{pmatrix}2&-3\\-4&6\end{pmatrix}$ のとき，

$$f(\boldsymbol{a})=\begin{pmatrix}2&-3\\-4&6\end{pmatrix}\begin{pmatrix}2\\-1\end{pmatrix}=\begin{pmatrix}7\\-14\end{pmatrix},$$

$$f(\boldsymbol{v})=\begin{pmatrix}2&-3\\-4&6\end{pmatrix}\begin{pmatrix}3\\2\end{pmatrix}=\begin{pmatrix}0\\0\end{pmatrix}$$

となる．したがって，直線 ℓ の像は 1 点 $(7,-14)$ である．

問6.12　行列 $\begin{pmatrix}2&-1\\1&3\end{pmatrix}$ を表現行列とする線形変換による，次の直線の像を求めよ．

(1)　$x+1=\dfrac{y-3}{-2}$　　　(2)　$\dfrac{x-1}{5}=\dfrac{y-1}{2}$

線形変換による曲線の像

線形変換 f による曲線の像を調べる.

例題 6.4 円の像

表現行列が $A = \begin{pmatrix} 2 & 1 \\ 3 & 3 \end{pmatrix}$ である線形変換 f による,円 $x^2 + y^2 = 1$ の像を求めよ.

解 求める像の上に点 P をとり,その位置ベクトルを $\boldsymbol{p} = \begin{pmatrix} x \\ y \end{pmatrix}$ とする.A が正則であるから,f の逆変換が存在し,$f^{-1}(\boldsymbol{p})$ は円 $x^2 + y^2 = 1$ 上の点の位置ベクトルである.逆変換 f^{-1} の表現行列は $A^{-1} = \dfrac{1}{3}\begin{pmatrix} 3 & -1 \\ -3 & 2 \end{pmatrix}$ であるから

$$f^{-1}(\boldsymbol{p}) = \frac{1}{3}\begin{pmatrix} 3 & -1 \\ -3 & 2 \end{pmatrix}\begin{pmatrix} x \\ y \end{pmatrix} = \begin{pmatrix} \dfrac{3x-y}{3} \\ \dfrac{-3x+2y}{3} \end{pmatrix}$$

である.この点が $x^2 + y^2 = 1$ の上にあるから,x, y は

$$\left(\frac{3x-y}{3}\right)^2 + \left(\frac{-3x+2y}{3}\right)^2 = 1 \quad \text{よって} \quad 18x^2 - 18xy + 5y^2 = 9$$

を満たす.これが求める像の方程式である.

問6.13 双曲線 $x^2 - y^2 = 1$ を原点のまわりに角 $\dfrac{\pi}{4}$ だけ回転させた図形の方程式を求めよ.

コーヒーブレイク

アフィン変換 線形変換に平行移動を加えた

$$f(\boldsymbol{p}) = A\boldsymbol{p} + \boldsymbol{r} \quad \text{成分では} \quad \begin{pmatrix} x' \\ y' \end{pmatrix} = \begin{pmatrix} a & b \\ c & d \end{pmatrix}\begin{pmatrix} x \\ y \end{pmatrix} + \begin{pmatrix} u \\ v \end{pmatrix}$$

と表される変換は,**アフィン変換**とよばれる.この変換は,3 次元で考えると,

$$\begin{pmatrix} x' \\ y' \\ 1 \end{pmatrix} = \begin{pmatrix} a & b & u \\ c & d & v \\ 0 & 0 & 1 \end{pmatrix}\begin{pmatrix} x \\ y \\ 1 \end{pmatrix}$$

という線形変換で表すことができる.このように,数学では次元を上げて考えると単純な構造になっている場合がある.

練習問題 6

[1] 点 $(-3,-2)$ の像が点 $(1,3)$，点 $(4,3)$ の像が点 $(-2,-1)$ である線形変換の表現行列を求めよ．

[2] 線形変換 f の表現行列が $A = \begin{pmatrix} -5 & -2 \\ 3 & 2 \end{pmatrix}$ であるとき，次の問いに答えよ．

(1) f による点 $(1,2)$ の像の座標を求めよ．
(2) f による像が点 $(3,-1)$ である点の座標を求めよ．
(3) f による直線 $y = x + 1$ の像の方程式を求めよ．
(4) f による像が直線 $y = x + 1$ である直線の方程式を求めよ．

[3] 原点を中心とする角 $\dfrac{2\pi}{3}$ の回転を f，直線 $y = x$ に関する対称変換を g とするとき，次の問いに答えよ．

(1) 合成変換 $f \circ g$, $g \circ f$ の表現行列を求めよ．
(2) 点 P の f による像 $\mathrm{P}' = f(\mathrm{P})$ の，g による像 $\mathrm{P}'' = g(\mathrm{P}')$ の座標は $(2,1)$ である．点 P の座標を求めよ．

[4] 直線 $y = 2x$ に関する対称変換を f とする．f による $\mathrm{P}(x,y)$ の像を $\mathrm{P}'(x',y')$ とするとき，次の問いに答えよ．

(1) 線分 PP' の中点が直線 $y = 2x$ 上にある．この性質を，x, y, x', y' の関係式で表せ．
(2) 2 点 P, P' を通る直線と直線 $y = 2x$ が垂直に交わる．この性質を，x, y, x', y' の関係式で表せ．
(3) x', y' をそれぞれ x, y を用いて表せ．
(4) f の表現行列を求めよ．

[5] 基本ベクトル $\boldsymbol{e}_1$, $\boldsymbol{e}_2$ が作る正方形の線形変換による像は，$\boldsymbol{e}_1$, $\boldsymbol{e}_2$ の像 $\boldsymbol{e}_1'$, $\boldsymbol{e}_2'$ が作る平行四辺形である．この平行四辺形の面積を線形変換による**面積の拡大率**という．

線形変換 f, g の表現行列をそれぞれ $A = \begin{pmatrix} 2 & -3 \\ 1 & 1 \end{pmatrix}$, $B = \begin{pmatrix} 0 & 4 \\ 1 & 2 \end{pmatrix}$ とするとき，次の線形変換による面積の拡大率を求めよ．

(1) f　(2) g　(3) f^{-1}　(4) $f \circ g$

[6] 楕円 $\dfrac{x^2}{4} + y^2 = 1$ を原点のまわりに角 $\dfrac{\pi}{2}$ だけ回転させた図形の方程式を求めよ．

7 正方行列の固有値と対角化

7.1 固有値と固有ベクトル

固有値と固有ベクトル　一般に，線形変換によるベクトルの像は，元のベクトルと大きさや方向が異なる．いま，行列 $A = \dfrac{1}{4}\begin{pmatrix} 5 & 3 \\ 3 & 5 \end{pmatrix}$ を表現行列とする線形変換を f とする．たとえば，$\boldsymbol{a} = \begin{pmatrix} 1 \\ 0 \end{pmatrix}$ に対しては

$$f(\boldsymbol{a}) = A\boldsymbol{a} = \frac{1}{4}\begin{pmatrix} 5 & 3 \\ 3 & 5 \end{pmatrix}\begin{pmatrix} 1 \\ 0 \end{pmatrix} = \frac{1}{4}\begin{pmatrix} 5 \\ 3 \end{pmatrix}$$

となって，$f(\boldsymbol{a})$ と $\boldsymbol{a}$ とは大きさも方向も異なる．ところが，$\boldsymbol{p} = \begin{pmatrix} 1 \\ 1 \end{pmatrix}$, $\boldsymbol{q} = \begin{pmatrix} 1 \\ -1 \end{pmatrix}$ に対しては，

$$f(\boldsymbol{p}) = A\boldsymbol{p} = \frac{1}{4}\begin{pmatrix} 5 & 3 \\ 3 & 5 \end{pmatrix}\begin{pmatrix} 1 \\ 1 \end{pmatrix} = 2\begin{pmatrix} 1 \\ 1 \end{pmatrix} = 2\boldsymbol{p},$$

$$f(\boldsymbol{q}) = A\boldsymbol{q} = \frac{1}{4}\begin{pmatrix} 5 & 3 \\ 3 & 5 \end{pmatrix}\begin{pmatrix} 1 \\ -1 \end{pmatrix} = \frac{1}{2}\begin{pmatrix} 1 \\ -1 \end{pmatrix} = \frac{1}{2}\boldsymbol{q}$$

となるから，f は $\boldsymbol{p}, \boldsymbol{q}$ の方向を変えず，大きさだけをそれぞれ 2 倍，$\dfrac{1}{2}$ 倍していることになる．

note　上記の線形変換 f によって，図の左の円は右の楕円に対応する．

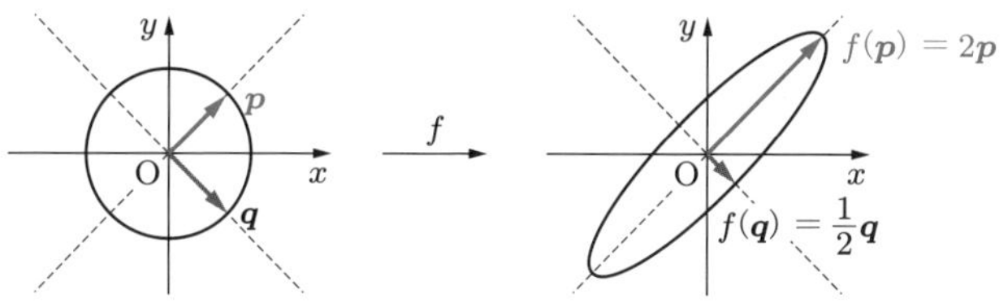

線形変換 f によるベクトル $\boldsymbol{p}$ ($\boldsymbol{p} \neq \boldsymbol{0}$) の像 $f(\boldsymbol{p})$ が，ベクトル $\boldsymbol{p}$ と平行であるとすると，$f(\boldsymbol{p}) = \lambda \boldsymbol{p}$, $\boldsymbol{p} \neq \boldsymbol{0}$ (λ は 0 でない定数) と表すことができる．f の表現行列を A とすれば，条件 $f(\boldsymbol{p}) = \lambda \boldsymbol{p}$ は

$$A\boldsymbol{p} = \lambda \boldsymbol{p}, \quad \boldsymbol{p} \neq \boldsymbol{0}$$

と表すことができる．

この条件は，$\lambda = 0$ の場合も含めて，一般の次数の正方行列について考えることができる．

7.1　正方行列の固有値と固有ベクトル

正方行列 A に対して，

$$A\boldsymbol{p} = \lambda \boldsymbol{p}, \quad \boldsymbol{p} \neq \boldsymbol{0}$$

を満たす定数 λ とベクトル $\boldsymbol{p}$ が存在するとき，λ を行列 A の**固有値**，$\boldsymbol{p}$ を λ に属する**固有ベクトル**という．

E を単位行列とする．$\lambda \boldsymbol{p} = \lambda E \boldsymbol{p}$ であることに注意すると，$A\boldsymbol{p} = \lambda \boldsymbol{p}$ は

$$(A - \lambda E)\boldsymbol{p} = \boldsymbol{0}$$

とかき直すことができる．これは，係数行列を $A - \lambda E$ とする斉次連立 1 次方程式である．これが $\boldsymbol{p} = \boldsymbol{0}$ 以外の解をもつための必要十分条件は，係数行列が正則でないことであるから，

$$|A - \lambda E| = 0$$

が成り立つ [→定理 **5.7**]．この方程式を A の**固有方程式**という．つまり，固有方程式を満たす λ が固有値であり，そのときの $(A - \lambda E)\boldsymbol{p} = \boldsymbol{0}$ の解 $\boldsymbol{p}$ が λ に属する固有ベクトルである．

A が n 次正方行列のとき，固有方程式は λ に関する n 次方程式である．固有値は実数とは限らないが，本書では，固有方程式のすべての解が実数である場合だけを扱う．

note　固有方程式は $|\lambda E - A| = 0$ としても同じである．

2 次正方行列の固有値と固有ベクトル　2 次正方行列 $A=\begin{pmatrix} a & b \\ c & d \end{pmatrix}$ に対して

$$A-\lambda E=\begin{pmatrix} a-\lambda & b \\ c & d-\lambda \end{pmatrix}$$

であるから，A の固有方程式は

$$\begin{vmatrix} a-\lambda & b \\ c & d-\lambda \end{vmatrix}=0$$

である．これを展開して λ について整理すれば，2 次方程式

$$\lambda^2-(a+d)\lambda+(ad-bc)=0$$

が得られる．この方程式の解が A の固有値である．

例題 7.1　**2 次正方行列の固有値と固有ベクトル**

2 次正方行列 $A=\begin{pmatrix} 1 & 2 \\ 2 & -2 \end{pmatrix}$ の固有値と固有ベクトルを求めよ．

解　A の固有方程式は

$$|A-\lambda E|=0 \quad \text{すなわち} \quad \begin{vmatrix} 1-\lambda & 2 \\ 2 & -2-\lambda \end{vmatrix}=0$$

である．これを展開して因数分解すれば，

$$(\lambda-2)(\lambda+3)=0 \quad \text{よって} \quad \lambda=2,\ -3$$

となり，これらが A の固有値である．

$\lambda=2$ に属する固有ベクトル $\boldsymbol{p}=\begin{pmatrix} x \\ y \end{pmatrix}$ は，方程式 $(A-2E)\boldsymbol{p}=\boldsymbol{0}$ の解である．

$A-2E=\begin{pmatrix} -1 & 2 \\ 2 & -4 \end{pmatrix}$ であるから，

$$\begin{pmatrix} -1 & 2 \\ 2 & -4 \end{pmatrix}\begin{pmatrix} x \\ y \end{pmatrix}=\begin{pmatrix} 0 \\ 0 \end{pmatrix} \quad \text{よって} \quad x-2y=0 \qquad [x=2y]$$

が成り立つ．ここで，$y=s$ とおくと $x=2s$ となるから，$\lambda=2$ に属する固有ベクトル $\boldsymbol{p}$ は，

$$\boldsymbol{p} = \begin{pmatrix} x \\ y \end{pmatrix} = \begin{pmatrix} 2s \\ s \end{pmatrix} = s\begin{pmatrix} 2 \\ 1 \end{pmatrix} \quad (s \text{ は 0 でない任意の定数})$$

である．

$\lambda = -3$ に属する固有ベクトル $\boldsymbol{q} = \begin{pmatrix} x \\ y \end{pmatrix}$ は，方程式 $(A + 3E)\boldsymbol{q} = \boldsymbol{0}$ の解である．

$A + 3E = \begin{pmatrix} 4 & 2 \\ 2 & 1 \end{pmatrix}$ であるから，

$$\begin{pmatrix} 4 & 2 \\ 2 & 1 \end{pmatrix}\begin{pmatrix} x \\ y \end{pmatrix} = \begin{pmatrix} 0 \\ 0 \end{pmatrix} \quad \text{よって} \quad 2x + y = 0 \qquad \left[x = -\frac{1}{2}y\right]$$

が成り立つ．ここで，$y = t$ とおくと $x = -\dfrac{t}{2}$ となるから，$\lambda = -3$ に属する固有ベクトル $\boldsymbol{q}$ は，

$$\boldsymbol{q} = \begin{pmatrix} x \\ y \end{pmatrix} = \begin{pmatrix} -\frac{t}{2} \\ t \end{pmatrix} = \frac{t}{2}\begin{pmatrix} -1 \\ 2 \end{pmatrix} \quad (t \text{ は 0 でない任意の定数})$$

である．ここで，$\dfrac{t}{2}$ を改めて t とおくと

$$\boldsymbol{q} = t\begin{pmatrix} -1 \\ 2 \end{pmatrix} \qquad (t \text{ は 0 でない任意の定数})$$

である．

---

note　例題 7.1 の固有ベクトル $\boldsymbol{q}$ は，$\boldsymbol{q} = t\begin{pmatrix} 1 \\ -2 \end{pmatrix}$ や $\boldsymbol{q} = t\begin{pmatrix} -\frac{1}{2} \\ 1 \end{pmatrix}$ としてもよい．

問7.1　次の正方行列 A の固有値と固有ベクトルを求めよ．

(1)　$A = \begin{pmatrix} 1 & -1 \\ 4 & 6 \end{pmatrix}$　　(2)　$A = \begin{pmatrix} 1 & 4 \\ -1 & 5 \end{pmatrix}$

3 次正方行列の固有値と固有ベクトル　ここでは，3 次正方行列について，固有値と固有ベクトルを求める．

例題 7.2　3次正方行列の固有値と固有ベクトル

3次正方行列 $A = \begin{pmatrix} 1 & 3 & 3 \\ 3 & 1 & 3 \\ -3 & -3 & -5 \end{pmatrix}$ の固有値と固有ベクトルを求めよ.

解　A の固有方程式は

$$|A - \lambda E| = 0 \quad \text{すなわち} \quad \begin{vmatrix} 1-\lambda & 3 & 3 \\ 3 & 1-\lambda & 3 \\ -3 & -3 & -5-\lambda \end{vmatrix} = 0$$

である. これを展開して整理すると,

$$\lambda^3 + 3\lambda^2 - 4 = 0$$

となる. これを因数分解すると,

$$(\lambda - 1)(\lambda + 2)^2 = 0 \quad \text{よって} \quad \lambda = 1, -2 \ (2\text{ 重解})$$

となるから, A の固有値は 1, -2（2 重解）である.

$\lambda = 1$ に属する固有ベクトルは,

$$\begin{pmatrix} 0 & 3 & 3 \\ 3 & 0 & 3 \\ -3 & -3 & -6 \end{pmatrix} \begin{pmatrix} x \\ y \\ z \end{pmatrix} = \begin{pmatrix} 0 \\ 0 \\ 0 \end{pmatrix} \quad \text{よって} \quad \begin{cases} y + z = 0 \\ x + z = 0 \end{cases} \quad \left[\begin{cases} x = -z \\ y = -z \end{cases} \right]$$

を満たす. ここで, $z = s$ とおくと $x = -s, y = -s$ となるから, $\lambda = 1$ に属する固有ベクトル $\boldsymbol{p}$ は,

$$\boldsymbol{p} = \begin{pmatrix} x \\ y \\ z \end{pmatrix} = \begin{pmatrix} -s \\ -s \\ s \end{pmatrix} = s \begin{pmatrix} -1 \\ -1 \\ 1 \end{pmatrix} \quad (s \text{ は } 0 \text{ でない任意の定数})$$

と表すことができる.

$\lambda = -2$ に属する固有ベクトルは,

$$\begin{pmatrix} 3 & 3 & 3 \\ 3 & 3 & 3 \\ -3 & -3 & -3 \end{pmatrix} \begin{pmatrix} x \\ y \\ z \end{pmatrix} = \begin{pmatrix} 0 \\ 0 \\ 0 \end{pmatrix} \quad \text{よって} \quad x + y + z = 0 \qquad [x = -y - z]$$

を満たす. ここで, $y = t_1, z = t_2$ とおくと $x = -t_1 - t_2$ となるから, $\lambda = -2$ に属する固有ベクトル $\boldsymbol{q}$ は,

$$\boldsymbol{q} = \begin{pmatrix} x \\ y \\ z \end{pmatrix} = \begin{pmatrix} -t_1 - t_2 \\ t_1 \\ t_2 \end{pmatrix} = \begin{pmatrix} -t_1 \\ t_1 \\ 0 \end{pmatrix} + \begin{pmatrix} -t_2 \\ 0 \\ t_2 \end{pmatrix}$$

と表すことができる．したがって，

$$\boldsymbol{q} = t_1 \begin{pmatrix} -1 \\ 1 \\ 0 \end{pmatrix} + t_2 \begin{pmatrix} -1 \\ 0 \\ 1 \end{pmatrix} \quad \left(\begin{array}{l} t_1, t_2 \text{ は } t_1 \neq 0 \text{ または } t_2 \neq 0 \\ \text{を満たす任意の定数} \end{array}\right)$$

となる．

問 7.2　次の正方行列 A の固有値と固有ベクトルを求めよ．

(1)　$A = \begin{pmatrix} -1 & 2 & -2 \\ 1 & -2 & -1 \\ -2 & 1 & -2 \end{pmatrix}$　　(2)　$A = \begin{pmatrix} 1 & 2 & -2 \\ 0 & 2 & -1 \\ -1 & 2 & -1 \end{pmatrix}$

7.2 行列の対角化

行列の対角化　2 次正方行列 A の固有値を λ_1, λ_2 とし，$\boldsymbol{p}_1 = \begin{pmatrix} p_{11} \\ p_{21} \end{pmatrix}$, $\boldsymbol{p}_2 = \begin{pmatrix} p_{12} \\ p_{22} \end{pmatrix}$ をそれぞれの固有値に属する固有ベクトルとすると，$A\boldsymbol{p}_1 = \lambda_1 \boldsymbol{p}_1$, $A\boldsymbol{p}_2 = \lambda_2 \boldsymbol{p}_2$ である．このとき，

$$P = \begin{pmatrix} \boldsymbol{p}_1 & \boldsymbol{p}_2 \end{pmatrix} = \begin{pmatrix} p_{11} & p_{12} \\ p_{21} & p_{22} \end{pmatrix}$$

とおくと，

$$\begin{aligned} AP &= A \begin{pmatrix} \boldsymbol{p}_1 & \boldsymbol{p}_2 \end{pmatrix} \\ &= \begin{pmatrix} A\boldsymbol{p}_1 & A\boldsymbol{p}_2 \end{pmatrix} \\ &= \begin{pmatrix} \lambda_1 \boldsymbol{p}_1 & \lambda_2 \boldsymbol{p}_2 \end{pmatrix} \\ &= \begin{pmatrix} \lambda_1 p_{11} & \lambda_2 p_{12} \\ \lambda_1 p_{21} & \lambda_2 p_{22} \end{pmatrix} = \begin{pmatrix} p_{11} & p_{12} \\ p_{21} & p_{22} \end{pmatrix} \begin{pmatrix} \lambda_1 & 0 \\ 0 & \lambda_2 \end{pmatrix} \end{aligned}$$

となる．したがって，固有値 λ_1, λ_2 を対角成分とする対角行列を $D = \begin{pmatrix} \lambda_1 & 0 \\ 0 & \lambda_2 \end{pmatrix}$

とすれば，

$$AP = PD$$

が成り立つ．いま，P が正則であれば，P の逆行列 P^{-1} が存在するから，上式の両辺に左から P^{-1} をかけることによって，

$$P^{-1}AP = D = \begin{pmatrix} \lambda_1 & 0 \\ 0 & \lambda_2 \end{pmatrix}$$

が得られる．

例 7.1 例題 7.1 によれば，行列 $A = \begin{pmatrix} 1 & 2 \\ 2 & -2 \end{pmatrix}$ の固有値とそれに属する固有ベクトルの 1 つは，

$$\lambda_1 = 2,\ \boldsymbol{p}_1 = \begin{pmatrix} 2 \\ 1 \end{pmatrix}; \quad \lambda_2 = -3,\ \boldsymbol{p}_2 = \begin{pmatrix} 1 \\ -2 \end{pmatrix}$$

である．2 次正方行列 P を

$$P = \begin{pmatrix} \boldsymbol{p}_1 & \boldsymbol{p}_2 \end{pmatrix} = \begin{pmatrix} 2 & 1 \\ 1 & -2 \end{pmatrix}$$

とおくと，$\boldsymbol{p}_1, \boldsymbol{p}_2$ は線形独立であるから，P は正則で，

$$P^{-1}AP = \begin{pmatrix} \lambda_1 & 0 \\ 0 & \lambda_2 \end{pmatrix} = \begin{pmatrix} 2 & 0 \\ 0 & -3 \end{pmatrix}$$

が成り立つ．

A を n 次正方行列とする．A の固有ベクトル $\boldsymbol{p}_1, \boldsymbol{p}_2, \ldots, \boldsymbol{p}_n$ を線形独立となるようにとることができれば，これらを列ベクトルとする行列 $P = \begin{pmatrix} \boldsymbol{p}_1 & \boldsymbol{p}_2 & \cdots & \boldsymbol{p}_n \end{pmatrix}$ は正則である［→定理 5.7］．したがって，P の逆行列が存在し，2 次正方行列の場合と同様の計算をすると，A の固有値 $\lambda_1,\ \lambda_2,\ \ldots,\ \lambda_n$ を用いて

$$P^{-1}AP = \begin{pmatrix} \lambda_1 & 0 & \cdots & 0 \\ 0 & \lambda_2 & \ddots & \vdots \\ \vdots & \ddots & \ddots & 0 \\ 0 & \cdots & 0 & \lambda_n \end{pmatrix}$$

とすることができる．これを A の**対角化**といい，P を A の**対角化行列**という．この $P^{-1}AP$ が対角行列になるような P が存在するとき，A は**対角化可能**であるという．

一般に，異なる固有値に対する固有ベクトルは線形独立である（証明は付録 B2 節を参照）．したがって，次のことが成り立つ．

7.2　正方行列の対角化

n 次正方行列 A が異なる n 個の固有値 $\lambda_1, \lambda_2, \ldots, \lambda_n$ をもつとし，$\lambda_1, \lambda_2, \ldots, \lambda_n$ に属する固有ベクトルをそれぞれ $\boldsymbol{p}_1, \boldsymbol{p}_2, \ldots, \boldsymbol{p}_n$ とする．このとき，行列 $P = \begin{pmatrix} \boldsymbol{p}_1 & \boldsymbol{p}_2 & \cdots & \boldsymbol{p}_n \end{pmatrix}$ は正則であり，次の式が成り立つ．

$$P^{-1}AP = \begin{pmatrix} \lambda_1 & 0 & \cdots & 0 \\ 0 & \lambda_2 & \ddots & \vdots \\ \vdots & \ddots & \ddots & 0 \\ 0 & \cdots & 0 & \lambda_n \end{pmatrix}$$

固有ベクトル $\boldsymbol{p}_1, \boldsymbol{p}_2, \ldots, \boldsymbol{p}_n$ の並べ方によって，対角化行列 P も変わる．このとき，対角行列 $P^{-1}AP$ の対角成分である固有値は，並べた固有ベクトルと同じ順序に並ぶ．

例題 7.3　3次正方行列の対角化

3次正方行列 $A = \begin{pmatrix} 1 & 1 & 2 \\ 0 & 1 & 0 \\ 1 & 0 & 2 \end{pmatrix}$ の対角化行列 P を求めて，A を対角化せよ．

解　A の固有値と，それぞれの固有値に属する固有ベクトルを求める．固有方程式

$$\begin{vmatrix} 1-\lambda & 1 & 2 \\ 0 & 1-\lambda & 0 \\ 1 & 0 & 2-\lambda \end{vmatrix} = 0$$

を解くと，固有値は 0, 1, 3 となる．それぞれの固有値に属する固有ベクトルを求めると，次のようになる．

$$\lambda_1 = 0,\ \boldsymbol{p}_1 = \begin{pmatrix} -2 \\ 0 \\ 1 \end{pmatrix};\quad \lambda_2 = 1,\ \boldsymbol{p}_2 = \begin{pmatrix} -1 \\ -2 \\ 1 \end{pmatrix};\quad \lambda_2 = 3,\ \boldsymbol{p}_3 = \begin{pmatrix} 1 \\ 0 \\ 1 \end{pmatrix}$$

そこで，対角化行列 P を

$$P = \begin{pmatrix} \boldsymbol{p}_1 & \boldsymbol{p}_2 & \boldsymbol{p}_3 \end{pmatrix} = \begin{pmatrix} -2 & -1 & 1 \\ 0 & -2 & 0 \\ 1 & 1 & 1 \end{pmatrix}$$

とおくと，

$$P^{-1}AP = \begin{pmatrix} 0 & 0 & 0 \\ 0 & 1 & 0 \\ 0 & 0 & 3 \end{pmatrix}$$

となる．

> note　対角化をするとき，P^{-1} を求めて $P^{-1}AP$ を計算する必要はない．また，固有ベクトルの選び方により対角化行列 P が異なっても，固有ベクトルの順序が同じであれば，$P^{-1}AP$ は同じ対角行列になる．

問7.3　次の正方行列 A の対角化行列 P を求めて，A を対角化せよ．

(1) $A = \begin{pmatrix} 1 & -2 \\ -3 & 2 \end{pmatrix}$　　(2) $A = \begin{pmatrix} 1 & 2 \\ 4 & 3 \end{pmatrix}$　　(3) $A = \begin{pmatrix} 0 & 1 & 0 \\ 0 & 0 & 1 \\ 4 & 4 & -1 \end{pmatrix}$

固有方程式が重解をもつ場合の対角化　3 次正方行列は，3 個の線形独立な固有ベクトルがあれば対角化することができる．

例題 7.4　固有方程式が 2 重解をもつ場合の 3 次正方行列の対角化

3 次正方行列 $A = \begin{pmatrix} 1 & 3 & 3 \\ 3 & 1 & 3 \\ -3 & -3 & -5 \end{pmatrix}$ の対角化行列 P を求めて，A を対角化せよ．

解　例題 7.2 によれば，行列 A の固有値は 1, -2（2 重解）であり，これらの固有値に属する固有ベクトルは，s, t_1, t_2 を任意の定数として，

$$\boldsymbol{p} = s\begin{pmatrix} -1 \\ -1 \\ 1 \end{pmatrix} \ (s \neq 0), \quad \boldsymbol{q} = t_1\begin{pmatrix} -1 \\ 1 \\ 0 \end{pmatrix} + t_2\begin{pmatrix} -1 \\ 0 \\ 1 \end{pmatrix} \ (t_1 \neq 0 \text{ または } t_2 \neq 0)$$

である．これらから，固有値 1 に属する固有ベクトル $\boldsymbol{p}_1$ と固有値 -2 に属する固有ベクトル $\boldsymbol{p}_2$, $\boldsymbol{p}_3$ を

$$\boldsymbol{p}_1 = \begin{pmatrix} -1 \\ -1 \\ 1 \end{pmatrix}, \quad \boldsymbol{p}_2 = \begin{pmatrix} -1 \\ 1 \\ 0 \end{pmatrix}, \quad \boldsymbol{p}_3 = \begin{pmatrix} -1 \\ 0 \\ 1 \end{pmatrix}$$

に選ぶと，$\boldsymbol{p}_1, \boldsymbol{p}_2, \boldsymbol{p}_3$ は線形独立である．ここで，対角化行列 P を

$$P = \begin{pmatrix} \boldsymbol{p}_1 & \boldsymbol{p}_2 & \boldsymbol{p}_3 \end{pmatrix} = \begin{pmatrix} -1 & -1 & -1 \\ -1 & 1 & 0 \\ 1 & 0 & 1 \end{pmatrix}$$

とおくと，P は正則であり，A は

$$P^{-1}AP = \begin{pmatrix} 1 & 0 & 0 \\ 0 & -2 & 0 \\ 0 & 0 & -2 \end{pmatrix}$$

と対角化することができる．

問7.4　3 次正方行列 $A = \begin{pmatrix} 2 & 1 & 1 \\ 1 & 2 & 1 \\ 0 & 0 & 1 \end{pmatrix}$ の対角化行列 P を求めて，A を対角化せよ．

> **note**　A の固有方程式が重解 λ をもつとき，対角化できない場合がある．
>
> たとえば，$A = \begin{pmatrix} 3 & -1 \\ 1 & 1 \end{pmatrix}$ の固有値は $\lambda = 2$（2 重解）である．さらに，$\mathrm{rank}(A - 2E) = 1$ であるので解の自由度は 1 であり，線形独立な 2 つの固有ベクトルを選ぶことはできない．したがって，A は対角化できない．

7.3 対称行列の対角化

直交行列　正方行列 A が ${}^tAA = A{}^tA = E$ を満たすとき直交行列といい，2次直交行列の列ベクトルは互いに直交する単位ベクトルであった（6.4節参照）．ここでは，n 次直交行列の性質を調べる．

n 次元列ベクトル $\boldsymbol{a} = \begin{pmatrix} a_1 \\ a_2 \\ \vdots \\ a_n \end{pmatrix}$, $\boldsymbol{b} = \begin{pmatrix} b_1 \\ b_2 \\ \vdots \\ b_n \end{pmatrix}$ に対して，ベクトル $\boldsymbol{a}, \boldsymbol{b}$ の内積および $\boldsymbol{a}$ の大きさ $|\boldsymbol{a}|$ を

$$\boldsymbol{a} \cdot \boldsymbol{b} = {}^t\boldsymbol{a}\boldsymbol{b} = a_1 b_1 + a_2 b_2 + \cdots + a_n b_n$$

$$|\boldsymbol{a}| = \sqrt{\boldsymbol{a} \cdot \boldsymbol{a}} = \sqrt{{a_1}^2 + {a_2}^2 + \cdots + {a_n}^2}$$

と定める．$|\boldsymbol{a}| = 1$ を満たすベクトル $\boldsymbol{a}$ を**単位ベクトル**という．また，ともに零ベクトルでないベクトル $\boldsymbol{a}, \boldsymbol{b}$ が $\boldsymbol{a} \cdot \boldsymbol{b} = 0$ を満たすとき，$\boldsymbol{a}$ と $\boldsymbol{b}$ は**垂直**である，または**直交**するといい，$\boldsymbol{a} \perp \boldsymbol{b}$ と表す．

n 個の n 次元列ベクトル $\boldsymbol{a}_1, \boldsymbol{a}_2, \ldots, \boldsymbol{a}_n$ に対して，$A = \begin{pmatrix} \boldsymbol{a}_1 & \boldsymbol{a}_2 & \cdots & \boldsymbol{a}_n \end{pmatrix}$ とすれば，6.4節と同様に，

$${}^tAA = \begin{pmatrix} {}^t\boldsymbol{a}_1 \\ {}^t\boldsymbol{a}_2 \\ \vdots \\ {}^t\boldsymbol{a}_n \end{pmatrix} \begin{pmatrix} \boldsymbol{a}_1 & \boldsymbol{a}_2 & \cdots & \boldsymbol{a}_n \end{pmatrix}$$

$$= \begin{pmatrix} {}^t\boldsymbol{a}_1\boldsymbol{a}_1 & {}^t\boldsymbol{a}_1\boldsymbol{a}_2 & \cdots & {}^t\boldsymbol{a}_1\boldsymbol{a}_n \\ {}^t\boldsymbol{a}_2\boldsymbol{a}_1 & {}^t\boldsymbol{a}_2\boldsymbol{a}_2 & \cdots & {}^t\boldsymbol{a}_2\boldsymbol{a}_n \\ \vdots & \vdots & \ddots & \vdots \\ {}^t\boldsymbol{a}_n\boldsymbol{a}_1 & {}^t\boldsymbol{a}_n\boldsymbol{a}_2 & \cdots & {}^t\boldsymbol{a}_n\boldsymbol{a}_n \end{pmatrix} = \begin{pmatrix} |\boldsymbol{a}_1|^2 & \boldsymbol{a}_1 \cdot \boldsymbol{a}_2 & \cdots & \boldsymbol{a}_1 \cdot \boldsymbol{a}_n \\ \boldsymbol{a}_2 \cdot \boldsymbol{a}_1 & |\boldsymbol{a}_2|^2 & \cdots & \boldsymbol{a}_2 \cdot \boldsymbol{a}_n \\ \vdots & \vdots & \ddots & \vdots \\ \boldsymbol{a}_n \cdot \boldsymbol{a}_1 & \boldsymbol{a}_n \cdot \boldsymbol{a}_2 & \cdots & |\boldsymbol{a}_n|^2 \end{pmatrix}$$

となる．よって，A が直交行列（${}^tAA = E$）であるための必要十分条件は，

$$\boldsymbol{a}_i \cdot \boldsymbol{a}_j = \begin{cases} 1 & (i = j \text{ のとき}) \\ 0 & (i \neq j \text{ のとき}) \end{cases} \qquad (i, j = 1, 2, \ldots, n)$$

である．したがって，A の列ベクトルは互いに直交する単位ベクトルである．

よって，2次直交行列の場合と同様に，次のことが成り立つ．

7.3　直交行列の性質

正方行列が直交行列であるための必要十分条件は，列ベクトルが互いに直交する単位ベクトルであることである．

対称行列とその固有値　正方行列 A が ${}^tA = A$ を満たすとき，A を**対称行列**という．

例 7.2　$A = \begin{pmatrix} 1 & 2 & -1 \\ 2 & 3 & -3 \\ -1 & -3 & 0 \end{pmatrix}$ は対称行列である．

対称行列の固有値は，すべて実数であることが知られている．また，対称行列の固有値について，次の性質が成り立つ．

7.4　対称行列の固有値

対称行列の異なる固有値に属する固有ベクトルは，互いに直交する．

証明　A を対称行列，$\boldsymbol{p}, \boldsymbol{q}$ を A の異なる固有値 λ, μ に属する固有ベクトルとすると，$A\boldsymbol{p} = \lambda\boldsymbol{p}$, $A\boldsymbol{q} = \mu\boldsymbol{q}$ である．また，A は対称行列であるから ${}^tA = A$ である．したがって，

$$\lambda\boldsymbol{p}\cdot\boldsymbol{q} = (A\boldsymbol{p})\cdot\boldsymbol{q} = {}^t(A\boldsymbol{p})\boldsymbol{q} = ({}^t\boldsymbol{p}\,{}^tA)\boldsymbol{q} = {}^t\boldsymbol{p}(A\boldsymbol{q}) = {}^t\boldsymbol{p}(\mu\boldsymbol{q}) = \mu\boldsymbol{p}\cdot\boldsymbol{q}$$

が成り立つ．よって，$(\lambda - \mu)\boldsymbol{p}\cdot\boldsymbol{q} = 0$ が得られる．$\lambda \neq \mu$ であるから，$\boldsymbol{p}\cdot\boldsymbol{q} = 0$ である．$\boldsymbol{p} \neq \boldsymbol{0}$, $\boldsymbol{q} \neq \boldsymbol{0}$ であるから，$\boldsymbol{p}, \boldsymbol{q}$ は互いに直交する．　証明終

例 7.3　例題 7.1 の行列 $A = \begin{pmatrix} 1 & 2 \\ 2 & -2 \end{pmatrix}$ は対称行列であり，その固有値と固有ベクトルは，t_1, t_2 を 0 でない定数として，

$$\lambda_1 = 2,\ \boldsymbol{p} = t_1\begin{pmatrix} 2 \\ 1 \end{pmatrix};\quad \lambda_2 = -3,\ \boldsymbol{q} = t_2\begin{pmatrix} -1 \\ 2 \end{pmatrix}$$

である．このとき，$\boldsymbol{p}\cdot\boldsymbol{q} = 0$ となるから，$\boldsymbol{p}$ と $\boldsymbol{q}$ は互いに直交している．

直交行列による対称行列の対角化　対称行列は，対角化行列を直交行列にとって対角化できることが知られている．ここでは，対称行列 $A = \begin{pmatrix} 1 & 2 \\ 2 & -2 \end{pmatrix}$ を，次の手順で対角化する．

例 7.3 により，行列 A の固有値と固有ベクトルは，t_1, t_2 を 0 でない任意の定数として

$$\lambda_1 = 2,\ \boldsymbol{p} = t_1 \begin{pmatrix} 2 \\ 1 \end{pmatrix}; \quad \lambda_2 = -3,\ \boldsymbol{q} = t_2 \begin{pmatrix} -1 \\ 2 \end{pmatrix}$$

であり，これらは互いに直交している．そこで，$\boldsymbol{p}, \boldsymbol{q}$ が単位ベクトルとなるように t_1, t_2 を定めて

$$\boldsymbol{p}_1 = \begin{pmatrix} \dfrac{2}{\sqrt{5}} \\ \dfrac{1}{\sqrt{5}} \end{pmatrix}, \quad \boldsymbol{p}_2 = \begin{pmatrix} -\dfrac{1}{\sqrt{5}} \\ \dfrac{2}{\sqrt{5}} \end{pmatrix}$$

とすると，$\boldsymbol{p}_1, \boldsymbol{p}_2$ は互いに直交する単位ベクトルである．ここで，対角化行列 P を

$$P = (\boldsymbol{p}_1 \ \ \boldsymbol{p}_2) = \begin{pmatrix} \dfrac{2}{\sqrt{5}} & -\dfrac{1}{\sqrt{5}} \\ \dfrac{1}{\sqrt{5}} & \dfrac{2}{\sqrt{5}} \end{pmatrix}$$

とすれば，P は直交行列であり $P^{-1} = {}^tP$ であるから，対称行列 A は

$${}^tPAP = \begin{pmatrix} 2 & 0 \\ 0 & -3 \end{pmatrix}$$

と対角化される．

一般に，次のことが成り立つ．

7.5　対称行列の対角化

対称行列は直交行列によって対角化することができる．

例題 7.5　**2 次対称行列の対角化**

対称行列 $A = \begin{pmatrix} 2 & 1 \\ 1 & 2 \end{pmatrix}$ を，直交行列 P によって対角化せよ．

解　A の固有値と固有ベクトルを求めると

$$\lambda_1 = 1,\ t_1 \begin{pmatrix} -1 \\ 1 \end{pmatrix};\quad \lambda_2 = 3,\ t_2 \begin{pmatrix} 1 \\ 1 \end{pmatrix}\quad (t_1,\, t_2 \text{ は } 0 \text{ でない実数})$$

となり，これらの固有ベクトルは互いに直交する．そこで，固有ベクトルの大きさが 1 となるように t_1, t_2 を定めて，単位ベクトル

$$\boldsymbol{p}_1 = \begin{pmatrix} -\dfrac{1}{\sqrt{2}} \\ \dfrac{1}{\sqrt{2}} \end{pmatrix},\quad \boldsymbol{p}_2 = \begin{pmatrix} \dfrac{1}{\sqrt{2}} \\ \dfrac{1}{\sqrt{2}} \end{pmatrix}$$

を作る．これらを並べて

$$P = \begin{pmatrix} \boldsymbol{p}_1 & \boldsymbol{p}_2 \end{pmatrix} = \begin{pmatrix} -\dfrac{1}{\sqrt{2}} & \dfrac{1}{\sqrt{2}} \\ \dfrac{1}{\sqrt{2}} & \dfrac{1}{\sqrt{2}} \end{pmatrix}$$

とおくと，P は直交行列であり，

$${}^tPAP = \begin{pmatrix} 1 & 0 \\ 0 & 3 \end{pmatrix}$$

となる．

問7.5　次の対称行列 A を直交行列 P によって対角化せよ．

(1)　$A = \begin{pmatrix} 1 & -2 \\ -2 & 1 \end{pmatrix}$　　(2)　$A = \begin{pmatrix} 3 & 4 \\ 4 & 3 \end{pmatrix}$

シュミットの直交化法　固有値が重解であるとき，それらに属する固有ベクトルが互いに直交するとは限らない．そのような場合でも，互いに直交するベクトルを作ることができる．ここではその方法を紹介する．

2 つの線形独立なベクトル $\boldsymbol{a}, \boldsymbol{b}$ が与えられたとき，$\boldsymbol{a}$ と $\boldsymbol{b}$ がなす角を θ とすると，$\boldsymbol{b}$ の $\dfrac{\boldsymbol{a}}{|\boldsymbol{a}|}$ 方向の正射影ベクトルは

$$|\boldsymbol{b}|\cos\theta\,\frac{\boldsymbol{a}}{|\boldsymbol{a}|}=\frac{|\boldsymbol{a}|\,|\boldsymbol{b}|\cos\theta}{|\boldsymbol{a}|^2}\,\boldsymbol{a}=\frac{\boldsymbol{a}\cdot\boldsymbol{b}}{|\boldsymbol{a}|^2}\,\boldsymbol{a}$$

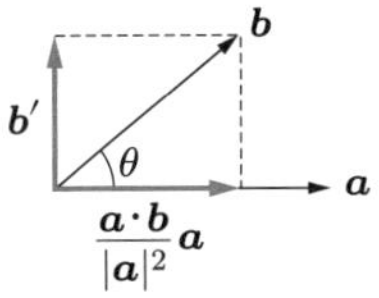

となる．これを用いて，

$$\boldsymbol{b}'=\boldsymbol{b}-\frac{\boldsymbol{a}\cdot\boldsymbol{b}}{|\boldsymbol{a}|^2}\boldsymbol{a}$$

とおくと，$\boldsymbol{a}, \boldsymbol{b}$ が線形独立であるから $\boldsymbol{b}'\neq\boldsymbol{0}$ であり，$\boldsymbol{a}$ と $\boldsymbol{b}'$ は互いに直交することが確かめられる．したがって，これらの大きさを 1 にすることで互いに直交する単位ベクトルが得られる．

この方法を**シュミットの直交化法**という．

例題 7.6　3 次対称行列の対角化

対称行列 $A=\begin{pmatrix}1&1&-1\\1&1&1\\-1&1&1\end{pmatrix}$ を直交行列 P によって対角化せよ．

解　固有方程式 $|A-\lambda E|=0$ を解くと，解 $x=-1, 2$（2 重解）が得られる．

$\lambda=-1$ のとき，$A-\lambda E$ と $(A-\lambda E)\boldsymbol{x}=\boldsymbol{0}$ は

$$A-(-1)E=\begin{pmatrix}2&1&-1\\1&2&1\\-1&1&2\end{pmatrix}\sim\begin{pmatrix}1&0&-1\\0&1&1\\0&0&0\end{pmatrix}\quad\text{よって}\quad\begin{cases}x\qquad -z=0\\ \qquad y+z=0\end{cases}$$

となるから，固有ベクトル $\boldsymbol{a}$ を選び，その大きさを 1 にすることによって

$$\boldsymbol{a}=\begin{pmatrix}1\\-1\\1\end{pmatrix}\quad\text{から}\quad\boldsymbol{p}_1=\frac{1}{\sqrt{3}}\begin{pmatrix}1\\-1\\1\end{pmatrix}$$

が得られる．

$\lambda=2$ のとき，

$$A-2E=\begin{pmatrix}-1&1&-1\\1&-1&1\\-1&1&-1\end{pmatrix}\sim\begin{pmatrix}1&-1&1\\0&0&0\\0&0&0\end{pmatrix}$$

となるから，$(A-\lambda E)\boldsymbol{x}=\boldsymbol{0}$ は $x-y+z=0$ となる．この条件を満たすベクトル $\boldsymbol{b}, \boldsymbol{c}$ を

$$\boldsymbol{b} = \begin{pmatrix} 1 \\ 1 \\ 0 \end{pmatrix}, \quad \boldsymbol{c} = \begin{pmatrix} -1 \\ 0 \\ 1 \end{pmatrix}$$

に選ぶ．これからシュミットの直交化法により，$\boldsymbol{b}$ に直交するベクトルとして

$$\boldsymbol{c}' = \boldsymbol{c} - \frac{\boldsymbol{b}\cdot\boldsymbol{c}}{|\boldsymbol{b}|^2}\boldsymbol{b} = \begin{pmatrix} -1 \\ 0 \\ 1 \end{pmatrix} + \frac{1}{2}\begin{pmatrix} 1 \\ 1 \\ 0 \end{pmatrix} = \begin{pmatrix} -\frac{1}{2} \\ \frac{1}{2} \\ 1 \end{pmatrix}$$

が得られる．よって，$\boldsymbol{b}$, $\boldsymbol{c}'$ を単位ベクトルにすることにより，互いに直交する単位ベクトル

$$\boldsymbol{p}_2 = \frac{1}{\sqrt{2}}\begin{pmatrix} 1 \\ 1 \\ 0 \end{pmatrix}, \quad \boldsymbol{p}_3 = \frac{1}{\sqrt{6}}\begin{pmatrix} -1 \\ 1 \\ 2 \end{pmatrix}$$

が得られる．

したがって，

$$P = \begin{pmatrix} \boldsymbol{p}_1 & \boldsymbol{p}_2 & \boldsymbol{p}_3 \end{pmatrix} = \begin{pmatrix} \frac{1}{\sqrt{3}} & \frac{1}{\sqrt{2}} & -\frac{1}{\sqrt{6}} \\ -\frac{1}{\sqrt{3}} & \frac{1}{\sqrt{2}} & \frac{1}{\sqrt{6}} \\ \frac{1}{\sqrt{3}} & 0 & \frac{2}{\sqrt{6}} \end{pmatrix}$$

とすれば，次が成り立つ．

$${}^tPAP = \begin{pmatrix} -1 & 0 & 0 \\ 0 & 2 & 0 \\ 0 & 0 & 2 \end{pmatrix}$$

問7.6　対称行列 $A = \begin{pmatrix} 3 & -2 & 0 \\ -2 & 3 & 0 \\ 0 & 0 & 1 \end{pmatrix}$ を，直交行列 P によって対角化せよ．

練習問題 7

[1] 次の行列 A の対角化行列 P を求めて，A を対角化せよ．

(1) $A = \begin{pmatrix} 5 & 3 \\ 3 & -3 \end{pmatrix}$　　(2) $A = \begin{pmatrix} -2 & -6 \\ -5 & 5 \end{pmatrix}$

[2] 次の行列 A の対角化行列 P を求めて，A を対角化せよ．

(1) $A = \begin{pmatrix} -1 & 2 & -2 \\ 1 & -2 & 0 \\ -2 & 0 & -2 \end{pmatrix}$　　(2) $A = \begin{pmatrix} 0 & 2 & -6 \\ 5 & -3 & 3 \\ 3 & -3 & 7 \end{pmatrix}$

[3] 次の対称行列 A を対角化する直交行列 P を求めて，A を対角化せよ．

(1) $A = \begin{pmatrix} 0 & 1 \\ 1 & 0 \end{pmatrix}$　　(2) $A = \begin{pmatrix} 1 & 1 & 1 \\ 1 & 2 & 0 \\ 1 & 0 & 2 \end{pmatrix}$　　(3) $A = \begin{pmatrix} 2 & 1 & 1 \\ 1 & 2 & 1 \\ 1 & 1 & 2 \end{pmatrix}$

[4] 行列 A が，$P = \begin{pmatrix} 1 & -1 \\ 2 & 1 \end{pmatrix}$，$D = \begin{pmatrix} 2 & 0 \\ 0 & -1 \end{pmatrix}$ により

$$P^{-1}AP = D$$

と表されるとき，次の問いに答えよ．ただし，n は自然数である．

(1) P^{-1} を求めよ．

(2) D^n を求めよ．

(3) $(P^{-1}AP)^2$, $(P^{-1}AP)^3$ を計算すると，次のようになる．

$$(P^{-1}AP)^2 = P^{-1}A(PP^{-1})AP = P^{-1}A^2P,$$

$$(P^{-1}AP)^3 = P^{-1}A(PP^{-1})A(PP^{-1})AP = P^{-1}A^3P$$

このことを用いて，A^n を求めよ．

COLUMN
日常に活きている数学

フィボナッチ数

1, 1, 2, 3, 5, 8, 13, 21, 34, 55, ... と続く数列に現れる数を**フィボナッチ数**とよぶ．パイナップルの外皮の螺旋は時計回りに 13 本，反時計回りに 8 本の場合が多く，ひまわりの種や松ぼっくりに出てくる螺旋の数もフィボナッチ数である場合が多い．

フィボナッチ数は，$F_0 = 0,\ F_1 = 1$ と定義して

$$F_{n+2} = F_n + F_{n+1} \quad (n \geqq 0)$$

という漸化式で定義される．これは行列を用いると

$$\begin{pmatrix} F_{n+2} \\ F_{n+1} \end{pmatrix} = \begin{pmatrix} 1 & 1 \\ 1 & 0 \end{pmatrix} \begin{pmatrix} F_{n+1} \\ F_n \end{pmatrix}$$

と表すことができる．この行列 $A = \begin{pmatrix} 1 & 1 \\ 1 & 0 \end{pmatrix}$ の固有多項式は $\lambda^2 - \lambda - 1 = 0$ である．固有値と固有ベクトルを求めると，対角化行列 P と対角行列 D を

$$P = \begin{pmatrix} \dfrac{1+\sqrt{5}}{2} & \dfrac{1-\sqrt{5}}{2} \\ 1 & 1 \end{pmatrix}, \quad D = \begin{pmatrix} \dfrac{1+\sqrt{5}}{2} & 0 \\ 0 & \dfrac{1-\sqrt{5}}{2} \end{pmatrix}$$

とおくことにより，行列 A は $P^{-1}AP = D$ と対角化される．これより，行列 A は $A = PDP^{-1}$ と表されるので，$A^2 = PD^2P^{-1}, A^3 = PD^3P^{-1}$ などとなり，自然数 n に対して $A^n = PD^nP^{-1}$ が成り立つ．これを利用すると，

$$\begin{aligned} \begin{pmatrix} F_{n+2} \\ F_{n+1} \end{pmatrix} &= A \begin{pmatrix} F_{n+1} \\ F_n \end{pmatrix} = A^2 \begin{pmatrix} F_n \\ F_{n-1} \end{pmatrix} = \cdots = A^{n+1} \begin{pmatrix} F_1 \\ F_0 \end{pmatrix} \\ &= PD^{n+1}P^{-1} \begin{pmatrix} F_1 \\ F_0 \end{pmatrix} \end{aligned}$$

となるので，

$$\begin{pmatrix} F_{n+1} \\ F_n \end{pmatrix} = PD^nP^{-1} \begin{pmatrix} F_1 \\ F_0 \end{pmatrix} = PD^nP^{-1} \begin{pmatrix} 1 \\ 0 \end{pmatrix}$$

が成り立つ．P^{-1} を求めて PD^nP^{-1} を計算することにより，次が得られる．

$$F_n = \left(\frac{1+\sqrt{5}}{2} \right)^n - \left(\frac{1-\sqrt{5}}{2} \right)^n$$

$n \geqq 1$ のとき F_n は自然数であるにもかかわらず，F_n の式に無理数 $\sqrt{5}$ が現れるのは不思議なことである．$\dfrac{1+\sqrt{5}}{2}$ は黄金比として知られている数である．

Appendix

A ベクトル空間

A1 ベクトル空間とその部分空間

ベクトル空間　平面や空間のベクトルばかりでなく，非常に多くの集合がベクトルの集合と同じような性質をもっている．ここではその性質を一般化して，ベクトル空間を次のように定義する．

A1.1 ベクトル空間

集合 V に定数倍と和が定義され，V の任意の要素 $\boldsymbol{a}, \boldsymbol{b}, \boldsymbol{c}$ と任意の数（スカラー）s, t に対して次の (1)〜(6) が成り立つとき，V を**ベクトル空間**または**線形空間**といい，その要素をベクトルという．

(1)　交換法則：$\boldsymbol{a}+\boldsymbol{b}=\boldsymbol{b}+\boldsymbol{a}$

(2)　結合法則：$(\boldsymbol{a}+\boldsymbol{b})+\boldsymbol{c}=\boldsymbol{a}+(\boldsymbol{b}+\boldsymbol{c}), \quad (st)\boldsymbol{a}=s(t\boldsymbol{a})$

(3)　分配法則：$t(\boldsymbol{a}+\boldsymbol{b})=t\boldsymbol{a}+t\boldsymbol{b}, \quad (s+t)\boldsymbol{a}=s\boldsymbol{a}+t\boldsymbol{a}$

(4)　$1\boldsymbol{a}=\boldsymbol{a}$

(5)　零ベクトルとよばれる要素 $\boldsymbol{0}$ がただ 1 つ存在して，$\boldsymbol{a}+\boldsymbol{0}=\boldsymbol{0}+\boldsymbol{a}=\boldsymbol{a}$

(6)　$\boldsymbol{a}$ の逆ベクトルとよばれる要素 $-\boldsymbol{a}$ がただ 1 つ存在して，

$$\boldsymbol{a}+(-\boldsymbol{a})=(-\boldsymbol{a})+\boldsymbol{a}=\boldsymbol{0}$$

数として複素数を扱うものを**複素ベクトル空間**，実数を扱うものを**実ベクトル空間**という．ここでは実ベクトル空間に限定する．実数全体の集合を $\mathbb{R}$，n 次元列ベクトル全体の集合を $\mathbb{R}^n$ と表す．平面ベクトル全体の集合は $\mathbb{R}^2$，空間ベクトル全体の集合は $\mathbb{R}^3$ である．$\mathbb{R}^n$ はベクトル空間である．

note　平面や空間のベクトル集合の他に，n 次正方行列の集合，n 次以下の多項式の集合，収束する数列の集合なども，定理 A1.1 を満たすのでベクトル空間である．

部分空間　ベクトル空間 V の部分集合 W がベクトル空間となっているとき，W を V の**部分空間**という．このとき，次が成り立つ．

A1.2　部分空間

ベクトル空間 V の空集合でない部分集合 W が，V の実数倍と和によって，条件

$$t \in \mathbb{R},\ \boldsymbol{p}, \boldsymbol{q} \in W \quad \text{ならば} \quad t\boldsymbol{p} \in W,\ \boldsymbol{p} + \boldsymbol{q} \in W$$

を満たすとき，W は V の**部分空間**であるという．

V の空集合でない部分集合 W が V の部分空間であることは，任意の $\boldsymbol{v}, \boldsymbol{w} \in W$ と実数 s, t に対して，$s\boldsymbol{v} + t\boldsymbol{w} \in W$ となることと同値である．

V は V の部分空間である．また，零ベクトルだけからなる集合 $\{\boldsymbol{0}\}$ も V の部分空間である．W が V の部分空間のとき，W の要素 $\boldsymbol{p}$ について $0\boldsymbol{p} = \boldsymbol{0}$ も W の要素であるから，任意の部分空間は $\boldsymbol{0}$ を含む．空集合は部分集合ではない．

例題 A1.1　$\mathbb{R}^3$ の部分空間

次の集合 W が $\mathbb{R}^3$ の部分空間であるかどうか調べよ．

(1)　$W = \left\{ \begin{pmatrix} a \\ b \\ c \end{pmatrix} \middle| \ a + b + c = 1 \right\}$　　(2)　$W = \left\{ \begin{pmatrix} s \\ 2s \\ -3s \end{pmatrix} \middle| \ s \in \mathbb{R} \right\}$

解　(1)　$\boldsymbol{p} = \begin{pmatrix} a \\ b \\ c \end{pmatrix} \in W$ ならば，$a + b + c = 1$ が成り立つ．いま，$t \in \mathbb{R}$ に対して，

$$t\boldsymbol{p} = \begin{pmatrix} ta \\ tb \\ tc \end{pmatrix}$$

となる．$t \neq 1$ のとき $ta + tb + tc = t(a + b + c) = t \neq 1$ であるから，$t\boldsymbol{p}$ は W の要素ではない．したがって，W は $\mathbb{R}^3$ の部分空間ではない．

(2)　W は $\boldsymbol{0}$ を含むから空集合ではない．W のベクトル $\boldsymbol{p} = \begin{pmatrix} p \\ 2p \\ -3p \end{pmatrix}$, $\boldsymbol{q} = \begin{pmatrix} q \\ 2q \\ -3q \end{pmatrix}$

と $t \in \mathbb{R}$ に対して，

$$t\boldsymbol{p} = \begin{pmatrix} t \cdot p \\ t \cdot 2p \\ t \cdot (-3p) \end{pmatrix} = \begin{pmatrix} tp \\ 2tp \\ -3tp \end{pmatrix} \in W$$

$$\boldsymbol{p}+\boldsymbol{q}=\begin{pmatrix} p+q \\ 2p+2q \\ (-3p)+(-3q) \end{pmatrix}=\begin{pmatrix} p+q \\ 2(p+q) \\ -3(p+q) \end{pmatrix}\in W$$

となる．したがって，W は $\mathbb{R}^3$ の部分空間である．

問A1.1　次の集合 W が $\mathbb{R}^3$ の部分空間であるかどうか調べよ．

(1) $W=\left\{\begin{pmatrix} x \\ y \\ z \end{pmatrix}\middle|\, x+y+z=0\right\}$　　(2) $W=\left\{\begin{pmatrix} s+1 \\ s+2 \\ s+3 \end{pmatrix}\middle|\, s\in\mathbb{R}\right\}$

A2　基底と次元

基底　$\mathbb{R}^3$ の任意の要素は

$$\begin{pmatrix} a \\ b \\ c \end{pmatrix}=a\begin{pmatrix} 1 \\ 0 \\ 0 \end{pmatrix}+b\begin{pmatrix} 0 \\ 1 \\ 0 \end{pmatrix}+c\begin{pmatrix} 0 \\ 0 \\ 1 \end{pmatrix}=a\boldsymbol{e}_1+b\boldsymbol{e}_2+c\boldsymbol{e}_3$$

として，基本ベクトル $\boldsymbol{e}_1,\boldsymbol{e}_2,\boldsymbol{e}_3$ の線形結合によって表すことができた．ここでは，いろいろなベクトル空間 V について，V の任意の要素を，いくつかのベクトル $\boldsymbol{v}_1$, $\boldsymbol{v}_2$, ..., $\boldsymbol{v}_n$ の線形結合で表すことを考える．

いま，ベクトルの組 $(\boldsymbol{V}_1,\boldsymbol{V}_2,\ldots,\boldsymbol{V}_n)$ が与えられたとする．実数 $x_1,x_2,\ldots,x_n$ に対して，関係式

$$x_1\boldsymbol{V}_1+x_2\boldsymbol{V}_2+\cdots+x_n\boldsymbol{V}_n=\boldsymbol{0}$$

が $x_1=x_2=\cdots=x_n=0$ 以外では成り立たないとき，$\boldsymbol{V}_1,\boldsymbol{V}_2,\ldots,\boldsymbol{V}_n$ は**線形独立**であるという．

このとき，次のように定める．

A2.1　ベクトル空間の基底

ベクトル空間 V について，次の性質を満たすベクトルの組 $(\boldsymbol{v}_1,\boldsymbol{v}_2,\ldots,\boldsymbol{v}_n)$ を V の**基底**という．

(1)　$\boldsymbol{v}_1$, $\boldsymbol{v}_2$, ..., $\boldsymbol{v}_n$ は線形独立である．

(2)　V の任意の要素 $\boldsymbol{p}$ は $\boldsymbol{v}_1$, $\boldsymbol{v}_2$, ..., $\boldsymbol{v}_n$ の線形結合として表すことができる．

例 A2.1　(1)　$(\boldsymbol{e}_1, \boldsymbol{e}_2, \boldsymbol{e}_3)$ は $\mathbb{R}^3$ の基底である.

(2)　$(\boldsymbol{e}_1, \boldsymbol{e}_2)$ は $\mathbb{R}^3$ の部分空間

$$W = \left\{ \begin{pmatrix} x \\ y \\ 0 \end{pmatrix} \middle| \, x, y \in \mathbb{R} \right\}$$

の基底である.

(3)　$\boldsymbol{v}_1 = \begin{pmatrix} 1 \\ 1 \\ 0 \end{pmatrix}, \boldsymbol{v}_2 = \begin{pmatrix} 0 \\ 1 \\ 0 \end{pmatrix}$ とするとき，(2) の部分空間 W の基底として $(\boldsymbol{v}_1, \boldsymbol{v}_2)$ を選ぶこともできる．$\boldsymbol{v}_1$, $\boldsymbol{v}_2$ は線形独立であり，W の任意のベクトルは

$$\begin{pmatrix} x \\ y \\ 0 \end{pmatrix} = \begin{pmatrix} x \\ x \\ 0 \end{pmatrix} + \begin{pmatrix} 0 \\ y-x \\ 0 \end{pmatrix} = x\boldsymbol{v}_1 + (y-x)\boldsymbol{v}_2$$

として，$\boldsymbol{v}_1$, $\boldsymbol{v}_2$ の線形結合で表せるからである.

このように，基底の定め方にはいろいろな方法があるが，ベクトル空間 V の基底に含まれるベクトルの個数は，基底の選び方によらないことが知られている．この数を V の**次元**といい，$\dim V$ で表す．$\dim V = n$ であるとき，V を n **次元ベクトル空間**という．ただし，$V = \{\boldsymbol{0}\}$ の次元は 0 とする.

基底の性質　$(\boldsymbol{v}_1, \boldsymbol{v}_2, \ldots, \boldsymbol{v}_n)$ が V の基底であるとする．このとき，V の任意の要素 $\boldsymbol{p}$ を $\boldsymbol{v}_1$, $\boldsymbol{v}_2$, $\ldots$, $\boldsymbol{v}_n$ の線形結合で表す方法は 1 通りしかないことを示す．もし，$\boldsymbol{p}$ が

$$\boldsymbol{p} = c_1\boldsymbol{v}_1 + c_2\boldsymbol{v}_2 + \cdots + c_n\boldsymbol{v}_n \qquad \cdots\cdots ①$$

$$\boldsymbol{p} = c_1'\boldsymbol{v}_1 + c_2'\boldsymbol{v}_2 + \cdots + c_n'\boldsymbol{v}_n \qquad \cdots\cdots ②$$

と 2 通りの方法で表されたとすれば，① − ② を計算すると，

$$(c_1 - c_1')\boldsymbol{v}_1 + (c_2 - c_2')\boldsymbol{v}_2 + \cdots + (c_n - c_n')\boldsymbol{v}_n = \boldsymbol{0}$$

とならなければならない．ところが，$\boldsymbol{v}_1$, $\boldsymbol{v}_2$, $\ldots$, $\boldsymbol{v}_n$ は線形独立であるから，$c_1 = c_1'$, $c_2 = c_2'$, $\ldots$, $c_n = c_n'$ となり，①, ② の表し方は一致する.

問 A2.1　次の $\mathbb{R}^3$ の部分空間について，基底を 1 組求め，その次元を答えよ.

(1)　$W = \left\{ \begin{pmatrix} t \\ -t \\ t \end{pmatrix} \middle| \, t \in \mathbb{R} \right\}$　　(2)　$W = \left\{ \begin{pmatrix} x \\ 0 \\ y \end{pmatrix} \middle| \, x, y \in \mathbb{R} \right\}$

A3　斉次連立 1 次方程式の解空間

斉次連立 1 次方程式の解空間　$A = \begin{pmatrix} a_{11} & a_{12} & \cdots & a_{1n} \\ a_{21} & a_{22} & \cdots & a_{2n} \\ \vdots & \vdots & \ddots & \vdots \\ a_{m1} & a_{m2} & \cdots & a_{mn} \end{pmatrix}$, $\boldsymbol{x} = \begin{pmatrix} x_1 \\ x_2 \\ \vdots \\ x_n \end{pmatrix}$

とするとき，斉次連立 1 次方程式 $A\boldsymbol{x} = \boldsymbol{0}$，すなわち

$$\begin{cases} a_{11}x_1 + a_{12}x_2 + \cdots + a_{1n}x_n = 0 \\ a_{21}x_1 + a_{22}x_2 + \cdots + a_{2n}x_n = 0 \\ \qquad\qquad \vdots \\ a_{m1}x_1 + a_{m2}x_2 + \cdots + a_{mn}x_n = 0 \end{cases} \quad \cdots\cdots ①$$

の解について調べる．①の任意の 2 つの解を $\boldsymbol{x}_1, \boldsymbol{x}_2$ とし，t を任意の実数とするとき，$A\boldsymbol{x}_1 = A\boldsymbol{x}_2 = \boldsymbol{0}$ であるから，

$$A(t\boldsymbol{x}_1) = t \cdot A\boldsymbol{x}_1 = t \cdot \boldsymbol{0} = \boldsymbol{0}$$
$$A(\boldsymbol{x}_1 + \boldsymbol{x}_2) = A\boldsymbol{x}_1 + A\boldsymbol{x}_2 = \boldsymbol{0} + \boldsymbol{0} = \boldsymbol{0}$$

である．よって，$t\boldsymbol{x}_1$, $\boldsymbol{x}_1 + \boldsymbol{x}_2$ はやはり①の解である．したがって，①の解全体の集合は $\mathbb{R}^n$ の部分空間である．これを①の**解空間**という．

解空間の基底と次元　斉次連立 1 次方程式の解空間の基底と次元は，行の基本変形によって求めることができる．

例題 A3.1　斉次連立 1 次方程式の解空間

x_1, x_2, x_3, x_4, x_5 を未知数とする斉次 5 元連立 1 次方程式

$$\begin{cases} x_1 - x_2 + 2x_3 - x_4 = 0 \\ -2x_1 + x_2 - 3x_3 - 2x_4 - x_5 = 0 \\ 3x_1 - 2x_2 + 2x_3 + 4x_4 - 2x_5 = 0 \\ - x_2 + x_3 - 4x_4 - x_5 = 0 \end{cases}$$

の解空間を W とするとき，W の基底を 1 組求めよ．また，$\dim W$ を答えよ．

解　与えられた連立 1 次方程式の係数行列を A とし，A を基本変形すれば，

$$A = \begin{pmatrix} 1 & -1 & 2 & -1 & 0 \\ -2 & 1 & -3 & -2 & -1 \\ 3 & -2 & 2 & 4 & -2 \\ 0 & -1 & 1 & -4 & -1 \end{pmatrix} \sim \begin{pmatrix} 1 & 0 & 0 & 4 & 0 \\ 0 & 1 & 0 & 3 & 2 \\ 0 & 0 & 1 & -1 & 1 \\ 0 & 0 & 0 & 0 & 0 \end{pmatrix}$$

となる．したがって，$\operatorname{rank} A = 3$ であるから，解の自由度は 2，つまり 5 つの未知数のうち $5 - \operatorname{rank} A = 2$ 個を任意に決めることができる．よって，連立 1 次方程式の解は $x_4 = s,\ x_5 = t$ を任意の実数として，

$$\begin{cases} x_1 = -4s \\ x_2 = -3s - 2t \\ x_3 = \quad s - \ t \\ x_4 = \quad s \\ x_5 = \qquad\ \ t \end{cases} \quad \text{よって} \quad \begin{pmatrix} x_1 \\ x_2 \\ x_3 \\ x_4 \\ x_5 \end{pmatrix} = s \begin{pmatrix} -4 \\ -3 \\ 1 \\ 1 \\ 0 \end{pmatrix} + t \begin{pmatrix} 0 \\ -2 \\ -1 \\ 0 \\ 1 \end{pmatrix}$$

と表すことができる．ここで，$\boldsymbol{u}_1 = \begin{pmatrix} -4 \\ -3 \\ 1 \\ 1 \\ 0 \end{pmatrix},\ \boldsymbol{u}_2 = \begin{pmatrix} 0 \\ -2 \\ -1 \\ 0 \\ 1 \end{pmatrix}$ とおくと，解 $\boldsymbol{x}$ は

$$\boldsymbol{x} = s\boldsymbol{u}_1 + t\boldsymbol{u}_2$$

と表すことができる．$\boldsymbol{u}_1,\ \boldsymbol{u}_2$ は線形独立であるから，解空間 W の基底として $(\boldsymbol{u}_1, \boldsymbol{u}_2)$ を選ぶことができ，$\dim W = 2$ である．

一般に，係数行列を A とする連立 n 元 1 次方程式の解空間を W とすれば

$$\dim W = n - \operatorname{rank} A$$

が成り立つ．

問 A3.1　次の連立 1 次方程式の解空間の基底を 1 組求め，その次元を答えよ．

(1) $\begin{cases} x + 2y + z = 0 \\ 2x + y + 5z = 0 \\ x - 4y + 7z = 0 \end{cases}$　　(2) $\begin{cases} x + 2y + 3z - w = 0 \\ 3x + 5y + 8z - 4w = 0 \\ 2x + y + 3z - 5w = 0 \end{cases}$

A4 ベクトルが張る部分空間

ベクトルが張る部分空間　V をベクトル空間とし，$\boldsymbol{v}_1$, $\boldsymbol{v}_2 \in V$ であるとする．このとき，$\boldsymbol{v}_1$, $\boldsymbol{v}_2$ の線形結合全体，すなわち

$$a_1\boldsymbol{v}_1 + a_2\boldsymbol{v}_2 \quad (a_1,\ a_2 \text{ は実数})$$

の形のベクトル全体の集合 W を考える．$\boldsymbol{p}, \boldsymbol{q} \in W$ とすれば，$\boldsymbol{p} = a_1\boldsymbol{v}_1 + a_2\boldsymbol{v}_2$, $\boldsymbol{q} = b_1\boldsymbol{v}_1 + b_2\boldsymbol{v}_2$（$a_1$, a_2, b_1, b_2 は実数）と表すことができる．t が実数のとき，

$$t\boldsymbol{p} = (ta_1)\boldsymbol{v}_1 + (ta_2)\boldsymbol{v}_2 \in W$$
$$\boldsymbol{p} + \boldsymbol{q} = (a_1 + b_1)\boldsymbol{v}_1 + (a_2 + b_2)\boldsymbol{v}_2 \in W$$

である．したがって，W は V の部分空間である．

同じようにして，$\boldsymbol{v}_1$, $\boldsymbol{v}_2$, $\ldots$, $\boldsymbol{v}_k \in V$ であるとき，

$$W = \{\, a_1\boldsymbol{v}_1 + a_2\boldsymbol{v}_2 + \cdots + a_k\boldsymbol{v}_k \,|\, a_1, a_2, \ldots, a_k \in \mathbb{R}\}$$

と定めると，W は V の部分空間になることを示すことができる．

一般に，次のように定める．

A4.1　ベクトルが張る部分空間

$\boldsymbol{v}_1$, $\boldsymbol{v}_2$, $\ldots$, $\boldsymbol{v}_k$ を V のベクトルとするとき，V の部分空間

$$W = \{\, a_1\boldsymbol{v}_1 + a_2\boldsymbol{v}_2 + \cdots + a_k\boldsymbol{v}_k \,|\, a_1, a_2, \ldots, a_k \in \mathbb{R}\}$$

を，ベクトル $\boldsymbol{v}_1$, $\boldsymbol{v}_2$, $\ldots$, $\boldsymbol{v}_k$ が**張る部分空間**という．

例 A4.1　$\boldsymbol{e}_1$, $\boldsymbol{e}_2$ が張る $\mathbb{R}^3$ の部分空間を W とする．実数 a_1, a_2 に対して

$$a_1\boldsymbol{e}_1 + a_2\boldsymbol{e}_2 = a_1\begin{pmatrix}1\\0\\0\end{pmatrix} + a_2\begin{pmatrix}0\\1\\0\end{pmatrix} = \begin{pmatrix}a_1\\a_2\\0\end{pmatrix}$$

であるから，$W = \left\{ \begin{pmatrix}a_1\\a_2\\0\end{pmatrix} \middle|\ a_1, a_2 \in \mathbb{R} \right\}$ である．

ベクトルが張る部分空間の基底と次元　ここでは，$\mathbb{R}^n$ のベクトルが張る部分空間について，その基底と次元を求める．

例題 A4.1　ベクトルが張る部分空間

$\mathbb{R}^4$ の 5 つのベクトル

$$\begin{pmatrix} 1 \\ -2 \\ 3 \\ 0 \end{pmatrix}, \quad \begin{pmatrix} -1 \\ 1 \\ -2 \\ -1 \end{pmatrix}, \quad \begin{pmatrix} 2 \\ -3 \\ 2 \\ 1 \end{pmatrix}, \quad \begin{pmatrix} -1 \\ -2 \\ 4 \\ -4 \end{pmatrix}, \quad \begin{pmatrix} 0 \\ -1 \\ -2 \\ -1 \end{pmatrix}$$

の張る部分空間 W の基底を 1 組求めよ．また，$\dim W$ を答えよ．

解　与えられたベクトルを順に $\boldsymbol{v}_1, \boldsymbol{v}_2, \boldsymbol{v}_3, \boldsymbol{v}_4, \boldsymbol{v}_5$ とし，これを列ベクトルとする行列を A とすれば，A は例題 A3.1 で扱った行列と同じものである．したがって，行列 A に行の基本変形を行うと，次のようになる．

$$A = \begin{pmatrix} \boldsymbol{v}_1 & \boldsymbol{v}_2 & \boldsymbol{v}_3 & \boldsymbol{v}_4 & \boldsymbol{v}_5 \end{pmatrix} \sim \begin{pmatrix} 1 & 0 & 0 & 4 & 0 \\ 0 & 1 & 0 & 3 & 2 \\ 0 & 0 & 1 & -1 & 1 \\ 0 & 0 & 0 & 0 & 0 \end{pmatrix}$$

この結果を用いて，$(\boldsymbol{v}_1, \boldsymbol{v}_2, \boldsymbol{v}_3)$ が W の基底であることを証明する．

基本変形の最初の 3 列に注目すれば

$$\begin{pmatrix} \boldsymbol{v}_1 & \boldsymbol{v}_2 & \boldsymbol{v}_3 \end{pmatrix} \sim \begin{pmatrix} 1 & 0 & 0 \\ 0 & 1 & 0 \\ 0 & 0 & 1 \\ 0 & 0 & 0 \end{pmatrix}$$

となり，$\operatorname{rank} \begin{pmatrix} \boldsymbol{v}_1 & \boldsymbol{v}_2 & \boldsymbol{v}_3 \end{pmatrix} = 3$ であるから，$\boldsymbol{v}_1, \boldsymbol{v}_2, \boldsymbol{v}_3$ は線形独立である．

また，最初の 4 列に注目すれば，

$$\left(\begin{array}{ccc|c} \boldsymbol{v}_1 & \boldsymbol{v}_2 & \boldsymbol{v}_3 & \boldsymbol{v}_4 \end{array} \right) \sim \left(\begin{array}{ccc|c} 1 & 0 & 0 & 4 \\ 0 & 1 & 0 & 3 \\ 0 & 0 & 1 & -1 \\ 0 & 0 & 0 & 0 \end{array} \right)$$

となる．ここで，縦線は便宜上入れたものである．この式は，$\boldsymbol{v}_4$ を定数項ベクトルとする連立 1 次方程式 $x\boldsymbol{v}_1 + y\boldsymbol{v}_2 + z\boldsymbol{v}_3 = \boldsymbol{v}_4$ の拡大係数行列を基本変形したものと考えることができる．この結果から，この連立 1 次方程式は解 $x = 4,\ y = 3,\ z = -1$ をもつ．したがって，$\boldsymbol{v}_4$ は $\boldsymbol{v}_1$, $\boldsymbol{v}_2$, $\boldsymbol{v}_3$ の線形結合で

$$\boldsymbol{v}_4 = 4\boldsymbol{v}_1 + 3\boldsymbol{v}_2 - \boldsymbol{v}_3$$

と表すことができる．同じようにして，$\boldsymbol{v}_5$ については

$$\boldsymbol{v}_5 = 2\boldsymbol{v}_2 + \boldsymbol{v}_3$$

が成り立つ．すると，W の任意の要素 $a\boldsymbol{v}_1 + b\boldsymbol{v}_2 + c\boldsymbol{v}_3 + d\boldsymbol{v}_4 + e\boldsymbol{v}_5$ (a, b, c, d, e は実数) は

$$\begin{aligned} &a\boldsymbol{v}_1 + b\boldsymbol{v}_2 + c\boldsymbol{v}_3 + d\boldsymbol{v}_4 + e\boldsymbol{v}_5 \\ &\qquad = a\boldsymbol{v}_1 + b\boldsymbol{v}_2 + c\boldsymbol{v}_3 + d(4\boldsymbol{v}_1 + 3\boldsymbol{v}_2 - \boldsymbol{v}_3) + e(2\boldsymbol{v}_2 + \boldsymbol{v}_3) \\ &\qquad = (a + 4d)\boldsymbol{v}_1 + (b + 3d + 2e)\boldsymbol{v}_2 + (c - d + e)\boldsymbol{v}_3 \end{aligned}$$

となり，$\boldsymbol{v}_1$, $\boldsymbol{v}_2$, $\boldsymbol{v}_3$ の線形結合で表すことができる．

したがって，$(\boldsymbol{v}_1, \boldsymbol{v}_2, \boldsymbol{v}_3)$ は W の基底であり，$\dim W = 3$ である．

一般に，行列 A の列ベクトルが張る部分空間を W とすれば，

$$\dim W = \operatorname{rank} A$$

が成り立つ．

問 A4.1　次のベクトルが張る部分空間の基底を 1 組求め，その次元を答えよ．

(1) $\begin{pmatrix} 3 \\ -2 \end{pmatrix}$, $\begin{pmatrix} -6 \\ 4 \end{pmatrix}$　　(2) $\begin{pmatrix} 1 \\ -1 \\ 2 \end{pmatrix}$, $\begin{pmatrix} 0 \\ 2 \\ -1 \end{pmatrix}$, $\begin{pmatrix} 3 \\ 1 \\ 4 \end{pmatrix}$

A5 線形写像

線形写像　2 つの集合 X, Y が与えられたとき，X の各要素 a に Y の要素 b をただ 1 つ対応させる規則 f を，X から Y への**写像**という．このとき，$b \in Y$ を，写像 f による a の像といい，$b = f(a)$ と表す．写像のうち，線形変換を拡張したものを次のように定める．

A5.1　線形写像

ベクトル空間 V からベクトル空間 U への写像 f が任意のベクトル $\boldsymbol{x}, \boldsymbol{y} \in V$ と任意の実数 t について，次の等式を満たすとき，f を V から U への**線形写像**という．

(1)　$f(t\boldsymbol{x}) = tf(\boldsymbol{x})$　　(2)　$f(\boldsymbol{x}+\boldsymbol{y}) = f(\boldsymbol{x}) + f(\boldsymbol{y})$

とくに，V から V への線形写像を**線形変換**という．

f を $\mathbb{R}^n$ から $\mathbb{R}^m$ への写像とする．$\boldsymbol{x} = \begin{pmatrix} x_1 \\ x_2 \\ \vdots \\ x_n \end{pmatrix} \in \mathbb{R}^n$ に対して，$f(\boldsymbol{x}) = \begin{pmatrix} x'_1 \\ x'_2 \\ \vdots \\ x'_m \end{pmatrix} \in \mathbb{R}^m$ を

$$\begin{cases} x'_1 = a_{11}x_1 + a_{12}x_2 + \cdots + a_{1n}x_n \\ x'_2 = a_{21}x_1 + a_{22}x_2 + \cdots + a_{2n}x_n \\ \qquad\vdots \\ x'_m = a_{m1}x_1 + a_{m2}x_2 + \cdots + a_{mn}x_n \end{cases}$$

で定めると，この写像は行列を用いて

$$\begin{pmatrix} x'_1 \\ x'_2 \\ \vdots \\ x'_m \end{pmatrix} = \begin{pmatrix} a_{11} & a_{12} & \cdots & a_{1n} \\ a_{21} & a_{22} & \cdots & a_{2n} \\ \vdots & \vdots & \ddots & \vdots \\ a_{m1} & a_{m2} & \cdots & a_{mn} \end{pmatrix} \begin{pmatrix} x_1 \\ x_2 \\ \vdots \\ x_n \end{pmatrix}$$

と表すことができる．したがって，写像 f は $\mathbb{R}^n$ から $\mathbb{R}^m$ への線形写像である．$m \times n$ 型行列 $\begin{pmatrix} a_{11} & a_{12} & \cdots & a_{1n} \\ a_{21} & a_{22} & \cdots & a_{2n} \\ \vdots & \vdots & \ddots & \vdots \\ a_{m1} & a_{m2} & \cdots & a_{mn} \end{pmatrix}$ を，線形写像 f の表現行列という．$\mathbb{R}^n$ の基本ベクトルを $\boldsymbol{e}_1, \boldsymbol{e}_2, \ldots, \boldsymbol{e}_n$ とすると，表現行列は $\begin{pmatrix} f(\boldsymbol{e}_1) & f(\boldsymbol{e}_2) & \cdots & f(\boldsymbol{e}_n) \end{pmatrix}$ と表すことができる．

例 A5.1　$\mathbb{R}^3$ から $\mathbb{R}^2$ への線形写像 f を $\begin{cases} x' = x + 2y - 3z \\ y' = -5x + z \end{cases}$ で定めるとき，f を行列を用いて表すと

$$\begin{pmatrix} x' \\ y' \end{pmatrix} = \begin{pmatrix} 1 & 2 & -3 \\ -5 & 0 & 1 \end{pmatrix} \begin{pmatrix} x \\ y \\ z \end{pmatrix}$$

となる．この表現行列は，$\mathbb{R}^3$ の基本ベクトル $\boldsymbol{e}_1, \boldsymbol{e}_2, \boldsymbol{e}_3$ を用いて $\begin{pmatrix} f(\boldsymbol{e}_1) & f(\boldsymbol{e}_2) & f(\boldsymbol{e}_3) \end{pmatrix}$ と表すことができる．

線形写像の核と像　V, U をベクトル空間，$f : V \to U$ を線形写像とする．$\boldsymbol{v}_1, \boldsymbol{v}_2 \in V$ が $f(\boldsymbol{v}_1) = \boldsymbol{0}$, $f(\boldsymbol{v}_2) = \boldsymbol{0}$ を満たすとすれば，任意の実数 s, t に対して

$$f(s\boldsymbol{v}_1 + t\boldsymbol{v}_2) = s\,f(\boldsymbol{v}_1) + t\,f(\boldsymbol{v}_2) = \boldsymbol{0}$$

である．したがって，$\{\boldsymbol{v} \in V \,|\, f(\boldsymbol{v}) = \boldsymbol{0}\}$ は V の部分空間となる．これを線形写像 f の**核**といい，$\mathrm{Ker}(f)$ と表す．

また，$\boldsymbol{u}_1, \boldsymbol{u}_2 \in \{f(\boldsymbol{v}) \,|\, \boldsymbol{v} \in V\}$ であれば，$\boldsymbol{u}_1 = f(\boldsymbol{v}_1), \boldsymbol{u}_2 = f(\boldsymbol{v}_2)$ となる $\boldsymbol{v}_1, \boldsymbol{v}_2 \in V$ がある．このとき，任意の実数 s, t に対して $\boldsymbol{v} = s\boldsymbol{v}_1 + t\boldsymbol{v}_2$ とすると $\boldsymbol{v} \in V$ であり，f は線形写像であるから

$$s\boldsymbol{u}_1 + t\boldsymbol{u}_2 = sf(\boldsymbol{v}_1) + tf(\boldsymbol{v}_2) = f(s\boldsymbol{v}_1 + t\boldsymbol{v}_2)$$

となる．したがって，$s\boldsymbol{u}_1 + t\boldsymbol{u}_2 \in \{f(\boldsymbol{v}) \,|\, \boldsymbol{v} \in V\}$ となるから，$\{f(\boldsymbol{v}) \,|\, \boldsymbol{v} \in V\}$ は U の部分空間である．これを線形写像 f の**像**といい，$\mathrm{Im}(f)$ と表す．

A5.2 線形写像の核と像

V から U への線形写像 f について，次が成り立つ．

(1)　f の核 $\mathrm{Ker}(f) = \{\boldsymbol{v} \in V \,|\, f(\boldsymbol{v}) = \boldsymbol{0}\}$ は，V の部分空間である．

(2)　f の像 $\mathrm{Im}(f) = \{f(\boldsymbol{v}) \,|\, \boldsymbol{v} \in V\}$ は，U の部分空間である．

線形写像 $f : \mathbb{R}^n \to \mathbb{R}^m$ の表現行列を A とする．f の核 $\mathrm{Ker}(f)$ は，斉次連立 1 次方程式 $A\boldsymbol{v} = \boldsymbol{0}$ の解空間であり，$\mathbb{R}^n$ の部分空間である．また，f の像 $\mathrm{Im}(f)$ は，A のすべての列ベクトルが張る $\mathbb{R}^m$ の部分空間である．このとき，核 $\mathrm{Ker}(f)$ と像 $\mathrm{Im}(f)$ の基底の求め方を例によって示す．

例 A5.2　$\mathbb{R}^5$ から $\mathbb{R}^4$ への線形写像 f の表現行列 A が，例題 A3.1 と例題 A4.1 で扱ったものと同じであるとする．すなわち，

$$A = \begin{pmatrix} 1 & -1 & 2 & -1 & 0 \\ -2 & 1 & -3 & -2 & -1 \\ 3 & -2 & 2 & 4 & -2 \\ 0 & -1 & 1 & -4 & -1 \end{pmatrix} \sim \begin{pmatrix} 1 & 0 & 0 & 4 & 0 \\ 0 & 1 & 0 & 3 & 2 \\ 0 & 0 & 1 & -1 & 1 \\ 0 & 0 & 0 & 0 & 0 \end{pmatrix}$$

であるとき，f の核 $\mathrm{Ker}(f)$ と像 $\mathrm{Im}(f)$ の基底とそれぞれの次元を求める．

f の核 $\mathrm{Ker}(f)$ は斉次連立 1 次方程式 $A\boldsymbol{x} = \boldsymbol{0}$ の解空間であるから，それは例題 A3.1 で求めた $\mathbb{R}^5$ の部分空間 W と同じである．したがって，基底は例題 A3.1 の $(\boldsymbol{u}_1, \boldsymbol{u}_2)$ であり，$\dim \mathrm{Ker}(f) = 5 - \mathrm{rank}\, A = 2$ である．

次に，f の像 $\mathrm{Im}(f)$ を求める．$\mathrm{Im}(f)$ は $f(\boldsymbol{e}_1), f(\boldsymbol{e}_2), f(\boldsymbol{e}_3), f(\boldsymbol{e}_4), f(\boldsymbol{e}_5)$ の張る部分空間であり，線形変換 f の表現行列 A が，

$$A = \begin{pmatrix} f(\boldsymbol{e}_1) & f(\boldsymbol{e}_2) & f(\boldsymbol{e}_3) & f(\boldsymbol{e}_4) & f(\boldsymbol{e}_5) \end{pmatrix}$$

であることに注意すると，$\mathrm{Im}(f)$ は A の列ベクトルの張る部分空間である．これは例題 A4.1 で求めた $\mathbb{R}^4$ の部分空間 W と同じである．したがって，基底は例題 A4.1 の $(\boldsymbol{v}_1, \boldsymbol{v}_2, \boldsymbol{v}_3)$ であり，$\dim \mathrm{Im}(f) = \mathrm{rank}\, A = 3$ である．

f を n 次元ベクトル空間 V から m 次元ベクトル空間 U への線形写像とし，f の表現行列を A とする．例 A5.2 で見たように，$\mathrm{Ker}(f)$ は斉次連立 n 元 1 次方程式 $A\boldsymbol{x} = \boldsymbol{0}$ の解空間であり，$\dim \mathrm{Ker}(f) = n - \mathrm{rank}\, A$ である．また，$\mathrm{Im}(f)$ は A の列ベクトルが張る部分空間であり，$\dim \mathrm{Im}(f) = \mathrm{rank}\, A$ である．したがって，

$$\dim \mathrm{Ker}(f) + \dim \mathrm{Im}(f) = n$$

が成り立つ．これを次元定理という．

A5.3　次元定理

f が n 次元ベクトル空間 V から m 次元ベクトル空間 U への線形写像であるとき，f の核と像の次元について次が成り立つ．

$$\dim \mathrm{Ker}(f) + \dim \mathrm{Im}(f) = n$$

問 A5.1　次の行列を表現行列とする線形写像の核と像について，それぞれの基底を 1 組ずつ求め，その次元を答えよ．

(1) $\begin{pmatrix} 1 & 2 & 1 \\ 2 & 1 & 5 \\ 1 & -4 & 7 \end{pmatrix}$　　(2) $\begin{pmatrix} 1 & 2 & 3 & -1 \\ 3 & 5 & 8 & -4 \\ 2 & 1 & 3 & -5 \end{pmatrix}$

練習問題 A

[1] 次の集合 W が $\mathbb{R}^3$ の部分空間であるかどうか調べよ.

(1) $W = \left\{ \begin{pmatrix} x \\ y \\ z \end{pmatrix} \middle| \, x + y + 2z = 2 \right\}$ (2) $W = \left\{ \begin{pmatrix} x \\ y \\ z \end{pmatrix} \middle| \, x = y, \ z = 0 \right\}$

(3) $W = \left\{ \begin{pmatrix} x \\ y \\ z \end{pmatrix} \middle| \, x^2 + y^2 + z^2 = 1 \right\}$

[2] $\mathbb{R}^3$ の部分空間 $W = \left\{ \begin{pmatrix} x \\ y \\ z \end{pmatrix} \middle| \, x + y + z = 0 \right\}$ の基底を 1 組求め，その次元を答えよ.

[3] 次の行列を表現行列とする線形写像の核と像について，それぞれの基底を 1 組ずつ求め，その次元を答えよ.

(1) $\begin{pmatrix} 1 & 2 & 3 \\ 4 & 5 & 6 \\ 7 & 2 & -3 \\ 2 & 1 & 0 \end{pmatrix}$ (2) $\begin{pmatrix} 1 & 2 & 4 & 3 \\ 1 & 1 & -3 & 1 \\ 2 & 3 & 2 & 4 \end{pmatrix}$

Appendix

B 補遺

B1 連立1次方程式のクラメルの公式

係数行列 A が正則である連立1次方程式 $A\boldsymbol{x}=\boldsymbol{b}$ の解法を考える．$x_1, x_2, \ldots, x_n$ を未知数とする連立1次方程式

$$\begin{cases} a_{11}x_1 + a_{12}x_2 + \cdots + a_{1n}x_n &= b_1 \\ a_{21}x_1 + a_{22}x_2 + \cdots + a_{2n}x_n &= b_2 \\ \qquad\qquad\vdots \\ a_{n1}x_1 + a_{n2}x_2 + \cdots + a_{nn}x_n &= b_n \end{cases}$$

において，$A=\begin{pmatrix} a_{11} & a_{12} & \cdots & a_{1n} \\ a_{21} & a_{22} & \cdots & a_{2n} \\ \vdots & \vdots & \ddots & \vdots \\ a_{n1} & a_{n2} & \cdots & a_{nn} \end{pmatrix}$, $\boldsymbol{x}=\begin{pmatrix} x_1 \\ x_2 \\ \vdots \\ x_n \end{pmatrix}$, $\boldsymbol{b}=\begin{pmatrix} b_1 \\ b_2 \\ \vdots \\ b_n \end{pmatrix}$ とおく．A は正則であるから，この方程式の解は，余因子行列による逆行列の公式を使って，

$$\boldsymbol{x} = A^{-1}\boldsymbol{b} = \frac{1}{|A|}\widetilde{A}\boldsymbol{b}$$

となる［→定理 **4.11**］．これを書き直すと，

$$\begin{pmatrix} x_1 \\ x_2 \\ \vdots \\ x_n \end{pmatrix} = \frac{1}{|A|}\begin{pmatrix} \widetilde{a}_{11} & \widetilde{a}_{21} & \cdots & \widetilde{a}_{n1} \\ \widetilde{a}_{12} & \widetilde{a}_{22} & \cdots & \widetilde{a}_{n2} \\ \vdots & \vdots & \ddots & \vdots \\ \widetilde{a}_{1n} & \widetilde{a}_{2n} & \cdots & \widetilde{a}_{nn} \end{pmatrix}\begin{pmatrix} b_1 \\ b_2 \\ \vdots \\ b_n \end{pmatrix}$$

$$= \frac{1}{|A|}\begin{pmatrix} b_1\widetilde{a}_{11} + b_2\widetilde{a}_{21} + \cdots + b_n\widetilde{a}_{n1} \\ b_1\widetilde{a}_{12} + b_2\widetilde{a}_{22} + \cdots + b_n\widetilde{a}_{n2} \\ \vdots \\ b_1\widetilde{a}_{1n} + b_2\widetilde{a}_{2n} + \cdots + b_n\widetilde{a}_{nn} \end{pmatrix}$$

となる．ここで，行列 A の第 j 列を $\boldsymbol{b}$ に置き換えた行列を A_j とおくと，x_1 は

$$x_1 = \frac{1}{|A|}\left(b_1\widetilde{a}_{11} + b_2\widetilde{a}_{21} + \cdots + b_n\widetilde{a}_{n1}\right)$$

$$= \frac{1}{|A|}\begin{vmatrix} b_1 & a_{12} & \cdots & a_{1n} \\ b_2 & a_{22} & \cdots & a_{2n} \\ \vdots & \vdots & \ddots & \vdots \\ b_n & a_{n2} & \cdots & a_{nn} \end{vmatrix} = \frac{|A_1|}{|A|}$$

と表される．同様にして，$x_j = \dfrac{|A_j|}{|A|}$ $(j = 2, 3, \ldots, n)$ が成り立つ．これを**クラメルの公式**という．

B1.1　クラメルの公式 II

n 個の未知数に関する連立 1 次方程式 $A\boldsymbol{x} = \boldsymbol{b}$ の係数行列 A が正則であるとき，その解は，

$$x_j = \frac{|A_j|}{|A|} \quad (j = 1, 2, \ldots, n)$$

となる．ここで，A_j は，行列 A の第 j 列を $\boldsymbol{b}$ に置き換えた行列である．

B2 異なる固有値に対する固有ベクトル

B2.1　異なる固有値に対する固有ベクトル

$\lambda_1, \lambda_2, \ldots, \lambda_m$ は，正方行列 A の互いに異なる固有値とする．このとき，各固有値 λ_k に属する固有ベクトルを $\boldsymbol{p}_k$ とすると，$\boldsymbol{p}_1, \boldsymbol{p}_2, \ldots, \boldsymbol{p}_m$ は線形独立である．

証明　数学的帰納法による．

(i)　固有ベクトルは零ベクトルではないから，$\boldsymbol{p}_1$ は線形独立である．したがって，$m = 1$ のとき命題は成り立つ．

(ii)　$m = k$ のとき命題が正しいと仮定して，$m = k + 1$ のときに命題が成り立つことを示す．

$$x_1\boldsymbol{p}_1 + x_2\boldsymbol{p}_2 + \cdots + x_k\boldsymbol{p}_k + x_{k+1}\boldsymbol{p}_{k+1} = \boldsymbol{0} \qquad \cdots\cdots ①$$

とする．両辺に左から A をかけると，$A\boldsymbol{p}_l = \lambda_l\boldsymbol{p}_l$ であるから，

$$x_1\lambda_1\boldsymbol{p}_1 + x_2\lambda_2\boldsymbol{p}_2 + \cdots + x_k\lambda_k\boldsymbol{p}_k + x_{k+1}\lambda_{k+1}\boldsymbol{p}_{k+1} = \boldsymbol{0} \qquad \cdots\cdots ②$$

が成り立つ．また，①の両辺に λ_{k+1} をかけると

$$x_1\lambda_{k+1}\boldsymbol{p}_1 + x_2\lambda_{k+1}\boldsymbol{p}_2 + \cdots + x_k\lambda_{k+1}\boldsymbol{p}_k + x_{k+1}\lambda_{k+1}\boldsymbol{p}_{k+1} = \boldsymbol{0} \qquad \cdots\cdots ③$$

が得られる．② − ③ を計算すると，

$$x_1(\lambda_1 - \lambda_{k+1})\boldsymbol{p}_1 + x_2(\lambda_2 - \lambda_{k+1})\boldsymbol{p}_2 + \cdots + x_k(\lambda_k - \lambda_{k+1})\boldsymbol{p}_k = \boldsymbol{0}$$

となる．仮定から $\boldsymbol{p}_1, \boldsymbol{p}_2, \ldots, \boldsymbol{p}_k$ は線形独立であり，$\lambda_1 - \lambda_{k+1}, \lambda_2 - \lambda_{k+1}, \ldots, \lambda_k - \lambda_{k+1}$ はすべて 0 ではないから，

$$x_1 = x_2 = \cdots = x_k = 0$$

である．これを①に代入すると $x_{k+1}\boldsymbol{p}_{k+1} = \boldsymbol{0}$ となる．$\boldsymbol{p}_{k+1} \neq \boldsymbol{0}$ であるから $x_{k+1} = 0$ となり，$\boldsymbol{p}_1, \boldsymbol{p}_2, \ldots, \boldsymbol{p}_k, \boldsymbol{p}_{k+1}$ は線形独立である．

したがって，(i)，(ii) より，$\boldsymbol{p}_1, \boldsymbol{p}_2, \ldots, \boldsymbol{p}_m$ は線形独立である．　証明終

B3　2次曲線の標準形とその分類

2次曲線　a, b, c, k を定数とするとき，方程式

$$ax^2 + 2bxy + cy^2 = k \qquad \cdots\cdots ①$$

で表される曲線を 2 次曲線という．

例 B3.1　$\dfrac{x^2}{2} + y^2 = 1$ は楕円（図 1），$\dfrac{x^2}{9} - \dfrac{y^2}{4} = 1$ は双曲線（図 2）である．

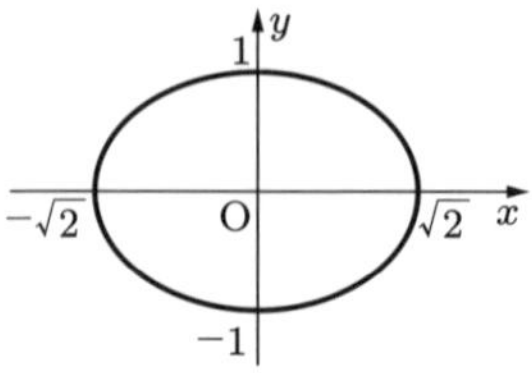

（図 1）

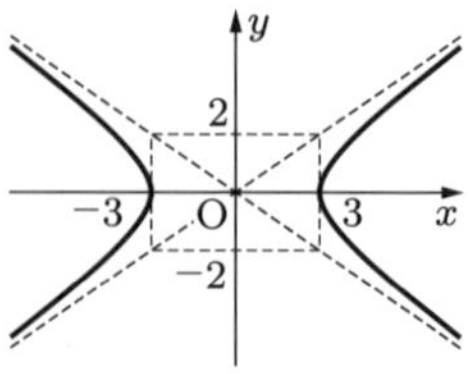

（図 2）

ここで，$A = \begin{pmatrix} a & b \\ b & c \end{pmatrix}$，$\boldsymbol{x} = \begin{pmatrix} x \\ y \end{pmatrix}$ とすれば，2 次曲線の方程式 ① は

$$(x, y)\begin{pmatrix} a & b \\ b & c \end{pmatrix}\begin{pmatrix} x \\ y \end{pmatrix} = k \quad \text{すなわち} \quad {}^t\boldsymbol{x}A\boldsymbol{x} = k \qquad \cdots\cdots ②$$

と表すことができる．このとき，直交行列を用いて A を対角化する．A は対称行列であるから，実数の固有値 λ_1, λ_2 をもつ．$D = \begin{pmatrix} \lambda_1 & 0 \\ 0 & \lambda_2 \end{pmatrix}$ とすれば，直交行列 P を用いて

$${}^tPAP = D \quad \text{よって} \quad A = PD\,{}^tP$$

とすることができる．したがって，② は

$$ {}^t\boldsymbol{x}\left(PD\,{}^tP\right)\boldsymbol{x}=k \quad \text{すなわち} \quad {}^t\left({}^tP\boldsymbol{x}\right)D\left({}^tP\boldsymbol{x}\right)=k $$

となる．ここで，$\boldsymbol{x}'=\begin{pmatrix} x' \\ y' \end{pmatrix}={}^tP\boldsymbol{x}$ として xy 座標を $x'y'$ 座標に変換すると，

$$ {}^t\boldsymbol{x}'D\boldsymbol{x}'=k \quad \text{すなわち} \quad \lambda_1 x'^2+\lambda_2 y'^2=k $$

となる．直交行列により座標を変換しても図形の形は変わらないから，2 つの曲線

$$ ax^2+2bxy+cy^2=k, \quad \lambda_1 x^2+\lambda_2 y^2=k $$

は合同である．$\lambda_1 x^2+\lambda_2 y^2=k$ を，①で表される **2 次曲線の標準形**という．

以上より，次のことが成り立つ．

B3.1　2 次曲線の標準形

対称行列 $\begin{pmatrix} a & b \\ b & c \end{pmatrix}$ の固有値を λ_1, λ_2 とする．このとき，2 次曲線 $ax^2+2bxy+cy^2=k$ の標準形は，

$$ \lambda_1 x^2+\lambda_2 y^2=k $$

である．さらに，2 次曲線 $ax^2+2bxy+cy^2=k$ は，次のように分類される．

(1)　$\lambda_1\lambda_2>0$ かつ k が λ_1 と同符号であるとき，楕円（円を含む）

(2)　$\lambda_1\lambda_2<0$ かつ $k\neq 0$ であるとき，双曲線

$\lambda_1\neq\lambda_2$ のとき，これらを入れ替えることにより 2 通りの標準形ができる．

例題 B3.1　2 次曲線の標準形

2 次曲線 $2x^2+4xy-y^2=1$ を，直交行列により座標を変換して標準形を求め，楕円か双曲線かを判定せよ．

解　$A=\begin{pmatrix} 2 & 2 \\ 2 & -1 \end{pmatrix}$ の固有方程式は

$$ |A-\lambda E|=\begin{vmatrix} 2-\lambda & 2 \\ 2 & -1-\lambda \end{vmatrix}=0 \quad \text{よって} \quad \lambda^2-\lambda-6=0 $$

となるから，A の固有値 λ_1, λ_2 と固有ベクトル $\boldsymbol{p}_1, \boldsymbol{p}_2$ は，t_1, t_2 を 0 でない任意の定数

として次のようになる.

$$\lambda_1 = 3,\ \boldsymbol{p}_1 = t_1\begin{pmatrix} 2 \\ 1 \end{pmatrix};\quad \lambda_2 = -2,\ \boldsymbol{p}_2 = t_2\begin{pmatrix} -1 \\ 2 \end{pmatrix}$$

ここで，固有ベクトルが単位ベクトルとなるように t_1, t_2 を選んで

$$P = \frac{1}{\sqrt{5}}\begin{pmatrix} 2 & -1 \\ 1 & 2 \end{pmatrix}$$

とおいて，$\boldsymbol{x}' = {}^t P\boldsymbol{x}$ により座標を変換すると，

$$\begin{pmatrix} x' \\ y' \end{pmatrix} = \frac{1}{\sqrt{5}}\begin{pmatrix} 2 & 1 \\ -1 & 2 \end{pmatrix}\begin{pmatrix} x \\ y \end{pmatrix} \quad \text{したがって} \quad \begin{cases} x' = \dfrac{2x+y}{\sqrt{5}} \\ y' = \dfrac{-x+2y}{\sqrt{5}} \end{cases}$$

である．この変換により，$D = \begin{pmatrix} 3 & 0 \\ 0 & -2 \end{pmatrix}$ とおくと，${}^t\boldsymbol{x}' D\boldsymbol{x}' = k$ は，

$$(x', y')\begin{pmatrix} 3 & 0 \\ 0 & -2 \end{pmatrix}\begin{pmatrix} x' \\ y' \end{pmatrix} = 1 \quad \text{すなわち} \quad 3x'^2 - 2y'^2 = 1$$

となる.

固有値を $\lambda_1 = -2,\ \lambda_2 = 3$ とした場合は $-2x'^2 + 3y'^2 = 1$ が得られるので，標準形は $3x^2 - 2y^2 = 1$ または $-2x^2 + 3y^2 = 1$ である．この曲線は双曲線である.

---

note　$\boldsymbol{x}' = {}^t P\boldsymbol{x}$ より $\boldsymbol{x} = P\boldsymbol{x}'$ であるので，

$$\begin{pmatrix} x \\ y \end{pmatrix} = \frac{1}{\sqrt{5}}\begin{pmatrix} 2 & -1 \\ 1 & 2 \end{pmatrix}\begin{pmatrix} x' \\ y' \end{pmatrix} \quad \text{したがって} \quad \begin{cases} x = \dfrac{2x'-y'}{\sqrt{5}} \\ y = \dfrac{x'+2y'}{\sqrt{5}} \end{cases}$$

である．この式を与えられた方程式に代入しても標準形を得ることができる．この直交行列 P は，$\cos\theta = \dfrac{2}{\sqrt{5}}$，$\sin\theta = -\dfrac{1}{\sqrt{5}}$ を満たす角 θ の回転を表す.

問 B3.1　次の 2 次曲線を，直交行列により座標を変換して標準形を求め，楕円か双曲線かを判定せよ.

(1)　$2x^2 + 2xy + 2y^2 = 1$　　(2)　$3x^2 + 8xy + 3y^2 = 1$

問・練習問題の解答

第 1 章

第 1 節の問

1.1 (1) $\overrightarrow{\mathrm{BO}}, \overrightarrow{\mathrm{OE}}, \overrightarrow{\mathrm{CD}}$ (2) $\overrightarrow{\mathrm{DO}}, \overrightarrow{\mathrm{OA}}, \overrightarrow{\mathrm{CB}}, \overrightarrow{\mathrm{EF}}$ (3) $\overrightarrow{\mathrm{AD}}, \overrightarrow{\mathrm{DA}}, \overrightarrow{\mathrm{BE}}, \overrightarrow{\mathrm{EB}}, \overrightarrow{\mathrm{CF}}, \overrightarrow{\mathrm{FC}}$

1.2 (1) $\overrightarrow{\mathrm{DC}}, \overrightarrow{\mathrm{EF}}, \overrightarrow{\mathrm{HG}}$ (2) $\overrightarrow{\mathrm{EA}}, \overrightarrow{\mathrm{FB}}, \overrightarrow{\mathrm{GC}}, \overrightarrow{\mathrm{HD}}$ (3) $\overrightarrow{\mathrm{HA}}, \overrightarrow{\mathrm{DE}}, \overrightarrow{\mathrm{ED}}, \overrightarrow{\mathrm{BG}}, \overrightarrow{\mathrm{GB}}, \overrightarrow{\mathrm{CF}}, \overrightarrow{\mathrm{FC}}$

1.3 (1) $\pm 2\boldsymbol{a}$ (2) $-\dfrac{1}{5}\boldsymbol{a}$ (3) $\dfrac{7}{4}\boldsymbol{a}$

1.4

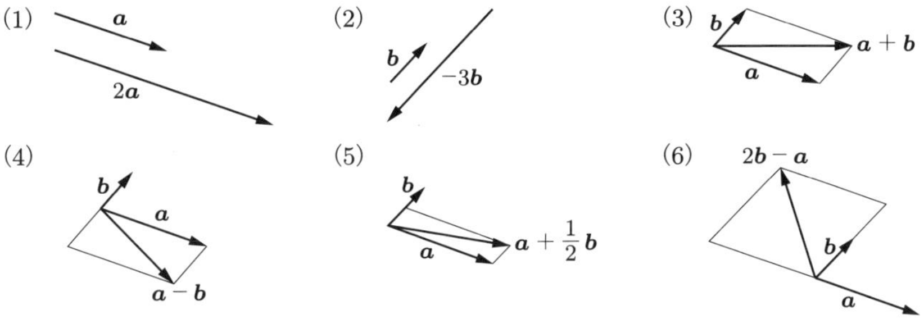

1.5 (1) $\overrightarrow{\mathrm{AF}}, \overrightarrow{\mathrm{DG}}$ (2) $\overrightarrow{\mathrm{BD}}, \overrightarrow{\mathrm{FH}}$ (3) $\overrightarrow{\mathrm{DF}}$

1.6 (1) $8\boldsymbol{a} - 3\boldsymbol{b}$ (2) $-3\boldsymbol{a} - 5\boldsymbol{b}$ (3) $12\boldsymbol{a} - 15\boldsymbol{b}$

1.7 (1) $\dfrac{\boldsymbol{a}+\boldsymbol{b}}{2}$ (2) $\dfrac{\boldsymbol{a}+3\boldsymbol{b}}{4}$ (3) $\dfrac{7\boldsymbol{a}+2\boldsymbol{b}}{9}$

1.8

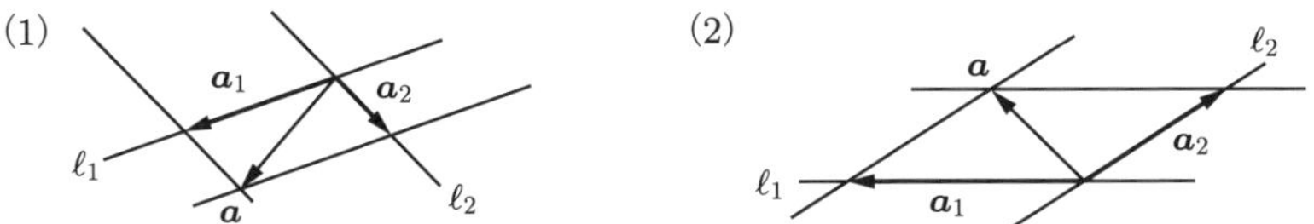

1.9 (1) $2\sqrt{2}$ (2) 11 (3) 5

1.10 (1) $\mathrm{B}(-3, 0, 0)$ (2) $\mathrm{C}(-3, 0, -1)$

1.11 (1) $\sqrt{26}$ (2) $\sqrt{41}$ (3) $\sqrt{29}$

1.12 $\boldsymbol{a} = \begin{pmatrix} 3 \\ 5 \end{pmatrix}$, $\boldsymbol{b} = \begin{pmatrix} -2 \\ 2 \end{pmatrix}$, $\boldsymbol{c} = \begin{pmatrix} 0 \\ -3 \end{pmatrix}$, $\boldsymbol{u} = \begin{pmatrix} 3 \\ 0 \end{pmatrix}$, $\boldsymbol{v} = \begin{pmatrix} -2 \\ -1 \end{pmatrix}$

1.13 (1) $\begin{pmatrix} 1 \\ 1 \end{pmatrix}$ (2) $\begin{pmatrix} -5 \\ 3 \end{pmatrix}$ (3) $\begin{pmatrix} 12 \\ -8 \end{pmatrix}$

1.14 (1) $\begin{pmatrix} -1 \\ 1 \\ -6 \end{pmatrix}$ (2) $\begin{pmatrix} -1 \\ -3 \\ 2 \end{pmatrix}$

1.15 (1) $\begin{pmatrix} -3 \\ 5 \\ 4 \end{pmatrix}$ (2) $\begin{pmatrix} -8 \\ 6 \\ 2 \end{pmatrix}$ (3) $\begin{pmatrix} 10 \\ -13 \\ -9 \end{pmatrix}$

1.16 (1) $\sqrt{2}$ (2) $\sqrt{34}$ (3) $4\sqrt{13}$

1.17 (1) 3 (2) $\sqrt{26}$ (3) $\sqrt{61}$

1.18 (1) $k = 6$ (2) $k = -2,\ 4$ (3) $k_1 = \dfrac{4}{3},\ k_2 = 6$

1.19 t を媒介変数とする．

(1) $\begin{pmatrix} x \\ y \end{pmatrix} = \begin{pmatrix} 1 \\ -3 \end{pmatrix} + t\begin{pmatrix} 4 \\ 2 \end{pmatrix}$, $\begin{cases} x = 1 + 4t \\ y = -3 + 2t \end{cases}$, $\dfrac{x-1}{4} = \dfrac{y+3}{2}$

(2) $\begin{pmatrix} x \\ y \\ z \end{pmatrix} = \begin{pmatrix} 0 \\ 2 \\ -1 \end{pmatrix} + t\begin{pmatrix} 2 \\ 4 \\ 3 \end{pmatrix}$, $\begin{cases} x = 2t \\ y = 2 + 4t \\ z = -1 + 3t \end{cases}$, $\dfrac{x}{2} = \dfrac{y-2}{4} = \dfrac{z+1}{3}$

1.20 (1) $\dfrac{x+2}{5} = \dfrac{y-5}{-4}$ (2) $\dfrac{x-3}{-3} = \dfrac{y}{8}$

(3) $x - 2 = \dfrac{y-4}{-3} = \dfrac{z+3}{2}$ (4) $y = 3,\ \dfrac{x+1}{2} = \dfrac{z-2}{3}$

練習問題 1

[1] (1) $\overrightarrow{\mathrm{BF}} = \boldsymbol{b} - \boldsymbol{a},\ |\overrightarrow{\mathrm{BF}}| = \sqrt{3}$ (2) $\overrightarrow{\mathrm{AD}} = 2\boldsymbol{a} + 2\boldsymbol{b},\ |\overrightarrow{\mathrm{AD}}| = 2$

(3) $\overrightarrow{\mathrm{BC}} = \boldsymbol{a} + \boldsymbol{b},\ |\overrightarrow{\mathrm{BC}}| = 1$ (4) $\overrightarrow{\mathrm{AE}} = \boldsymbol{a} + 2\boldsymbol{b},\ |\overrightarrow{\mathrm{AE}}| = \sqrt{3}$

(5) $\overrightarrow{\mathrm{FC}} = 2\boldsymbol{a},\ |\overrightarrow{\mathrm{FC}}| = 2$ (6) $\overrightarrow{\mathrm{DF}} = -2\boldsymbol{a} - \boldsymbol{b},\ |\overrightarrow{\mathrm{DF}}| = \sqrt{3}$

[2] (1) $\boldsymbol{x} = \boldsymbol{a} - 3\boldsymbol{b}$ (2) $\boldsymbol{x} = 3\boldsymbol{a} + 2\boldsymbol{b}$

[3] (1) $\begin{pmatrix} 2 \\ 1 \\ -3 \end{pmatrix}$ (2) $\begin{pmatrix} -1 \\ 4 \\ 2 \end{pmatrix}$ (3) D$(-1, -1, 6)$ [$\overrightarrow{\mathrm{AB}} + \overrightarrow{\mathrm{AD}} = \overrightarrow{\mathrm{AC}}$]

[4] (1) $\dfrac{x-1}{-1} = \dfrac{y-1}{2} = \dfrac{z+2}{-2}$ (2) $\dfrac{x+2}{4} = \dfrac{y-3}{8} = \dfrac{z-1}{-3}$

[5] $x = 3,\ y = -\dfrac{15}{2}$ [3 点を A, B, C とすると，$\overrightarrow{\mathrm{AC}} = t\overrightarrow{\mathrm{AB}}$（$t$ は定数）]

[6] (1) $(1-s)\boldsymbol{a} + \dfrac{s}{2}\boldsymbol{b}$ (2) $\dfrac{t}{2}\boldsymbol{a} + (1-t)\boldsymbol{b}$ (3) $s = \dfrac{2}{3},\ t = \dfrac{2}{3}$

(4) $\overrightarrow{\mathrm{OG}} = \dfrac{1}{3}\boldsymbol{a} + \dfrac{1}{3}\boldsymbol{b} = \dfrac{2}{3} \cdot \dfrac{\boldsymbol{a}+\boldsymbol{b}}{2} = \dfrac{2}{3}\overrightarrow{\mathrm{ON}}$ による．

[7] (1) 図のとおり (2) $F_{\mathrm{A}} = 50\,\mathrm{N},\ F_{\mathrm{B}} = 50\sqrt{3}\,\mathrm{N}$

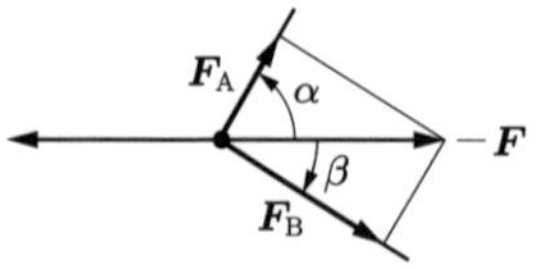

第 2 節の問

2.1 (1) $15\sqrt{3}$ (2) $-8\sqrt{2}$

2.2 (1) 10 (2) 6

2.3 $\boldsymbol{a}\cdot\boldsymbol{b}=\dfrac{1}{2}\left(\mathrm{OA}^2+\mathrm{OB}^2-\mathrm{AB}^2\right)$

$$=\frac{1}{2}\Big[\left({a_1}^2+{a_2}^2+{a_3}^2\right)+\left({b_1}^2+{b_2}^2+{b_3}^2\right)$$
$$-\left\{(b_1-a_1)^2+(b_2-a_2)^2+(b_3-a_3)^2\right\}\Big]$$
$$=a_1b_1+a_2b_2+a_3b_3$$

2.4 (1) -2　(2) 0　(3) -1

2.5 (1) $\dfrac{\pi}{6}$　(2) $\dfrac{\pi}{2}$　(3) $\dfrac{5\pi}{6}$　(4) $\dfrac{3\pi}{4}$

2.6 (1) 14　(2) $\sqrt{70}$

2.7 (1) 6　(2) $\dfrac{\pi}{3}$

2.8 (1) $k=1$　(2) $k=-2$

2.9 $\pm\begin{pmatrix}\dfrac{4}{5}\\ -\dfrac{3}{5}\end{pmatrix}$

2.10 (1) $4x+y-10=0$　(2) $-3x+2y+10=0$

2.11 (1) $-4x+3y+z-5=0$　(2) $3x-y+4=0$

2.12 $(0,1,2)$

2.13 (1) $\sqrt{5}$　(2) $\dfrac{5}{7}$　(3) 3

2.14 (1) $\dfrac{x-2}{2}=\dfrac{y-1}{5}=\dfrac{z+2}{3}$　(2) $\dfrac{x-3}{4}=\dfrac{y+2}{2}=\dfrac{z}{-1}$

(3) $2x-3y+z-1=0$

2.15 (1) $(x+1)^2+(y-2)^2=9$　(2) $(x-3)^2+(y+4)^2=25$

2.16 (1) $(x-3)^2+(y+1)^2+(z-4)^2=25$　(2) $x^2+y^2+z^2=9$

2.17 (1) $(x-5)^2+(y+1)^2=18$　(2) $(x+2)^2+(y-4)^2+z^2=14$

2.18 (1) 中心 $(4,0)$, 半径 3 の円　(2) 中心 $(-1,0,2)$, 半径 2 の球面

(3) 中心 $(3,-1,1)$, 半径 $\sqrt{11}$ の球面

練習問題 2

[1] (1) 3　(2) $\sqrt{10}$　(3) -8　(4) $-\dfrac{4\sqrt{10}}{15}$

[2] (1) $x=-9$　(2) $x=4$

[3] (1) $x=-\dfrac{9}{4},\ y=\dfrac{11}{2}$　(2) $z=5$

[4] (1) $2x-y-10=0$　(2) $3x-y-1=0$

[5] (1) $\dfrac{x-4}{3}=\dfrac{y+2}{4}=\dfrac{z-3}{5}$　(2) $2x+y-4z+6=0$

(3) $x+6y+3z-25=0$

[6] (1) $(x-4)^2+y^2=13$　(2) $(x-2)^2+(y-1)^2+(z+2)^2=19$

[7] (1) $\sqrt{9t^2-18t+29}$　(2) $(0,4,-2)$,　$2\sqrt{5}$

第 2 章

第 3 節の問

3.1 (1) A は 4×4 型（4 次正方行列），B は 2×3 型，C は 4×1 型（4 次元列ベクトル）．

(2) $\begin{pmatrix} -7 & 0 & 4 & 2 \end{pmatrix}$, $\begin{pmatrix} 2 \\ 4 \\ -2 \\ 3 \end{pmatrix}$　(3) -7　(4) -2

3.2 (1) $\begin{pmatrix} 4 & 1 \\ -5 & -4 \end{pmatrix}$　(2) $\begin{pmatrix} -10 & 7 & 3 \\ 7 & 1 & 5 \end{pmatrix}$　(3) $\begin{pmatrix} -6 & 0 \\ 2 & -4 \end{pmatrix}$　(4) $\begin{pmatrix} 5 & 12 \\ -18 & 13 \\ 0 & 14 \end{pmatrix}$

3.3 $\begin{pmatrix} 5 & 2 \\ 17 & 6 \end{pmatrix}$

3.4 (1) 0　(2) $\begin{pmatrix} 0 \\ 5 \\ 4 \end{pmatrix}$　(3) $\begin{pmatrix} 0 & 2 \\ 5 & -7 \end{pmatrix}$

(4) $\begin{pmatrix} 0 & 2 & 15 \end{pmatrix}$　(5) $\begin{pmatrix} 0 & 2 & 15 \\ 5 & -7 & -11 \end{pmatrix}$　(6) $\begin{pmatrix} 0 & 2 & 15 \\ 5 & -7 & -11 \\ 4 & -17 & 11 \end{pmatrix}$

3.5 (1) $\begin{pmatrix} 16 & 13 \\ 9 & 7 \end{pmatrix}$　(2) $\begin{pmatrix} 22 & -1 \\ -27 & 1 \end{pmatrix}$　(3) $\begin{pmatrix} 24 & -24 \\ 11 & -6 \end{pmatrix}$

3.6 (1) $\begin{pmatrix} -27 & 0 \\ 0 & 8 \end{pmatrix}$　(2) $\begin{pmatrix} 8 & 28 \\ 0 & 64 \end{pmatrix}$　(3) $\begin{pmatrix} -5 & 12 \\ -4 & 15 \end{pmatrix}$

3.7 (1) $\begin{pmatrix} 2 & 5 \\ -3 & -2 \\ 1 & 4 \end{pmatrix}$　(2) $\begin{pmatrix} 3 & -2 & 4 \\ 2 & 1 & 3 \end{pmatrix}$　(3) $\begin{pmatrix} 5 & 2 & -2 & 4 \end{pmatrix}$

3.8 (1) $\begin{pmatrix} 22 & -2 \\ -9 & -13 \end{pmatrix}$　(2) $\begin{pmatrix} 1 & 26 \\ 12 & 8 \end{pmatrix}$

(3) $4x + 7y$　(4) $5x^2 + 6xy - 2y^2$

3.9 (1) 正則である．$A^{-1} = \dfrac{1}{-7}\begin{pmatrix} 2 & 5 \\ 3 & 4 \end{pmatrix}$　(2) 正則ではない．

(3) 正則である．$C^{-1} = \begin{pmatrix} \cos\theta & \sin\theta \\ -\sin\theta & \cos\theta \end{pmatrix}$

3.10 (1) $\dfrac{1}{4}\begin{pmatrix} 9 & -1 \\ 14 & -2 \end{pmatrix}$　(2) $\dfrac{1}{4}\begin{pmatrix} 6 & -2 \\ -5 & 1 \end{pmatrix}$　(3) $\dfrac{1}{4}\begin{pmatrix} 9 & -1 \\ 14 & -2 \end{pmatrix}$

3.11 (1) $x = 3,\ y = -2$　(2) $x = -3,\ y = -2$

3.12 (1) $x = \dfrac{5}{7},\ y = -\dfrac{13}{7}$　(2) $x = -\dfrac{9}{2},\ y = -\dfrac{5}{2}$

練習問題 3

[1] (1) $\begin{pmatrix} 35 & -24 \\ 35 & 7 \end{pmatrix}$　(2) $\begin{pmatrix} 14 & -9 \\ 13 & 3 \end{pmatrix}$　(3) $X = \begin{pmatrix} 14 & -3 \\ 3 & 5 \end{pmatrix},\ Y = \begin{pmatrix} -14 & 9 \\ -13 & -3 \end{pmatrix}$

[2] (1) $\begin{pmatrix} 2 & -4 & 2 \\ 9 & 17 & -11 \\ 5 & -14 & 4 \end{pmatrix}$　(2) $\begin{pmatrix} 17 & -4 & 6 \\ -4 & 10 & -7 \\ 6 & -7 & 9 \end{pmatrix}$　(3) $\begin{pmatrix} 8 \\ -7 \\ 19 \end{pmatrix}$　(4) 45

[3] (1) $a \neq 4,\quad \dfrac{1}{4a - 16}\begin{pmatrix} a & -8 \\ -2 & 4 \end{pmatrix}$

(2) $a \neq 0$ または $b \neq 0$, $\dfrac{1}{a^2+b^2}\begin{pmatrix} a & b \\ -b & a \end{pmatrix}$

(3) $a \neq 5$ かつ $a \neq -2$, $\dfrac{1}{(a-5)(a+2)}\begin{pmatrix} 1-a & -3 \\ -4 & 2-a \end{pmatrix}$

[4] $a = c = 0$ または $b = c = 0$

[5] (1) $X = \dfrac{1}{4}\begin{pmatrix} 5 & 7 \\ -6 & 2 \end{pmatrix}$　(2) $Y = \dfrac{1}{4}\begin{pmatrix} 3 & 5 \\ -8 & 4 \end{pmatrix}$

[6] (1) $x = -9,\ y = 8$　(2) $x = \dfrac{3}{2},\ y = -\dfrac{4}{3}$

[7] (1) $\begin{cases} R_1 I_1 \quad - R_2 I_2 = 0 \\ (R_1+R_3)I_1 + R_3 I_2 = E \end{cases}$, $\begin{pmatrix} R_1 & -R_2 \\ R_1+R_3 & R_3 \end{pmatrix}$

(2) $I_1 = \dfrac{R_2 E}{R_1R_2 + R_2R_3 + R_3R_1}$ [A],　$I_2 = \dfrac{R_1 E}{R_1R_2 + R_2R_3 + R_3R_1}$ [A]

第4節の問

4.1 (1) 22　(2) 1　(3) -16　(4) -154

4.2 (1) $x = -\dfrac{3}{2},\ y = \dfrac{1}{2},\ z = -\dfrac{3}{2}$　(2) $x = -1,\ y = 0,\ z = -2$

4.3 (1) -1　(2) -1　(3) 1　(4) -1

4.4 (1) -35　(2) 400

4.5 (1) -3　(2) 6　(3) 6　(4) -12

4.6 (1) $|A||B| = |AB| = |O| = 0$ であるから，$|A| = 0$ または $|B| = 0$ である．
(2) $|{}^tAA| = |{}^tA||A| = |A||A| = |A|^2$, $|E| = 1$ から，$|A|^2 = 1$．よって，$|A| = \pm 1$ となる．

4.7 (1) 6　(2) -10　(3) -60　(4) 100

4.8 $\widetilde{a}_{13} = 6,\ \widetilde{a}_{22} = -68,\ \widetilde{a}_{32} = -16$

4.9 (1) $\begin{vmatrix} 3 & 4 & 0 \\ 2 & -5 & -1 \\ 1 & 0 & -1 \end{vmatrix} = 1\begin{vmatrix} 4 & 0 \\ -5 & -1 \end{vmatrix} - 0\begin{vmatrix} 3 & 0 \\ 2 & -1 \end{vmatrix} + (-1)\begin{vmatrix} 3 & 4 \\ 2 & -5 \end{vmatrix} = 19$

(2) $\begin{vmatrix} 2 & 0 & -1 & 1 \\ 1 & -1 & 2 & 3 \\ 3 & 2 & 0 & -1 \\ -1 & 1 & 3 & 2 \end{vmatrix}$

$= -0\begin{vmatrix} 1 & 2 & 3 \\ 3 & 0 & -1 \\ -1 & 3 & 2 \end{vmatrix} + (-1)\begin{vmatrix} 2 & -1 & 1 \\ 3 & 0 & -1 \\ -1 & 3 & 2 \end{vmatrix} - 2\begin{vmatrix} 2 & -1 & 1 \\ 1 & 2 & 3 \\ -1 & 3 & 2 \end{vmatrix} + 1\begin{vmatrix} 2 & -1 & 1 \\ 1 & 2 & 3 \\ 3 & 0 & -1 \end{vmatrix}$

$= -40$

4.10 (1) 正則．逆行列は $\begin{pmatrix} -1 & 0 & -1 \\ -2 & 1 & 1 \\ -1 & 1 & 1 \end{pmatrix}$　(2) 正則．逆行列は $\dfrac{1}{2}\begin{pmatrix} 2 & 0 & -4 \\ -2 & 1 & 5 \\ 2 & -1 & -3 \end{pmatrix}$

4.11 (1) 13　(2) $3\sqrt{6}$

4.12 (1) $\begin{pmatrix} -3 \\ -9 \\ -1 \end{pmatrix}$　(2) $\begin{pmatrix} 3 \\ 9 \\ 1 \end{pmatrix}$　(3) $\begin{pmatrix} 5 \\ 15 \\ 6 \end{pmatrix}$

4.13 (1) 2 (2) 18

練習問題 4

[1] (1) -26 (2) 0 (3) -3

[2] (1)

$$\begin{vmatrix} a & b & c \\ c & a & b \\ b & c & a \end{vmatrix} = \begin{vmatrix} a+b+c & b & c \\ c+a+b & a & b \\ b+c+a & c & a \end{vmatrix} \quad \text{[第 2〜3 列を第 1 列に加える]}$$

$$= (a+b+c)\begin{vmatrix} 1 & b & c \\ 1 & a & b \\ 1 & c & a \end{vmatrix} \quad \text{[定理 4.5(1)]}$$

$$= (a+b+c)\begin{vmatrix} 1 & b & c \\ 0 & a-b & b-c \\ 0 & c-b & a-c \end{vmatrix} \quad \begin{bmatrix} \text{第 2 行} + \text{第 1 行} \times (-1) \\ \text{第 3 行} + \text{第 1 行} \times (-1) \end{bmatrix}$$

$$= (a+b+c)\begin{vmatrix} a-b & b-c \\ c-b & a-c \end{vmatrix} \quad \text{[定理 4.2]}$$

$$= (a+b+c)\{(a-b)(a-c)-(c-b)(b-c)\}$$

$$= (a+b+c)(a^2+b^2+c^2-ab-bc-ca)$$

(2)

$$\begin{vmatrix} 1+a & 1 & 1 & 1 \\ 1 & 1+a & 1 & 1 \\ 1 & 1 & 1+a & 1 \\ 1 & 1 & 1 & 1+a \end{vmatrix} = \begin{vmatrix} 4+a & 4+a & 4+a & 4+a \\ 1 & 1+a & 1 & 1 \\ 1 & 1 & 1+a & 1 \\ 1 & 1 & 1 & 1+a \end{vmatrix} \quad \begin{bmatrix} \text{第 2〜4 行を} \\ \text{第 1 行に加える} \end{bmatrix}$$

$$= (4+a)\begin{vmatrix} 1 & 1 & 1 & 1 \\ 1 & 1+a & 1 & 1 \\ 1 & 1 & 1+a & 1 \\ 1 & 1 & 1 & 1+a \end{vmatrix} \quad \text{[定理 4.5(1)]}$$

$$= (a+4)\begin{vmatrix} 1 & 1 & 1 & 1 \\ 0 & a & 0 & 0 \\ 0 & 0 & a & 0 \\ 0 & 0 & 0 & a \end{vmatrix} \quad \text{[第 2〜4 行に第 1 行} \times (-1) \text{ を加える]}$$

$$= (a+4)\begin{vmatrix} a & 0 & 0 \\ 0 & a & 0 \\ 0 & 0 & a \end{vmatrix} = a^3(a+4)$$

[3] (1)

$$\text{与式} = -2\begin{vmatrix} 0 & -2 & 0 \\ 2 & 2 & 1 \\ -3 & 0 & -2 \end{vmatrix} - 3\begin{vmatrix} 0 & 1 & 0 \\ 2 & 0 & 1 \\ -3 & -1 & -2 \end{vmatrix} = 1$$

(2)

$$\text{与式} = a\begin{vmatrix} x & -1 & 0 \\ 0 & x & -1 \\ 0 & 0 & x \end{vmatrix} - b\begin{vmatrix} -1 & 0 & 0 \\ 0 & x & -1 \\ 0 & 0 & x \end{vmatrix} + c\begin{vmatrix} -1 & 0 & 0 \\ x & -1 & 0 \\ 0 & 0 & x \end{vmatrix} - d\begin{vmatrix} -1 & 0 & 0 \\ x & -1 & 0 \\ 0 & x & -1 \end{vmatrix}$$

$$= ax^3+bx^2+cx+d$$

[4] $a \neq 0$ かつ $a \neq \pm\sqrt{2}$

[5] (1) $\begin{pmatrix} 1 \\ 1 \\ -1 \end{pmatrix}$ (2) $\begin{pmatrix} 3 \\ -2 \\ 1 \end{pmatrix}$ (3) $\begin{pmatrix} 10 \\ -4 \\ -3 \end{pmatrix}$

[6] (1) $x = 1,\ 3$　　(2) $x = 2$

[7] (1) $\begin{pmatrix} 2 \\ 1 \\ -1 \end{pmatrix}$　　(2) $2x + y - z - 5 = 0$

第5節の問

5.1 (1) $x = 3,\ y = -1$　　(2) $x = \dfrac{2}{5},\ y = \dfrac{1}{5}$

(3) $x = 3,\ y = 2,\ z = 1$　　(4) $x = 5,\ y = 0,\ z = 2$

5.2 (1) $\begin{pmatrix} 7 & -2 \\ -3 & 1 \end{pmatrix}$　　(2) $\begin{pmatrix} -3 & 1 & 3 \\ 3 & -1 & -2 \\ 1 & 0 & -1 \end{pmatrix}$

5.3 (1) 2　　(2) 2　　(3) 3　　(4) 2

5.4 (1) 解 $\begin{cases} x = 3t + 2 \\ y = 2t + 1 \\ z = t \end{cases}$ (t は任意の実数) をもつ　　(2) 解をもたない

5.5 解 $\begin{cases} x = 3t \\ y = -4t \\ z = t \end{cases}$ (t は 0 でない任意の実数) をもつ

5.6 (1) 線形従属，$\boldsymbol{a}_1 = \dfrac{3}{2}\boldsymbol{a}_2 + \dfrac{1}{2}\boldsymbol{a}_3$　　(2) 線形独立

練習問題 5

[1] (1) $\mathrm{rank}\, A = \mathrm{rank}\, A_+ = 3$ だから，ただ 1 組の解をもつ．$x = -2,\ y = 1,\ z = -1$

(2) $\mathrm{rank}\, A = 1,\ \mathrm{rank}\, A_+ = 2$ だから，解をもたない．

(3) $\mathrm{rank}\, A = \mathrm{rank}\, A_+ = 1 < 3$ だから，無数の解をもつ．

$$\begin{cases} x = -2s + t + 4 \\ y = s \\ z = t \end{cases} \quad (s,\ t \text{ は任意の実数})$$

(4) $\mathrm{rank}\, A = \mathrm{rank}\, A_+ = 2 < 3$ だから，無数の解をもつ．

$$\begin{cases} x = s - 2t + 1 \\ y = 2s + 3t - 1 \\ z = s \\ w = t \end{cases} \quad (s,\ t \text{ は任意の実数})$$

[2] (1) $\begin{pmatrix} -6 & 3 & 1 \\ -1 & 0 & 1 \\ -3 & 1 & 1 \end{pmatrix}$　　(2) $\dfrac{1}{2}\begin{pmatrix} 1 & 3 & -2 \\ 1 & 5 & -4 \\ 1 & 1 & -2 \end{pmatrix}$　　(3) 逆行列は存在しない

[3] (1) -4　　(2) $x = 2t,\ y = t$ (t は 0 でない任意の実数)

[4] (1), (2) は $x = y = z = 0$ 以外の解をもつ．以下の $s,\ t$ は同時には 0 でない任意の実数である．

(1) $x = 2t,\ y = -5t,\ z = t$　　(2) $x = 3s - t,\ y = s,\ z = t$

(3) $x = y = z = 0$ 以外の解をもたない．

[5] (1) 線形独立　　(2) 線形従属，$\boldsymbol{a}_1 = \dfrac{1}{2}\boldsymbol{a}_2 - 2\boldsymbol{a}_3$

第3章

第6節の問

6.1 $A = \begin{pmatrix} 2 & -4 \\ 3 & 2 \end{pmatrix}$, $f(\boldsymbol{p}) = \begin{pmatrix} 18 \\ 11 \end{pmatrix}$

6.2 (1) $f(\boldsymbol{e}_1) = \begin{pmatrix} 4 \\ 3 \end{pmatrix}$, $f(\boldsymbol{e}_2) = \begin{pmatrix} 2 \\ 2 \end{pmatrix}$ (2) $f(\boldsymbol{p}) = \begin{pmatrix} 10 \\ 7 \end{pmatrix}$

6.3 (1) $\begin{pmatrix} -2 & -5 \\ 1 & 3 \end{pmatrix}$ (2) $\begin{pmatrix} 1 & -1 \\ -1 & 0 \end{pmatrix}$ (3) $\begin{pmatrix} 3 & 2 \\ -2 & -1 \end{pmatrix}$

6.4 $-\frac{1}{9}\begin{pmatrix} -2 & -1 \\ -1 & 4 \end{pmatrix}$, $\frac{1}{9}\begin{pmatrix} 5 \\ 7 \end{pmatrix}$

6.5 (1) $\frac{1}{3}\begin{pmatrix} 1 & 1 \\ -1 & 2 \end{pmatrix}$ (2) $\frac{1}{4}\begin{pmatrix} 1 & -1 \\ 1 & 3 \end{pmatrix}$ (3) $\frac{1}{12}\begin{pmatrix} 2 & 2 \\ 1 & 7 \end{pmatrix}$

(4) $\frac{1}{12}\begin{pmatrix} 2 & -1 \\ -2 & 7 \end{pmatrix}$

6.6 (1)

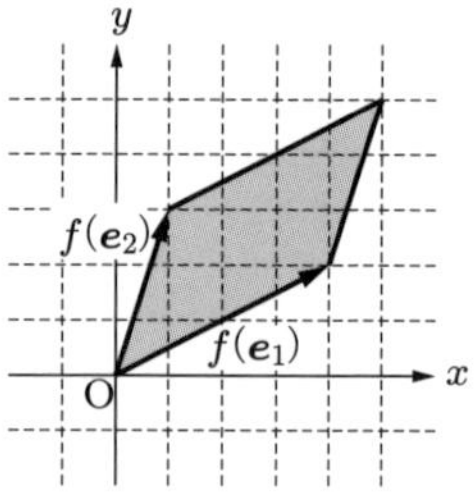

(2)

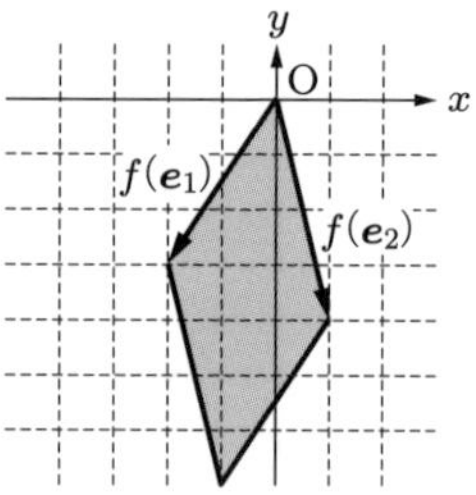

6.7 (1) y 軸方向に 3 倍に拡大 (2) x 軸方向に 2 倍，y 軸方向に 4 倍に拡大

6.8 (1) $\begin{pmatrix} 1 & 0 \\ 0 & -1 \end{pmatrix}$ (2) $\begin{pmatrix} -1 & 0 \\ 0 & 1 \end{pmatrix}$ (3) $\begin{pmatrix} -1 & 0 \\ 0 & -1 \end{pmatrix}$

6.9 (1) $\begin{pmatrix} \frac{1}{2} & -\frac{\sqrt{3}}{2} \\ \frac{\sqrt{3}}{2} & \frac{1}{2} \end{pmatrix}$ (2) $(-2-\sqrt{3}, -2\sqrt{3}+1)$

6.10 (1) $\begin{pmatrix} \frac{1}{\sqrt{5}} & \frac{2}{\sqrt{5}} \\ -\frac{2}{\sqrt{5}} & \frac{1}{\sqrt{5}} \end{pmatrix}$ (2) $\begin{pmatrix} \frac{1}{\sqrt{10}} & -\frac{3}{\sqrt{10}} \\ \frac{3}{\sqrt{10}} & \frac{1}{\sqrt{10}} \end{pmatrix}$

6.11 (1) -1 (2) -1

6.12 (1) 直線 $\dfrac{x+5}{4} = \dfrac{y-8}{-5}$ または $5x+4y-7=0$

(2) 直線 $\dfrac{x-1}{8} = \dfrac{y-4}{11}$ または $11x-8y+21=0$

6.13 $2xy = 1$

練習問題 6

[1] $\begin{pmatrix} 1 & -2 \\ -7 & 9 \end{pmatrix}$ $\left[\text{表現行列を } A \text{ とすると，} A\begin{pmatrix} -3 & 4 \\ -2 & 3 \end{pmatrix} = \begin{pmatrix} 1 & -2 \\ 3 & -1 \end{pmatrix}\right]$

[2] (1) $(-9, 7)$　(2) $(-1, 1)$
(3) $5x + 7y - 4 = 0$　(4) $8x + 4y - 1 = 0$

[3] (1) $\begin{pmatrix} -\frac{\sqrt{3}}{2} & -\frac{1}{2} \\ -\frac{1}{2} & \frac{\sqrt{3}}{2} \end{pmatrix}$, $\begin{pmatrix} \frac{\sqrt{3}}{2} & -\frac{1}{2} \\ -\frac{1}{2} & -\frac{\sqrt{3}}{2} \end{pmatrix}$

(2) $\left(\dfrac{2\sqrt{3}-1}{2}, -\dfrac{\sqrt{3}+2}{2}\right)$

[4] (1) $\dfrac{y+y'}{2} = 2 \cdot \dfrac{x+x'}{2}$　(2) $\dfrac{y'-y}{x'-x} \cdot 2 = -1$

(3) $x' = -\dfrac{3}{5}x + \dfrac{4}{5}y,\ y' = \dfrac{4}{5}x + \dfrac{3}{5}y$　(4) $\dfrac{1}{5}\begin{pmatrix} -3 & 4 \\ 4 & 3 \end{pmatrix}$

[5] ［平行四辺形の面積は定理 4.12(1)］
(1) 5　(2) 4　(3) $\dfrac{1}{5}$　(4) 20

[6] $x^2 + \dfrac{y^2}{4} = 1$

第 7 節の問

解答 7.1, 7.2 で，s, t, u は 0 でない実数とする．

7.1 (1) $\lambda_1 = 2,\ \boldsymbol{p}_1 = s\begin{pmatrix} -1 \\ 1 \end{pmatrix}$;　$\lambda_2 = 5,\ \boldsymbol{p}_2 = t\begin{pmatrix} -1 \\ 4 \end{pmatrix}$

(2) $\lambda = 3$（2 重解），$\boldsymbol{p} = t\begin{pmatrix} 2 \\ 1 \end{pmatrix}$

7.2 (1) $\lambda_1 = 1,\ \boldsymbol{p}_1 = s\begin{pmatrix} -2 \\ -1 \\ 1 \end{pmatrix}$;　$\lambda_2 = -3$（2 重解），$\boldsymbol{p}_2 = \dfrac{t}{3}\begin{pmatrix} 2 \\ 1 \\ 3 \end{pmatrix}$

(2) $\lambda_1 = -1,\ \boldsymbol{p}_1 = s\begin{pmatrix} 2 \\ 1 \\ 3 \end{pmatrix}$;　$\lambda_2 = 1,\ \boldsymbol{p}_2 = t\begin{pmatrix} 0 \\ 1 \\ 1 \end{pmatrix}$;　$\lambda_3 = 2,\ \boldsymbol{p}_3 = u\begin{pmatrix} 2 \\ 1 \\ 0 \end{pmatrix}$

7.3 (1) $P = \begin{pmatrix} -2 & 1 \\ 3 & 1 \end{pmatrix},\ P^{-1}AP = \begin{pmatrix} 4 & 0 \\ 0 & -1 \end{pmatrix}$

(2) $P = \begin{pmatrix} 1 & -1 \\ 2 & 1 \end{pmatrix},\ P^{-1}AP = \begin{pmatrix} 5 & 0 \\ 0 & -1 \end{pmatrix}$

(3) $P = \begin{pmatrix} 1 & 1 & 1 \\ 2 & -2 & -1 \\ 4 & 4 & 1 \end{pmatrix},\ P^{-1}AP = \begin{pmatrix} 2 & 0 & 0 \\ 0 & -2 & 0 \\ 0 & 0 & -1 \end{pmatrix}$

7.4 $P = \begin{pmatrix} 1 & -1 & -1 \\ 1 & 1 & 0 \\ 0 & 0 & 1 \end{pmatrix},\ P^{-1}AP = \begin{pmatrix} 3 & 0 & 0 \\ 0 & 1 & 0 \\ 0 & 0 & 1 \end{pmatrix}$

7.5 (1) $P = \begin{pmatrix} -\frac{1}{\sqrt{2}} & \frac{1}{\sqrt{2}} \\ \frac{1}{\sqrt{2}} & \frac{1}{\sqrt{2}} \end{pmatrix}$, ${}^tPAP = \begin{pmatrix} 3 & 0 \\ 0 & -1 \end{pmatrix}$

(2) $P = \begin{pmatrix} \frac{1}{\sqrt{2}} & -\frac{1}{\sqrt{2}} \\ \frac{1}{\sqrt{2}} & \frac{1}{\sqrt{2}} \end{pmatrix}$, ${}^tPAP = \begin{pmatrix} 7 & 0 \\ 0 & -1 \end{pmatrix}$

7.6 $P = \begin{pmatrix} -\frac{1}{\sqrt{2}} & \frac{1}{\sqrt{3}} & 0 \\ \frac{1}{\sqrt{2}} & \frac{1}{\sqrt{3}} & 0 \\ 0 & \frac{1}{\sqrt{3}} & 1 \end{pmatrix}$, ${}^tPAP = \begin{pmatrix} 5 & 0 & 0 \\ 0 & 1 & 0 \\ 0 & 0 & 1 \end{pmatrix}$

練習問題 7

[1] (1) $P = \begin{pmatrix} 3 & -1 \\ 1 & 3 \end{pmatrix}$, $P^{-1}AP = \begin{pmatrix} 6 & 0 \\ 0 & -4 \end{pmatrix}$ $[\,|A-\lambda E| = \lambda^2 - 2\lambda - 24\,]$

(2) $P = \begin{pmatrix} -3 & 2 \\ 5 & 1 \end{pmatrix}$, $P^{-1}AP = \begin{pmatrix} 8 & 0 \\ 0 & -5 \end{pmatrix}$ $[\,|A-\lambda E| = \lambda^2 - 3\lambda - 40\,]$

[2] (1) $P = \begin{pmatrix} -3 & 0 & 2 \\ -1 & 1 & -1 \\ 2 & 1 & 2 \end{pmatrix}$, $P^{-1}AP = \begin{pmatrix} 1 & 0 & 0 \\ 0 & -2 & 0 \\ 0 & 0 & -4 \end{pmatrix}$ $\left[\begin{array}{l} |A-\lambda E| \\ = -(\lambda^3 + 5\lambda^2 + 2\lambda - 8) \end{array}\right]$

(2) $P = \begin{pmatrix} 1 & -2 & 0 \\ 1 & -1 & 3 \\ 0 & 1 & 1 \end{pmatrix}$, $P^{-1}AP = \begin{pmatrix} 2 & 0 & 0 \\ 0 & 4 & 0 \\ 0 & 0 & -2 \end{pmatrix}$ $\left[\begin{array}{l} |A-\lambda E| \\ = -(\lambda^3 - 4\lambda^2 - 4\lambda + 16) \end{array}\right]$

[3] (1) $P = \begin{pmatrix} \frac{1}{\sqrt{2}} & -\frac{1}{\sqrt{2}} \\ \frac{1}{\sqrt{2}} & \frac{1}{\sqrt{2}} \end{pmatrix}$, ${}^tPAP = \begin{pmatrix} 1 & 0 \\ 0 & -1 \end{pmatrix}$ $[\,|A-\lambda E| = \lambda^2 - 1\,]$

(2) $P = \begin{pmatrix} 0 & \frac{1}{\sqrt{3}} & -\frac{2}{\sqrt{6}} \\ -\frac{1}{\sqrt{2}} & \frac{1}{\sqrt{3}} & \frac{1}{\sqrt{6}} \\ \frac{1}{\sqrt{2}} & \frac{1}{\sqrt{3}} & \frac{1}{\sqrt{6}} \end{pmatrix}$, ${}^tPAP = \begin{pmatrix} 2 & 0 & 0 \\ 0 & 3 & 0 \\ 0 & 0 & 0 \end{pmatrix}$ $\left[\begin{array}{l} |A-\lambda E| \\ = -(\lambda^3 - 5\lambda^2 + 6\lambda) \end{array}\right]$

(3) $P = \begin{pmatrix} \frac{1}{\sqrt{3}} & -\frac{1}{\sqrt{2}} & \frac{1}{\sqrt{6}} \\ \frac{1}{\sqrt{3}} & 0 & -\frac{2}{\sqrt{6}} \\ \frac{1}{\sqrt{3}} & \frac{1}{\sqrt{2}} & \frac{1}{\sqrt{6}} \end{pmatrix}$, ${}^tPAP = \begin{pmatrix} 4 & 0 & 0 \\ 0 & 1 & 0 \\ 0 & 0 & 1 \end{pmatrix}$ $\left[\begin{array}{l} |A-\lambda E| \\ = (\lambda^3 - 6\lambda^2 \\ \quad + 9\lambda - 4) \end{array}\right]$

[4] (1) $P^{-1} = \frac{1}{3}\begin{pmatrix} 1 & 1 \\ -2 & 1 \end{pmatrix}$　(2) $D^n = \begin{pmatrix} 2^n & 0 \\ 0 & (-1)^n \end{pmatrix}$

(3) $A^n = \frac{1}{3}\begin{pmatrix} 2^n + 2\cdot(-1)^n & 2^n - (-1)^n \\ 2^{n+1} - 2\cdot(-1)^n & 2^{n+1} + (-1)^n \end{pmatrix}$

付録 A

基底は $(\boldsymbol{v}_1, \boldsymbol{v}_2)$ のように括弧でくくって表すが，見やすくするために，この解答に限って ( ) を省略する．基底は 1 つの例だけを示す．

A1.1 (1) 部分空間である　(2) 部分空間ではない

A2.1 基底 1 組と次元を示す．

(1) 基底は $\begin{pmatrix} 1 \\ -1 \\ 1 \end{pmatrix}$，1 次元　(2) 基底は $\begin{pmatrix} 1 \\ 0 \\ 0 \end{pmatrix}, \begin{pmatrix} 0 \\ 0 \\ 1 \end{pmatrix}$，2 次元

A3.1 基底 1 組と次元を示す．

(1) 基底は $\begin{pmatrix} -3 \\ 1 \\ 1 \end{pmatrix}$，1 次元　(2) 基底は $\begin{pmatrix} -1 \\ -1 \\ 1 \\ 0 \end{pmatrix}, \begin{pmatrix} 3 \\ -1 \\ 0 \\ 1 \end{pmatrix}$，2 次元

A4.1 基底 1 組と次元を示す．

(1) 基底は $\begin{pmatrix} 3 \\ -2 \end{pmatrix}$，1 次元　(2) 基底は $\begin{pmatrix} 1 \\ -1 \\ 2 \end{pmatrix}, \begin{pmatrix} 0 \\ 2 \\ -1 \end{pmatrix}$，2 次元

A5.1 基底 1 組と次元を示す．

(1) 核の基底は $\begin{pmatrix} -3 \\ 1 \\ 1 \end{pmatrix}$，$\dim \operatorname{Ker}(f) = 1$.

像の基底は $\begin{pmatrix} 1 \\ 2 \\ 1 \end{pmatrix}, \begin{pmatrix} 2 \\ 1 \\ -4 \end{pmatrix}$，$\dim \operatorname{Im}(f) = 2$

(2) 核の基底は $\begin{pmatrix} -1 \\ -1 \\ 1 \\ 0 \end{pmatrix}, \begin{pmatrix} 3 \\ -1 \\ 0 \\ 1 \end{pmatrix}$，$\dim \operatorname{Ker}(f) = 2$.

像の基底は $\begin{pmatrix} 1 \\ 3 \\ 2 \end{pmatrix}, \begin{pmatrix} 2 \\ 5 \\ 1 \end{pmatrix}$，$\dim \operatorname{Im}(f) = 2$

練習問題 A

[1] (1) 部分空間ではない　(2) 部分空間である　(3) 部分空間ではない

[2] 基底は $\begin{pmatrix} -1 \\ 1 \\ 0 \end{pmatrix}, \begin{pmatrix} -1 \\ 0 \\ 1 \end{pmatrix}$．2 次元

[3] (1) 核の基底は $\begin{pmatrix} 1 \\ -2 \\ 1 \end{pmatrix}$，$\dim \operatorname{Ker}(f) = 1$

像の基底は $\begin{pmatrix} 1 \\ 4 \\ 7 \\ 2 \end{pmatrix}, \begin{pmatrix} 2 \\ 5 \\ 2 \\ 1 \end{pmatrix}$，$\dim \operatorname{Im}(f) = 2$

(2) 核の基底は $\begin{pmatrix} 1 \\ -2 \\ 1 \\ 0 \end{pmatrix}$, $\dim \mathrm{Ker}(f) = 1$

像の基底は $\begin{pmatrix} 1 \\ 1 \\ 2 \end{pmatrix}, \begin{pmatrix} 2 \\ 1 \\ 3 \end{pmatrix}, \begin{pmatrix} 4 \\ -3 \\ 2 \end{pmatrix}$, $\dim \mathrm{Im}(f) = 3$

付録 B

B3 の問

B3.1 (1) $x^2 + 3y^2 = 1$ または $3x^2 + y^2 = 1$，楕円

(2) $-x^2 + 7y^2 = 1$ または $7x^2 - y^2 = 1$，双曲線

索　引

監修者　上野　健爾　京都大学名誉教授・四日市大学関孝和数学研究所長
理学博士

編　者　高専の数学教材研究会

編集委員（五十音順）
阿蘇　和寿　石川工業高等専門学校名誉教授［執筆代表］
梅野　善雄　一関工業高等専門学校名誉教授
佐藤　義隆　東京工業高等専門学校名誉教授
長水　壽寛　福井工業高等専門学校教授
馬渕　雅生　八戸工業高等専門学校教授
柳井　忠　　新居浜工業高等専門学校名誉教授

執筆者（五十音順）
阿蘇　和寿　石川工業高等専門学校名誉教授
梅野　善雄　一関工業高等専門学校名誉教授
大貫　洋介　鈴鹿工業高等専門学校准教授
小原　康博　熊本高等専門学校名誉教授
片方　江　　東北学院大学准教授
勝谷　浩明　豊田工業高等専門学校教授
栗原　博之　茨城大学教授
古城　克也　新居浜工業高等専門学校教授
小中澤聖二　東京工業高等専門学校教授
小鉢　暢夫　熊本高等専門学校准教授
小林　茂樹　長野工業高等専門学校教授
佐藤　巌　　小山工業高等専門学校名誉教授
佐藤　直紀　長岡工業高等専門学校准教授
佐藤　義隆　東京工業高等専門学校名誉教授
高田　功　　明石工業高等専門学校教授
徳一　保生　北九州工業高等専門学校名誉教授
冨山　正人　石川工業高等専門学校教授
長岡　耕一　旭川工業高等専門学校名誉教授
中谷　実伸　福井工業高等専門学校教授
長水　壽寛　福井工業高等専門学校教授
波止元　仁　東京工業高等専門学校准教授
松澤　寛　　神奈川大学教授
松田　修　　津山工業高等専門学校教授
馬渕　雅生　八戸工業高等専門学校教授
宮田　一郎　元金沢工業高等専門学校教授
森田　健二　石川工業高等専門学校教授
森本　真理　秋田工業高等専門学校准教授
安冨　真一　東邦大学教授
柳井　忠　　新居浜工業高等専門学校名誉教授
山田　章　　長岡工業高等専門学校教授
山本　茂樹　茨城工業高等専門学校名誉教授
渡利　正弘　芝浦工業大学特任准教授/クアラルンプール大学講師

（所属および肩書きは 2023 年 12 月現在のものです）

編集担当　太田陽喬(森北出版)
編集責任　上村紗帆，福島崇史(森北出版)
組　　版　ウルス
印　　刷　エーヴィスシステムズ
製　　本　ブックアート

高専テキストシリーズ
線形代数（第 2 版）

2012 年 11 月 5 日　第 1 版第 1 刷発行
2021 年 2 月 22 日　第 1 版第 10 刷発行
2021 年 11 月 30 日　第 2 版第 1 刷発行
2024 年 4 月 5 日　第 2 版第 3 刷発行

編　　者　高専の数学教材研究会
発 行 者　森北博巳
発 行 所　**森北出版株式会社**
東京都千代田区富士見 1–4–11（〒102–0071）
電話 03–3265–8341 ／ FAX 03–3264–8709
https://www.morikita.co.jp/
日本書籍出版協会・自然科学書協会　会員
JCOPY ＜(一社)出版者著作権管理機構　委託出版物＞

落丁・乱丁本はお取替えいたします．

Printed in Japan／ISBN978–4–627–05542–1